中高职一体化衔接系列教材

工业分析技术

孟明惠　王英健　主编

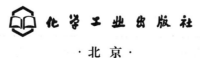

化学工业出版社

·北京·

本书按照工业分析的项目组织编写，体现工业分析过程，真实再现工业分析工作场景。选择具有典型性、代表性、可操作性的工业分析项目，解决实际工业分析任务，突出完成任务的过程、步骤和工作技能，使学生学习项目后具有实际工作能力。全书主要内容包括绪论、煤质分析技术、硅酸盐分析技术、钢铁分析技术、水质分析技术、化学肥料分析技术、农药分析技术、气体分析技术。通过本课程的学习训练学生规范娴熟的工业分析操作技能，具备熟练运用化学分析方法和仪器分析方法解决实际工业分析任务的能力。

本书可作为高职高专院校工业分析技术专业和相关专业教材，也可作为成人教育教材和化学检验工技能鉴定教材，亦可作为从事工业分析工作人员使用的参考书。

图书在版编目（CIP）数据

工业分析技术/孟明惠，王英健主编 . —北京：化学工业出版社，2016.4
中高职一体化衔接系列教材
ISBN 978-7-122-26453-4

Ⅰ．①工⋯　Ⅱ．①孟⋯②王⋯　Ⅲ．①工业分析-教材
Ⅳ．①TB4

中国版本图书馆 CIP 数据核字（2016）第 044441 号

责任编辑：张双进	文字编辑：向　东
责任校对：宋　夏	装帧设计：王晓宇

出版发行：化学工业出版社（北京市东城区青年湖南街 13 号　邮政编码 100011）
印　　刷：北京永鑫印刷有限责任公司
装　　订：三河市宇新装订厂
787mm×1092mm　1/16　印张 14¼　字数 350 千字　2016 年 6 月北京第 1 版第 1 次印刷

购书咨询：010-64518888（传真：010-64519686）　售后服务：010-64518899
网　　址：http://www.cip.com.cn
凡购买本书，如有缺损质量问题，本社销售中心负责调换。

定　　价：32.00 元

前言
FOREWORD

工业分析技术课程是高职高专工业分析技术专业的一门专业课，是理实合一、教学做一体化课程。教材的编写以工业分析职业活动为主线，以知识应用和能力培养为重点，以理论辅助实践，以实践深化理论学习，形成理论、实践一体化的交互式教学体系。把工业分析理论知识和工业分析技术有机地融合在一起，体现实际、实践、实用，展现工业分析工作过程。

《工业分析技术》介绍了原料、中间产品、产品质量、生产过程控制、产品研发等所涉及的分析方法，选择典型、成熟有代表性的实验，参考新的国家标准和行业标准，结合我国工业分析技术现有仪器、设备、水平及实验室条件，适当介绍新方法、新仪器。测试手段包括重量法、滴定法、分光光度法、原子吸收光谱法、电化学分析法和色谱分析法等，涉及石油、化工、冶金、轻工、建材、医药、食品、环保等行业。

全书共七章，主要包括绪论、煤质分析技术、硅酸盐分析技术、钢铁分析技术、水质分析技术、化学肥料分析技术、农药分析技术、气体分析技术。本书具有以下特点。

（1）教材内容选取上具有针对性，贴近高职学生的职业特点。知识必需、够用、管用，实现双证融通。

（2）教材内容符合课程标准的要求，有明确的教学目标，注重教材的思想性、启发性和适用性，培养学生分析问题和解决问题的能力，以学生为本，为教学服务。

（3）教材编写层次清晰、文字简练，通俗易懂，语意明确。

（4）以从简单到复杂、由浅入深、循序渐进为原则进行项目设计，知识和技能螺旋式地融于各项目中。项目名称（或所用的分析试样）贴近生产和生活实际，激发学生的学习兴趣。

（5）介绍国内外新知识、新仪器、新方法、新技术。采用企业化工分析岗位使用的方法，并结合学校实验室条件，培养自学认知能力，实践动手能力，创新思维能力，提高综合素质。

（6）教材采用中华人民共和国国家标准 GB 3102—93 所指定的符号和单位。

本教材由孟明惠、王英健担任主编，马彦峰、王利伟、孙巍担任副主编，张帆、于旭霞、苏雪兰、顾婉娜、符荣参编。全书由孟明惠、王英健统稿。

本教材由王宝仁教授主审，并邀请高职高专院校的专家对书稿进行审阅，提出许多宝贵建议，在此一并表示感谢。

由于编者水平有限，可能出现不妥之处，敬请批评指正。

编者

2015 年 12 月

目录

CONTENTS

绪　　论

一、工业分析技术的任务和作用

工业分析技术是确保工业生产正常运行的一个不可或缺的环节。工业分析技术是以物理化学、分析化学、仪器分析等学科为基础的专业课。主要学习各种项目分析指标的分析原理、分析方法和操作过程。实际分析中，工业分析技术采用的分析方法主要是标准分析法。

1. 工业分析技术的任务

工业分析技术的任务是研究和测定工业生产的原料、辅助原料、中间产品、成品、副产品以及生产过程中产生的工业"三废"的化学组成及其含量。它涉及工业的各个领域，如化工、轻工、食品、医药、煤炭、冶金、石油、农药和环保等，以测定对象为系统，具有很强的实用性和针对性。

2. 工业分析技术的作用

在工业生产中，原料的合理利用、工艺条件的调整、产品质量的定级等，都离不开工业分析技术。工业分析技术是工业生产的"眼睛"，在工业生产中有着举足轻重的作用。

① 确保原料、辅料的质量，严把投料关，防止因原料或辅料不合格导致生产产品的不合格。

② 监控生产工艺过程及条件，保证生产运行顺畅。与生产工艺配合，及时发现工艺条件的偏差并随时调整处置。尽可能在线、实时分析，实现灵敏、准确、快速、简便和自动化。

③ 评定产品级别，确保产品质量。对于生产的中间产品和成品，利用分析测试手段按产品规格指标进行鉴定，划分产品的等级，确保企业良好的信誉，提高企业的经济效益。

④ 监测工业"三废"的排放，减少环境污染。对生产企业在生产中排放的废气、污水、固体废物严格监测，确保排放符合法规标准，尽量减少对环境造成污染。

3. 工业分析技术的特点

① 分析对象组成复杂、物料量大，只有正确采样及制备分析样品，才能保证所得分析结果具有充分的代表性。

② 分析对象来源广泛，成分复杂，必须选择正确的溶（熔）样方法，才能将分析样品制备成分析试液。既要使分析样品完全分解，又不致丢失被测组分或引入其他干扰物质。

③ 在符合生产所需准确度的前提下，尽量使分析快速、简便、易于重复，以满足生产过程的控制分析的需要。

④ 根据分析的具体要求，选择单一、合适的分析方法或多种分析方法（化学方法、物理方法、物理化学方法等）配合使用。

二、工业分析方法的分类及选择

　　工业分析方法主要是执行中华人民共和国强制性国家标准（GB）、中华人民共和国推荐性国家标准（GB/T）、中华人民共和国国家标准化指导性技术文件（GB/Z）、行业标准（如化工行业标准 HG、石油和石油化工行业标准 SH）和企业标准（QB）。

　　工业分析方法按方法的分析原理分为化学分析法、物理分析法和物理化学分析法；按方法在工业生产上所起的作用以及所需的时间不同分为仲裁分析法、常规分析法和快速分析法，仲裁分析法是权威部门对有争议的分析结果重新进行测定以裁决对错所使用的分析方法；常规分析法是分析实验室日常分析工作的分析方法；快速分析法是生产过程的控制分析所采用的分析方法。仲裁分析和常规分析所采用的分析方法都是标准分析方法，要求有较高的准确度，而快速分析要求迅速取得分析数据，以了解生产工艺是否正常，准确度只需满足生产要求即可。现场分析方法是指例行分析实验室、监测站、生产过程中车间实验室实际使用的分析检验方法。此类方法的种类较多，灵活采用，不同的现场可采用不同的现场方法。现场方法往往比较简单、快速或操作者惯于使用，同时也能满足现场的实际要求。

　　在国家标准、行业标准及企业标准中，对于某项分析往往不止有一种分析测试方法，具体哪一种方法更合适，分析工作者可根据实际情况进行选择。对于分析方法的选择，首先应掌握被测组分是以常量还是以微量的状态存在，其次还要考虑试样组分的复杂性、干扰组分的性质和实验室具备的条件等因素。常量组分的测定，一般采用化学分析方法，如滴定分析法、重量分析法等；微量组分或痕量组分的测定，则采用仪器分析法，如光谱分析法、色谱分析法、极谱分析法等。一个优良的分析方法，应具有准确性好、精密度高、灵敏度高、检测限低、分析空白低、线性范围宽、基体效应小、耐变性强等特点。但是一个好的分析方法未必是一个实用方法。作为一个实用方法，还要求方法的适用性强、操作简便、容易掌握、消耗费用低等。

　　随着现代分析技术的发展，标准分析法也向快速化发展，而快速分析法也向较高的准确度发展。这两类方法的差别已逐渐变小且越来越不明显，有些分析方法既能保证准确度，操作又非常迅速，既可作为标准分析法又可作为快速分析法。

三、工业分析技术标准

　　标准化是在一定的范围内获得最佳秩序，对实际的或潜在的问题制定共同的和重复使用的规则的活动。国家质量监督检验检疫总局（原国家技术监督局、国家质量技术监督局）是主管全国标准化、计量、质量监督、质量管理和认证工作等的国务院的职能部门。2001 年成立了中国国家标准化管理委员会。

　　标准化是一个活动过程，它是一个制定标准、发布与实施标准并对标准的实施进行监督的过程。国家制定了各类产品的标准，包括质量标准、卫生标准、安全标准等。强制执行这些标准，并通过各个环节，包括商标、广告、物价计量、销售方式等进行监督，以保障消费者利益。

（一）标准及分类

1. 标准

　　标准是对重复性事物和概念所做的统一规定，它以科学、技术、实践经验和综合成果为基础，经有关方面协商一致，由主管机构批准，以特定形式发布，作为共同遵守的准则和依据。

按照标准的适用范围，把标准分为不同的层次，通称标准的级别。从世界范围看，有国际标准、区域标准、国家标准、专业团体协会标准和公司企业标准。我国标准分为国家标准、行业标准、地方标准和企业标准四级。

（1）国际标准　国际标准是指国际标准化组织（ISO）和国际电工委员会（IEC）颁布的标准，及国际标准化组织认可的其他40多个国际标准机构发布的部分标准。国际标准已被各国广泛采用，为制造厂家、贸易组织、采购者、消费者、测试实验室、政府机构和其他各个方面所应用。我国也鼓励积极采用国际标准，把国际标准和国外先进标准的内容，不同程度地转化为我国的各类标准，同时必须使这些标准得以实施，用以组织和指导生产。

（2）区域标准　区域标准是指世界某一区域标准化团体颁发的标准或采用的技术规范。区域标准的主要目的是促进区域标准化组织成员国之间的贸易，便于该地区的技术合作和交流，协调该地区与国际标准化组织的关系。国际上有影响具有一定权威的区域标准，如欧洲标准化委员会颁布的标准，代号为EN；欧洲电气标准协调委员会ENEL；阿拉伯标准化与计量组织ASMO；泛美技术标准化委员会COPANT；太平洋地区标准会议PASC等。

（3）国家标准（强制性与推荐性）　国家标准是指对全国经济、技术发展有重人意义的，必须在全国范围内统一的标准。

国外的国家标准有美国国家标准ANSI；英国国家标准DS；德国国家标准DIN；日本工业标准JIS；法国国家标准NF。

我国国家标准简称GB（国标）。《中华人民共和国标准化法》将我国标准分为国家标准、行业标准、地方标准和企业标准四级。根据我国标准与被采用的国际标准之间技术内容和编写方法差异的大小，采用程度分为：

① 等同采用　其技术内容完全相同，不作或少作编辑性修改。

② 等效采用　技术内容只有很小差异，编写上不完全相同。

③ 参照采用　技术内容根据我国实际情况作了某些变动，但性能和质量水平与被采用的国际标准相当，在通用互换、安全、卫生等方面与国际标准协调一致。

我国国家标准有强制性标准和推荐性标准。强制性标准是具有法律属性，在一定范围内通过法律、行政法规等手段强制执行的标准。下列标准属于强制性标准：药品、食品卫生、兽药、农药和劳动卫生标准；产品生产、贮运和使用中的安全及劳动安全标准；工程建设的质量、安全、卫生等标准；环境保护和环境质量方面标准；有关国计民生方面的重要产品标准等。

推荐性标准又称为非强制性标准或自愿性标准。推荐性标准是指在生产、交换、使用等方面，通过经济手段或市场调节而自愿采用的一类标准。这类标准不具有强制性，任何单位均有权决定是否采用，触犯这类标准，不构成经济或法律方面的责任。

推荐性标准一经接受并采用，或各方商定同意纳入经济合同中，就成为各方必须共同遵守的技术依据，具有法律上的约束性。

（4）行业标准　行业标准是指行业的标准化主管部门批准发布的，在行业范围内统一的标准。

行业标准由国务院有关行政主管部门发布，并报国务院标准化行政主管部门备案。对没有国家标准而又需要在全国某个行业范围内统一的技术要求，可以制定行业标准。如冶金行业标准（YB）、化工行业标准（HG）、石油行业标准（SY）等。

（5）地方标准　地方标准是指没有国家标准和行业标准而又需要在省、自治区、直辖市范围内统一的工业产品的安全、卫生要求的标准。由省、自治区、直辖市标准化行政主管部门制定。

地方标准由斜线表示的分数表示：分子为 DB+省、自治区、直辖市行政区划代码；分母为标准顺序号+发布年代号。如 DB 21/193—87 为辽宁省强制性地方标准，DB 21/T 193—87 为辽宁省推荐性地方标准。

（6）企业标准　企业生产的产品没有国家标准、行业标准和地方标准的，应当制定相应的企业标准。对已有国家标准、行业标准或地方标准的，鼓励企业制定严于国家标准、行业标准或地方标准要求的企业标准。

企业标准由斜线表示的分数表示：分子为省、自治区、直辖市简称汉字+Q；分母为企业代号+标准顺序号+发布年代号。如津 Q/YQ 27—89 表示天津市一轻系统企业标准。

2. 标准分类

按照标准化对象的特征，标准可分成以下几类。

（1）基础标准　基础标准是指在一定范围内作为其他标准的基础并普遍使用，具有广泛指导意义的共性标准。

（2）产品标准　产品标准是指为保证产品的适用性，对产品必须达到的某些或全部要求所制定的标准。

（3）方法标准　方法标准指以试验、检查、分析、抽样、统计、计算、测定、作业或操作步骤、注意事项等为对象而制定的标准。通常分为三类。

① 与产品质量鉴定有关的方法标准，如抽样标准、分析方法和分类方法标准。

② 作业方法标准，主要有工艺规程、操作方法（步骤）、施工方法、焊接方法、涂漆方法、维修方法等。

③ 管理方法标准，主要包括对科研、设计、工艺、技术文件、原材料、设备、产品等的管理的方法，如图样管理方法标准、设备管理方法标准等。

（4）安全标准　安全标准指以保护人和物的安全为目的而制定的标准。如锅炉及压力容器安全标准、电器安全标准、儿童玩具安全标准等。

（5）卫生标准　卫生标准主要是指对食品、医药及其他方面的卫生要求制定的标准。如大气卫生标准、食品卫生标准等。

（6）环保标准　环保标准是指为保护人类的发展和维护生态平衡，以围绕人群的空间以及可以直接影响人类生活和发展的各种自然因素为对象而制定的标准。如环境质量标准、污物排放标准等。

（7）管理标准　管理标准是对标准化领域中需要协调统一的管理事项所制定的标准。

（8）其他标准

（二）分析方法标准

1. 分析方法标准

分析方法标准是方法标准中的一种。分析方法标准的内容包括方法的类别、适用范围、原理、试剂或材料、仪器或设备、采样、分析或操作、结果的计算、结果的数据处理。形式一般有两种专门单列的分析方法标准和包含在产品标准中的分析方法标准。分析方法标准常又称为标准方法。

化验室对某一样品进行分析检验，必须依据以条文形式规定下来的分析方法来进行。为了保证分析检验结果的可靠性和准确性，推荐使用分析方法标准和标准物质。

分析方法标准是经过充分试验、广泛认可、逐渐建立，不需额外工作即可获得有关精密度、准确度和干扰等的知识整体。分析方法标准在技术上并不一定是先进的，准确度也可能不是最高的方法，而是在一般条件下简便易行，具有一定可靠性，经济实用的成熟方法。

分析方法标准也常作为仲裁方法，有人称之为权威方法。分析方法标准被政府机关采纳，公布于众之后，成为法定方法，成为具有更大的权威性的分析方法。

分析方法标准都应注明允许误差（或称公差），公差是某分析方法所允许的平行测定间的绝对偏差，公差的数值是将多次分析数据经过数理统计处理而确定的，在生产实践中是用以判断分析结果合格与否的根据。两次平行测定的数值之差在规定允许误差的绝对值两倍以内均应认为有效，否则为"超差"，必须重新测定。如用艾氏卡法测定煤中硫含量，两次测得结果分别为 2.56%、2.74%。两次结果之差为 2.74%－2.56%＝0.18%。当硫含量在 1%～4%时其公差为±0.1%。因为 0.18%小于其公差（±0.1%）绝对值的两倍（0.2%），因此，可用两次分析结果的算术平均值（2.65%）作为分析结果。

2. 分析方法标准的书写

分析方法标准的书写应遵守 GB/T 20001.4—2001《标准编写规则　第 4 部分：化学分析方法》。要求方法尽可能地写得清楚，减少含糊不清的词句，应按国家规定的技术名词、术语、法定计量单位，用通俗的语言编写，并且有一定的格式，通常包括下列内容。

① 方法的编号。国家标准有严格的编号，以便查找。

② 方法认可日期及施行日期。

③ 标题。标题应当简洁，并包括分析物和待测物的名称。

④ 引用的标准或参考文献。列出本标准所引用的其他标准或参考文献。

⑤ 方法的适用范围。指出方法适用分析的对象、分析物的浓度范围、基体形式和性质，以及进行测定所要耗费的大概时间，还应指出产生干扰的物质。

⑥ 基本原理。应简明地写明方法的化学、物理或生物学原理。不常见的化学反应、分离手段、干扰影响等也在此说明。

⑦ 仪器和试剂。应列出所用仪器、试剂和不常见设备，以及有特殊要求的设备。

⑧ 安全措施。实验中有要求特殊保护安全措施的，需要详细写出。

⑨ 方法步骤。这是分析方法的核心部分，书写时应特别注意叙述详尽，但又要简明。需注意严格按实验进行的时间先后次序书写，溶液的配制与标定应放在试剂项内写。避免使用缩略词，细节要写清楚，指出分析过程的关键步骤，并说明如操作不小心，将造成什么后果，避免使用长句和会引起误解的复杂句。

⑩ 计算。给出计算分析结果必需的公式，包括各变量的单位和计算结果的单位，每个符号代表的物理意义。如果公式不很直观明了，应写出公式的推导过程。

⑪ 统计。以结论形式给出方法的精密度和准确度等有用的信息。

⑫ 注释。任何有助于对方法的理解与执行，以及结果的解释需加以必要的注释。

⑬ 最后附加说明标准方法的起草单位、提出单位、批准单位、归口单位。

3. 分析方法标准的有效期

分析方法标准不是固定不变的，随着科学技术的发展，旧的方法不断被新的方法代替，新的标准颁布后，旧的标准即应作废。

自标准实施之日起，至标准复审重新确认、修订或废止的时间，称为标准的有效期，又称标龄。由于各国情况不同，标准有效期也不同。ISO 标准每 5 年复审一次，平均标龄为 4.92 年。我国在国家标准管理办法中规定国家标准实施 5 年内要进行复审，即国家标准有效期一般为 5 年。

（三）标准物质

1. 标准物质的定义

标准物质名称在国际上还没统一。美国用标准参考物质 SRM，西欧一些国家用认证标准物质 CRM，我国现在计量名词术语中统一用标准物质和标准样品。

标准物质是标准的一种形式，它具有一种或多种良好特性，这种特性可用来鉴定和标定仪器的准确度，确定原材料和产品的质量、评价检测方法的水平、检测数据的准确度等一系列工作。

标准物质一般是由某类产品制备的，用准确可靠的检测方法测定了它的一个或几个特性量值的，被法定机关确认，并颁发证书的物质。

2. 标准物质的分类与分级

（1）标准物质的分类　标准物质品种繁多，数以千计，确立科学的分类方法十分必要。目前还没有统一的分类方法。

我国主要根据物质的类别和应用领域将标准物质分成 13 类：钢铁成分分析标准物质；有色金属及金属中气体成分分析标准物质；建材成分分析标准物质；核材料成分分析与放射性测量标准物质；高分子材料特性测量标准物质；化工产品成分分析标准物质；地质矿产成分分析标准物质；环境化学分析与药品成分分析标准物质；临床化学分析与药品成分分析标准物质；食品成分分析标准物质；煤炭石油成分分析和物理特性测量标准物质；工程技术特性测量标准物质；物理特性与物理化学特性测量标准物质。

（2）标准物质的分级　标准物质按其特性值的准确度水平分为一级标准物质、二级标准物质和工作标准物质。工作标准物质可由单位根据规定要求自行制备使用。

我国将标准物质分为一级与二级，它们都符合"有证标准物质"的定义。

① 一级标准物质。代号为 GBW，用绝对测量法或两种以上不同原理的准确可靠的方法定值，若只有一种定值方法需采取多个实验室合作定值。它的不确定度具有国内最高水平，均匀性良好，在不确定度范围之内，并且稳定性在一年以上，具有符合标准物质技术规范要求的包装形式。一级标准物质由国务院计量行政部门批准、颁布并授权生产。

② 二级标准物质。代号为 GBW（E），用与一级标准物质进行比较测量的方法或一级标准物质的定值方法定值，其不确定度和均匀性未达到一级标准物质的水平，稳定性在半年以上，能满足一般测量的需要，包装形式符合标准物质技术规范的要求。二级标准物质由国务院计量行政部门批准、颁布并授权生产。

3. 标准样品与工作标准物质

（1）标准样品　标准样品也称实物标准，简称标样，是标准的一种形式，标准样品与标准物质都具有化学计量的"量具"作用，在确定分析结果的可靠性和可比性方面具有公认的权威性，它们的应用有很相似之处，但存在着不同点。

标准样品与标准物质主要的不同点是使用范围上的区别。标准物质是作为量值的传递工具和手段的。而标准样品是为保证国家标准、行业标准的实施而制定的国家实物标准。

标准样品不能离开标准，只适用于标准的贯彻、实施，具有很强的针对性和实用性。标准样品不要求像标准物质那样有适用的广泛性，一般能满足标准指标的要求就可以了。

标准样品和标准物质的界限很难分清，国家实物标准的管理与认证的管理办法和国家标准物质的管理与认证办法也很相似。

（2）工作标准物质　工作标准物质特性值的准确度水平较国家一级、二级标准物质的特性值的准确度水平低。工作标准物质往往是为了实际工作的需要，由某些检测水平较高的科研部门或企业，根据工作标准物质制备的规定要求自己制备，用以满足本部门的计量要求。

四、试样的采取、制备和分解

物料的分析检测过程一般包括采样、试样预处理、测定、结果计算等四个步骤。采样的目的是从被检测的总体物料中取得有代表性的样品，通过对样品的检测，得到在允许误差范围内的数据，从而求得被检测物料的某一或某些特性的平均值及其变异性。采样的具体目的可分为技术方面的目的、商业方面的目的、法律方面的目的和安全方面的目的。

工业生产的物料往往是几十吨、几百吨、成千吨或上万吨，而分析化验时所取的分析试样只需几克、几十毫克，甚至更少，要想使分析结果能代表全部物料的平均组成，必须正确地采取具有足够代表性的平均试样，并将其制备成分析试样。

如果采样没有代表性或代表性不充分，即使随后的分析测试工作再准确无误，所得出的分析结果也不能代表整体工业物料的结果，那么整个分析测试工作都将是徒劳的，甚至会得出错误的结论，以致造成严重事故。一定要非常重视样品的采取与制备，不仅要使所采取的样品能充分代表原物料，而且在操作和处理过程中还要防止样品发生变化或引入杂质造成样品的污染。

（一）基本术语

（1）采样　从待测的原始物料中取得分析试样的过程。

（2）采样时间　指每次采样的持续时间，也称采样时段。

（3）采样频率　指两次采样之间的间隔。

（4）子样　在规定的采样点按规定的操作方法采取的规定量的物料，也称小样或分样。

（5）总样　将所有采取的子样合并一起得到的试样。

（6）分析化验单位　一个总样所代表的工业物料的总量称为分析化验单位或取样单位。分析化验单位可大可小，主要取决于分析的目的。如商品煤规定（1000±100）t 为一个分析化验单位；生产车间常以一天或　班的产量为一个分析化验单位；供销双方常以一次运输量或报检量为一个分析化验单位。

（7）实验室样品　供实验室检验或测试而制备的样品。

（8）备考样品　与实验室样品同时同样制备的样品。在有争议时，作为有关方面仲裁分析所用样品。

（9）部位样品　从物料的特定部位或在物料流的特定部位和特定时间取得的一定数量或大小的样品，如上部样品、中部样品或下部样品等。部位样品是代表瞬时或局部环境的一种样品。

（10）表面样品　在物料表面取得的样品，以获得此物料表面的相关资料。

（11）物料流　指随运送工具运转中的物料。

（12）试样的制备　按规定程序减小试样粒度和数量的过程，简称制样。

（二）试样的采取原则

采样方法是以数理统计学和概率论为理论基础建立起来的。一般情况下，经常使用随机采样和计数采样的方法。采样及制备样品的具体步骤应根据分析的要求及试样的性质、均匀程度、数量多少等具体情况，严格按照一定的规程进行操作，对于不同类型的试样应按照不同的原则进行采样。按物料的形态，可分为固态、液态和气态三种，各组分在试样中的分布分为比较均匀和分布得不均匀两种。

1. 均匀物料

如果物料各部分的特性平均值在测定该特性的测量误差范围内，此物料就是均匀物料。采样时原则上可以在物料的任意部位进行采样。

2. 不均匀物料

如果物料各部分的特性平均值不在测定该特性的测量误差范围内，此物料就是不均匀物料。一般采取随机采样。对所得样品分别进行测定，再汇总所有样品的检测结果，即得到总体物料的特性平均值和变异性的估计量。

3. 随机不均匀物料

指总体物料中任一部分的特性平均值与相邻部分的特性平均值无关的物料。采样时可以随机采样，也可非随机采样。

4. 定向非随机不均匀物料

指总体物料的特性值沿一定方向改变的物料。采样时要用分层采样，并尽可能在不同特性值的各层中采出能代表该层物料的样品。

5. 周期非随机不均匀物料

指在连续的物料流中物料的特性值呈现出周期性变化，其变化周期有一定的频率和幅度的物料。采样时最好在物料流动线上采样，采样的频率应高于物料特性值的变化频率，切忌两者同步。

6. 混合非随机不均匀物料

指由两种以上特性值变异性类型或两种以上特性平均值组成的混合物料，如由几批生产合并的物料。采样时首先尽可能使各组成部分分开，然后按照上述各种物料类型的采样方法进行采样。

（三）采样方案的制订

1. 确定采取的样品数

从每一个分析化验单位中采样时，应根据物料中杂质含量的高低、物料的颗粒度及物料的总量决定所采取子样的最少数目和每个子样的最小重量。

如果样品为散装物料，则当批量＜2.5t 时，采样为 7 个单元；当批量为 2.5～80t 时，采样为 $\sqrt{批量(t)\times20}$ 个单元（计算到整数）；当批量＞80t 时，采样为 40 个单元。

对于一般产品，可用多单元物料来处理，分两步进行采样：

① 选取一定数量的采样单元。若总体物料的单元数＜500，按表 0-1 的规定确定。

表 0-1　选取采样单元数的确定

总体物料的单元	选取的最少单元	总体物料的单元	选取的最少单元
1～10	全部单元	182～216	18
11～49	11	217～254	19
50～64	12	255～296	20
65～81	13	297～343	21
82～101	14	344～394	22
102～125	15	395～450	23
126～151	16	451～512	24
152～181	17		

若总体物料的单元数＞500，按公式（0-1）确定。

$$n=3\times\sqrt[3]{N} \tag{0-1}$$

式中　n——选取的单元数；

N——总体物料的单元数。

② 对每个单元按物料特性值的变异性类型进行采样。

2. 确定采取的样品量

采样量至少要满足三次重复测定所需量。若需要留存备考样品，则必须考虑含备考样品所需量；若还需对所采样品做制样处理，则必须考虑加工处理所需量。

3. 确定采样方法

根据物料的种类、状态、包装形式、数量和在生产中的使用情况，应使用不同的采样工具，按照不同的采样方法进行采样。

4. 采样记录

采样时应记录被采物料的状况和采样操作，如物料的名称、来源、编号、数量、包装情况、存放环境、采样部位、所采样品数和样品量、采样日期、采样人名等。必要时可填写详细的采样报告。

5. 注意事项

① 采样前，应调查物料的货主、来源、种类、批次、生产日期、总量、包装堆积形式、运输情况、贮存条件、贮存时间、可能存在的成分逸散和污染情况，以及其他一切能揭示物料发生变化的材料。

② 采样器械可分为电动的、机械的和手工的三种类型。采样时，根据需要选择不与样品发生化学反应的材料制成的采样器。采样器应便于使用和清洗，而且坚固耐用。采样时应保持采样器清洁、干燥。

③ 盛样容器要依分析项目和被检物料的性质而定。盛样容器应使用不与样品发生化学反应、不被样品溶解、不使样品质量发生变化的材料制成。当检验微量元素时，对容器要进

行预处理。例如，检验铅含量时，容器在盛样前应先进行去铅处理；检验铬锌含量时，不能使用镀铬、镀锌的工具和容器；检验黄曲霉毒素时，样品应避免阳光、紫外线的照射。

如果采样或采样某阶段需要较长时间，则样品或中间样品要用气密容器保存。采集挥发性物质的样品，不宜使用塑料和气密性差的容器。对易吸潮的试样，应放在洁净、干燥、密闭、防潮的容器中。

样品容器应清洁、干燥、坚固耐用，密闭性能要好。通常盛样容器有如下几种类型：无色透明或棕色的具有磨口塞的可密封玻璃瓶；可密封的聚乙烯瓶；内衬塑料袋、外用布袋或牛皮纸袋；稠密的纺织布、聚乙烯塑料或金属材料的容器。

④ 采样后要及时记录，采样单上填写的字迹要清晰，并能长期保留不褪色。采集的样品包装后，应将标有样品编号、采样人单位印章、采样日期的标签贴在样品容器上。再贴上有样品编号、加盖有采样单位和受检单位公章以及采样人印章的封条。

⑤ 采集的样品应由专人妥善保管，并尽快送达指定地点，且要注意防潮、防损、防丢失和防污染。

⑥ 样品的交接一定要有文字记录，手续要清楚。若发现被采物的包装容器受损、腐蚀或渗漏等可疑或异常现象，应及时请示报告，不要进行检验。

⑦ 采样地点要有出入安全的通道、照明和通风条件；贮罐或槽车顶部采样时要防止掉下来，还要防止堆垛容器的倒塌；如果所采物料本身有危险，采样前必须了解各种危险物质的基本规定和处理办法，采样时，需有防止阀门失灵、物料溢出的应急措施和心理准备。

⑧ 采样时必须有陪伴者，且需对陪伴者进行事先培训。采取的样品如果具有易燃性、易爆性、氧化性、可燃性、毒性、腐蚀性、刺激性等特性，要认真执行相应的采样安全规定，不能有丝毫的疏忽，以免造成严重后果。

（四）固体物料试样的采取

1. 采样工具

采集固体试样的工具有试样瓶、试样桶、勺、采样铲、采样探子、采样钻、气动和真空探针及自动采样器等。

（1）采样铲　采样铲适用于从物料流中和静止物料中采样，如图 0-1 所示。铲的长和宽均应不小于被采样品最大粒度的 2.5～3 倍，对最大粒度大于 150mm 的物料可用长乘宽为 300mm×250mm 的铲。

（2）采样探子　采样探子适用于从包装桶或包装袋内采集粉末、小颗粒、小晶体等固体物料。

采样探子有末端开口的采样探子，如图 0-2 所示；末端封闭的采样探子，如图 0-3 所示；可封闭的采样探子，如图 0-4 所示。

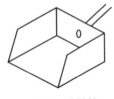

图 0-1　采样铲

末端开口或封闭的采样探子由一根材质为钢、铜或合金的金属管构成，一端有一个"T"形手柄，另一端呈"U"形。可封闭的采样探子由两根紧密配合的同心金属管构成，外管的一侧有一组槽子，内管的一侧也有相应的一组槽子，内管可以在外管内旋转，当内、外管线上的标记成一线时，槽开启。

采样时，采样探子应按一定角度插入物料，插入时，槽口应向下，把探子转动两三次，小心地把探子抽回，并注意抽回时应保持槽口向上，再将探子内的物料倒入样品容器中。

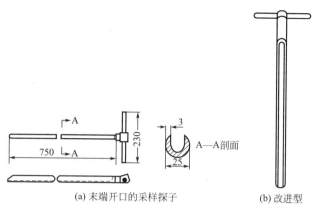

(a) 末端开口的采样探子　　(b) 改进型

图 0-2　末端开口的采样探子及其改进型（单位：mm）

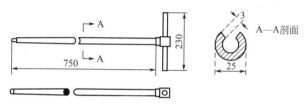

图 0-3　末端封闭的采样探子（单位：mm）

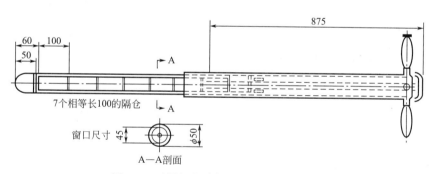

图 0-4　可封闭的采样探子（单位：mm）

（3）采样钻　采样钻适用于较坚硬的固体采样。

关闭式采样钻如图 0-5 所示。由一个金属圆桶和一个装在内部的旋转钻头组成，采样时，牢牢地握住外管，旋转中心棒，使管子稳固地进入物料，必要时可稍加压力，以保持均等的穿透速度。到达指定部位后，停止转动，提起钻头，反转中心棒，将所取样品移进样品容器中。

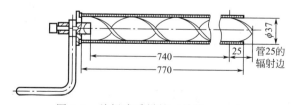

图 0-5　关闭式采样钻（单位：mm）

（4）气动和真空采样探针　气动和真空采样探针适用于采集粉末和细小颗粒等松散物料。

气动采样探针如图 0-6 所示。由一根软管将一个装有电动空气提升泵的旋风集尘器和一个由两个同心管组成的探子连接而成。开启空气提升泵，使空气沿着两管之间的环形通路流至探头，并在探头产生气动而带起样品，同时使探针不断插入物料。

真空采样探针如图 0-7 所示。由一个真空吸尘器通过装在采样管上的采样探针把物料抽入采样器中，探针由内管和一节套筒构成，一端固定在采样管上，另一端开口。

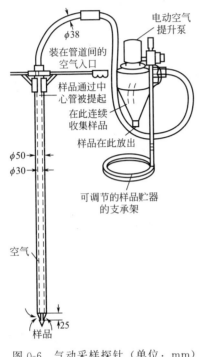

图 0-6　气动采样探针（单位：mm）

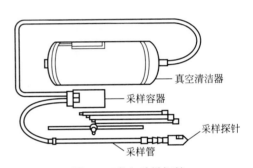

图 0-7　真空采样探针

（5）接斗　用以在物料的落流处截取子样。斗的开口尺寸至少应为被采样品的最大粒度的 2.5～3 倍。接斗的容量应能容纳输送机最大运量时物料流全部断面的全部物料量。

2. 采样方法

（1）物料流中采样　在物料流中采样，应先确定子样数目，再根据物料流量的大小及有效流过时间，均匀分布采样时间，调整采样器工作条件，一次横截物料流的断面采取一个子样。可用自动采样器、舌形铲等采样工具。注意从皮带运输机采样时，采样器必须紧贴皮带，不能悬空。

（2）运输工具中采样　常用的运输工具是火车车皮或汽车等，发货单位在物料装车后，应立即采样，而用货单位除采用发货单位提供的样品外，还要根据需要布点采样。常用的布点方法为斜线三点法，如图 0-8 所示；斜线五点法，如图 0-9 所示。子样要分布在车皮对角线上，首末两点距车角各 1m，其余各点均匀分布于首、末两子样点之间。此外，还有 18 方块法，如图 0-10 所示；棋盘法，如图 0-11 所示；蛇形法，如图 0-12 所示；对角线法，如图 0-13 所示等。

图 0-8　斜线三点法

图 0-9　斜线五点法

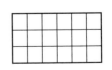

图 0-10　18 方块法

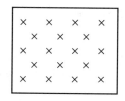
图 0-11　棋盘法

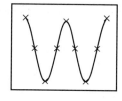
图 0-12　蛇形法

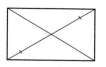
图 0-13　对角线法

（3）物料堆中采样　根据物料堆的大小、物料的均匀程度和发货单位提供的基本信息等，核算应采集的子样数目及采集量，然后布点采样。先将表层 0.2m 厚的部分用铲子除去，再以地面为起点，每间隔 0.5m 高处划一横线，每隔 1～2m 向地面划垂线，横线与垂线交点即为采样点。物料堆上采样点的分布如图 0-14 所示。

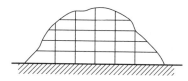
图 0-14　物料堆上采样点的分布

（4）工业制品中采样　工业制品常见的有袋装和罐装，袋装有纸袋、布袋、麻袋和纤维织袋；罐装有木质、塑料和铁皮等制成的罐或桶。一般采用的采样工具为采样探子，确定子样数目和每个子样的采集量后，即可进行采样。

（五）液体物料试样的采取

液体物料按所处的状态可分为静态和动态两类。为使试样有代表性，采样时必须混合均匀。瓶、罐等小容器可用手摇；桶、听等中等容器用滚动倒置或用手工搅拌；贮罐、槽车、船舱等大容器用机械搅拌器、喷射循环泵进行混匀。

1. 采样工具

（1）采样勺　采样勺用不与被采物料发生化学反应的金属或塑料制成，包括表面样品采样勺，如图 0-15 所示；混合样品采样勺，如图 0-16 所示；采样杯，如图 0-17 所示。前一种用于采集表面样品，后两种用于均匀物料的随机采样。

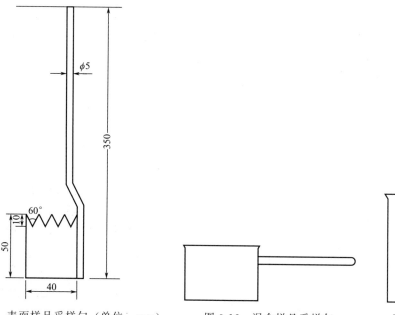
图 0-15　表面样品采样勺（单位：mm）　　　图 0-16　混合样品采样勺　　　图 0-17　采样杯

（2）采样管　采样管用玻璃、塑料或金属制成，两端开口，用于采集桶、罐、槽车等容器内的液体物料。

① 玻璃或塑料采样管。管长为1200mm，内径为15～25mm，上端为圆锥形尖口或套有一与管径相配的橡胶管，以便用手按住；小端直径有1.5mm、3mm、5mm等几种，采样时视物料黏度而定，黏度大则选用大直径的采样管，玻璃采样管如图0-18所示。

② 金属采样管。分铝或不锈钢制采样管，如图0-19所示；铜或不锈钢制双套筒采样管，如图0-20所示。前者适于采集贮罐或槽车中的低黏度液体样品，后者适用于采集桶装黏度较大的液体和黏稠液、多相液。双套筒采样管配有电动搅拌器和清洁器。

（3）采样瓶

① 玻璃（或铜制）采样瓶。一般为500mL玻璃瓶，适用于贮罐、槽车采样，玻璃采样瓶套上加重铅锤，以便沉入液体物料的较深部位，如图0-21、图0-22所示。

② 可卸式采样瓶。如图0-23所示。

另外还有加重型采样瓶、底阀型采样器等。液化气的采样常用采样钢瓶和金属杜瓦瓶。

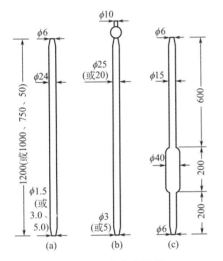

图0-18　玻璃采样管
（单位：mm）

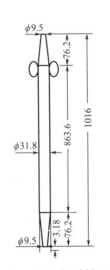

图0-19　铝（或不锈钢）制
采样管（单位：mm）

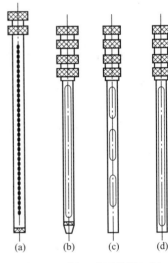

图0-20　铜（或不锈钢）制
双套筒采样管

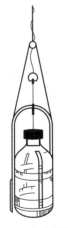

图0-21　玻璃采样瓶

图0-22　铜制采样瓶

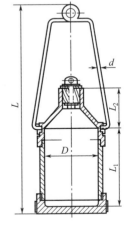

图0-23　可卸式采样瓶

2. 采样方法

（1）流动状态液体物料试样的采样方法　输送管道中的液体物料处于流动状态，应根据一定时间里物料的总流量确定采样数和采样量。如果是从管道出口端采样，则周期性地在管道出口放置一个样品容器（容器上放只漏斗以防外溢）进行采样；如管道直径较大，可在管内装一个合适的采样探头进行采样；当管线内流速变化大，难以用人工调整探头流速接近管内线速度时，可采用自动管线采样器采样。

（2）非流动状态液体物料试样的采样方法

① 大贮罐中液体物料的采集。采集全液层试样时，先将采样瓶的瓶塞打开，沿垂直方向将采样装置匀速沉入液体物料中，刚达底部时，瓶内刚装满物料即可，此时采集的试样为全液层试样。如果采集一定深度层的物料试样，则将采样装置沉入到预定位置时，通过系在瓶塞上的绳子打开瓶塞，待物料充满采样瓶后，将瓶塞盖好提出液面，此时采集的试样为某深度层的物料试样。用这种方式分别从上、中、下层采样，再将其混合均匀，作为一个试样。

② 小贮罐中液体物料的采集。小贮罐、桶或瓶容积较小，可用金属采样管或玻璃采样管采样。

用金属采样管采样时，用系在锥体的绳子将锥体提起时物料即可进入，待物料量足够时将锥体放下，取出金属采样管，将管内样品置于试样瓶中。

用玻璃采样管采样时，将玻璃管插到取样部位后，用手指按住上端管口，抽出，将管内样品置于试样瓶中。

（3）运输容器中液体物料试样的采样方法　火车或汽车槽车、船舱等运输容器的采样，一般都是将采样工具从采样口放入上、中、下分别采取部位样品，再按一定比例混合均匀作为代表性样品或采全液层样品，如无采样口，则从排料口采样。

（六）气体物料试样的采取

气体物料一般可视为均匀物料，有常压、正压、负压之分；有静态、动态之分；有常温、高温之分。气体具有压力、易渗透、易污染、难贮存等特点。

1. 采样工具

采集气体试样的设备和器具主要包括采样器、导管、样品容器、预处理装置、调节压力和流量的装置、吸气器和抽气泵等。对设备和器具的要求是对样品气体不吸收、不渗透，在采集温度下无化学活性，不起催化剂作用，力学性能好，容易加工连接。

（1）采样器　采样器是一类用专用材料制成的采样设备，常见的有硅硼玻璃采样器、金属采样器和耐火采样器等。

硅硼玻璃采样器在温度超过 450℃时不能使用。耐火采样器通常用透明石英、瓷、富铝红柱石或重结晶的氧化铝制成，其中石英采样器可在 900℃以下长期使用，其他耐火采样器可在 1100～1990℃的温度范围内使用。

金属采样器的材质有低碳钢和合金两大类，是应用最广的采样器。因低碳温度高于300℃时易受气体腐蚀和渗透氢气，故在较高温度时常用合金采样器。

（2）导管　采集气体试样所用的导管有不锈钢管、碳钢管、铜管、铝管、特制金属软管、玻璃管、聚四氟乙烯管、聚乙烯管和橡胶管等。

高纯气体的采集和输送要用不锈钢管或铜管，而不能用塑料管和橡胶管。

（3）样品容器　样品容器常见的有玻璃容器、金属钢瓶、吸附剂采样管、球胆、塑料袋、复合膜气袋等。

① 玻璃容器。常见的玻璃容器有两头带活塞的采样管，如图 0-24 所示；带三通的玻璃注射器，如图 0-25 所示；真空采样瓶，如图 0-26 所示。

② 金属钢瓶。金属钢瓶，如图 0-27 所示。按材质可分为碳钢瓶、不锈钢瓶和铝合金瓶三类；按结构可分为两头带针形阀的和一头带针形阀的两类。常用的小钢瓶容积一般为 0.1～5L，分耐中压和高压两类。

钢瓶必须定期做强度试验和气密性试验，以保证安全。

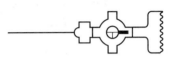

图 0-25　带三通的玻璃注射器

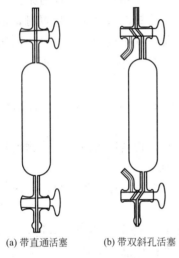

(a) 带直通活塞　　(b) 带双斜孔活塞

图 0-24　玻璃采样管

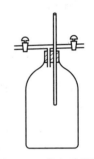

图 0-26　真空采样瓶

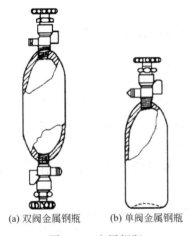

(a) 双阀金属钢瓶　　(b) 单阀金属钢瓶

图 0-27　金属钢瓶

③ 吸附剂采样管。按吸附剂的不同，分活性炭采样管和硅胶采样管。

④ 球胆。用橡胶制成的球胆，在采样要求不高时，可以用来采集气体样品。采样前至少要用样品气吹洗球胆3 次以上，待干净后方可采样。因球胆易吸附烃类等气体，易渗透氢气等小分子气体，故气样放置后其成分会发生改变，采样后应立即分析。

⑤ 塑料袋和复合膜气袋。塑料袋是用聚乙烯、聚丙烯、聚四氟乙烯、聚全氟乙丙烯和聚酯等薄膜制成的袋状取样容器。复合膜气袋是由两种不同的薄膜压黏在一起形成的复合膜制成的袋状取样容器，适用于采集贮存质量较高的气体。

（4）预处理装置　气体样品的预处理包括过滤、脱水和改变温度等，目的是使气体样品符合某些分析仪器和分析方法的要求。

分离气体中的固体颗粒、水分或其他有害物质的装置是过滤器和冷阱，常见的冷阱如图 0-28 所示。过滤器由金属、陶瓷或天然纤维与合成纤维的多孔板制成；冷阱是一些几何形状各异的容器，其温度控制在零上几摄氏度，当难凝气体慢慢通过时，水分即被脱去。

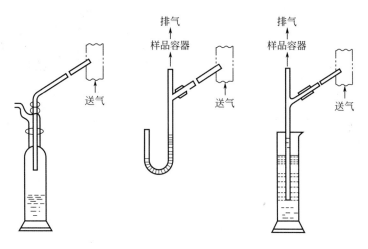

图 0-28　常见的冷阱

（5）调节压力和流量的装置　因气体本身压力较高，采样时要进行减压；同时还要调节气体的流量，以消除因流速变化引起的误差。

一般可在采样导管和采样器之间安装一个三通，连接一个合适的安全装置或放空装置以达到降压和保证安全的目的。

气体的流量可用爱德华兹瓶或液封稳压管实现调节，如图 0-29 所示。

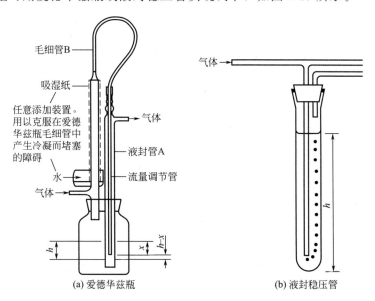

图 0-29　气体流量调节装置

（6）吸气器和抽气泵　吸气器常用于常压气体采样，常用的吸气器有橡胶制双链球，如图 0-30 所示；配有出口阀、采样管的吸气管，吸气管如图 0-31 所示；用玻璃瓶组成的吸气瓶，如图 0-32 所示等。

当气体压力不足时，可用流水抽气泵，如图 0-33 所示。产生中度真空，加大气体流速。如欲产生高度真空，可采用机械式真空泵。

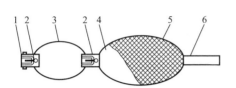

图 0-30　橡胶制双链球

1—气体进样口；2—止逆阀；3—吸气球；

4—贮气球；5—防爆网；6—橡皮管

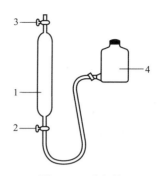

图 0-31　吸气管

1—采样管；2,3—旋塞；4—封闭液瓶

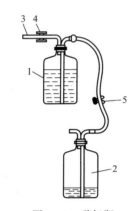

图 0-32　吸气瓶

1—气样瓶；2—封闭液瓶；3—橡胶管；

4—旋塞；5—弹簧夹

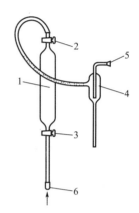

图 0-33　流水抽气泵

1—采样管；2,3—旋塞；

4—流水真空泵；5,6—橡胶管

2. 采样方法

（1）常压气体的采样　气体压力近于或等于大气压的气体称为常压气体。

① 用吸气瓶取样。如图 0-32 所示，将封闭液瓶 2 提高，打开弹簧夹 5 和气样瓶 1 上的旋塞，让封闭液流入气样瓶并充满，同时使旋塞 4 与大气相通，此时气样瓶中的空气被全部排出。夹紧止水夹，关闭旋塞，将橡胶管 3 与气体物料管相接。将封闭液瓶 2 置于低处，打开止水夹和旋塞，气体物料进入气样瓶 1，至所需量时，关闭旋塞，夹紧止水夹，取样结束。

② 用吸气管取样。如图 0-31 所示，当采样管两端旋塞打开时，将水准瓶（封闭液瓶）提高，使封闭液充满至取样管的上旋塞，此时将采样管上端与取样点上的金属管相连，然后放低水准瓶，打开旋塞，气体试样却进入采样管，关闭旋塞 2，将采样管与取样点上的金属管分开，提高封闭液瓶，打开旋塞将气体排出（如此反复 3～4 次），最后吸入气体，关闭旋塞，取样结束。

③ 用流水抽气泵取样。如图 0-33 所示，采样管上端与抽气泵相连，下端与取样点上的金属管相连。将气体试样抽入即可。

（2）正压气体的采样　气体压力大大高于大气压的气体称为正压气体。采样时只需放开取样点上的活塞，气体便自动流入气体取样器中。取样时必须用气体试样置换球胆内的空气 3～4 次。

（3）负压气体的采样

① 低负压气体的采样。气体压力小于大气压的气体称为低负压气体。可用抽气泵减压法采样，当采气量不大时，常用流水真空泵和采气管采样。

② 超低负压气体的采样。气体压力远远小于大气压的气体称为超低负压气体。用负压采样容器采样。取样前用泵抽出瓶内空气，使压力降至 $8\sim13kPa$，然后关闭旋塞，称定质量；再将试样瓶上的管头与取样点上的金属管相连，打开旋塞取样，最后关闭旋塞，称定质量，前后两次质量之差即为试样质量。

五、试样的制备

原始试样一般情况下必须经过制备处理，才能用于分析。液态和气态物料，因其易于混合，且采样量较少，只需充分混匀后即可进行分析，而固体物料一般都要经过样品的制备过程。

样品制备的原则是使原始样品的各部分应有相同的概率进入最终样品。一般包括破碎、筛分、混匀、缩分四个阶段。

（一）破碎

破碎是在制样过程中，用机械或人工方法减小试样粒度的过程。在破碎过程中，要特别注意破碎工具的清洁和不能磨损，以防引入杂质。同时还要防止物料跳出和粉末飞扬，更不能随意丢弃难破碎的任何颗粒。

1. 机械方法

用破碎机粗碎后，再用研磨机细碎。

2. 人工方法

用手锤在钢板上粗碎后，再放入研钵（材质为瓷、玛瑙或钢）中细碎。

（二）筛分

粉碎后的物料经过筛分，使其粒度满足分析要求。常用的筛子为标准分样筛，其材质一般为铜网或不锈钢网，如图 0-34 所示。筛分方式有人工操作和机械振动两

图 0-34　标准分样筛

种。在筛分过程中，要注意可先将小颗粒物料筛出，而粒径大于筛号的物料不能弃去，应将其破碎至全部通过筛孔。

（三）混匀

物料被破碎至所要求的粒度后，要充分混合均匀。混匀的方法有人工法和机械法两种。

1. 人工法

人工法普遍采用堆锥法。将物料用铁铲堆成一圆锥体，再从圆锥对角贴底交互将物料铲起，堆成另一圆锥，注意每一铲物料都要由锥顶自然洒落。如此反复三次即可。

如果试样量很少，也可将试样置于一张四方塑料布或橡胶布上，抓住四角，两对角线掀角，使试样翻动，反复数次，即可将试样混匀。

2. 机械法

将物料倒入机械混匀器中，启动机器，搅拌一段时间即可。

（四）缩分

缩分是在不改变平均组成的情况下，逐步减少试样量的过程。常用的方法有机械法和人工法。

1. 机械法

用分样器进行缩分，如图 0-35 所示。用一特制铲子（其宽度与分样器的进料口相吻合）将物料缓缓倾入分样器中，物料会顺着分样器的两侧流出，被平均分为两份。一份继续进行破碎、混匀、缩分，直至所需试样量；另一份则保存备查或弃去。

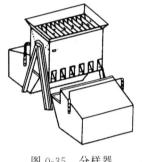

图 0-35　分样器

2. 人工法

（1）四分法　将物料按堆锥法堆成圆锥体，用平板将其压成厚度均匀的圆台体，再通过圆心平分成四个扇形，取两对角继续进行破碎、混匀、缩分，直至剩余 100～500g。一份作为分析样品，另一份则保存备查或弃去，如图 0-36 所示。

（2）棋盘法　棋盘法是将物料堆成一定厚度的均匀圆饼，用有若干个长宽各为 25～30mm 的铁皮格将物料圆饼分割成若干个小方块，再用平底小方铲每间隔一个小方块铲出一个小方块物料，将所有铲出的物料混匀后，继续进行破碎、混匀、缩分，直至剩余量达到要求，如图 0-37 所示。一份作为分析样品，另一份则保存备查或弃去。

图 0-36　四分法　　　　　　　　　图 0-37　棋盘法

此外还有正方形缩分法，其具体操作与棋盘法基本相同。

六、试样的分解

在化学分析中，试样一般要先经过分解，使被测组分定量地进入溶液，然后才能进行分析。在分解试样时，要注意防止被测组分可能发生的损失。

分解试样的常用的方法有溶解法、熔融法、半熔法和消化法。其中溶解法和熔融法是两种最常用的方法。

（一）溶解法

溶解通常理解为固态、液态和气态物质在低温下溶于适当的液体，包括发生或不发生化学反应。不少试样能溶于酸或碱的溶液中，采用酸或碱溶液溶解试样是常用的办法。

1. 水溶法

水是一种性质良好的溶剂，首先考虑用水溶法。碱金属盐、大多数的碱土金属盐、铵盐、无机酸盐（钡、铅的硫酸盐，钙的磷酸盐除外）、无机卤化物（银、铅、汞的卤化物除外）等试样都可以用水溶法分解。

2. 酸溶法

利用酸的酸性、氧化还原性或配位性等性质将试样中的被测组分转移到溶液中的方法，称酸溶法。常用的酸有盐酸、硝酸、硫酸、磷酸、氢氟酸和高氯酸等。

（1）盐酸　HCl 具有酸性、还原性及氯离子的强配位性。主要用于溶解弱酸盐、某些氧化物、某些硫化物和比氢活泼的金属等。

易溶于盐酸的元素或化合物为 Fe、Ni、Cr、Co、Zn、普通钢铁、高铬铁、多数金属氧化物、硫化物、氢氧化物、碳酸盐、磷酸盐、硼酸盐、过氧化物、某些硅酸盐、水泥等。

不溶于盐酸的物质有灼烧过的 Al、Be、Cr、Fe、Ti、Zn，Al_2O_3、Ta_2O_5、SnO_2、Sb_2O_5、Nb_2O_5 及 Th 的氧化物，磷酸锆、独居石、钇矿，锶、钡、铅的硫酸盐，碱土金属的氟化物等。

在密封增压的条件下升高温度（250～300℃），HCl 可以溶解灼烧过的 Al_2O_3、BeO、SnO_2 以及某些硅酸盐等。HCl 中加入 H_2O_2 或 Br_2 后溶剂更具有氧化性，可用于溶解铜合金和硫化物矿石等，并可同时破坏试样中的有机物。

（2）硝酸　HNO_3 具有很强的酸性和氧化性，但配位能力很弱。除金、铂族元素及易被钝化的金属外，绝大部分金属能被 HNO_3 溶解。绝大多数的硫化物可以被 HNO_3 溶解。

金属 Al、Cr、Be、Ga、In、Nb、Ta、Th、Ti、Zr 和 Hf 浸入 HNO_3 时形成氧化物保护层，不被溶解。W 与 HNO_3 反应后形成水合氧化沉淀。

（3）硫酸　稀 H_2SO_4 无氧化性，热浓 H_2SO_4 具有很强的氧化性和脱水性。稀 H_2SO_4 常用来溶解氧化物、氢氧化物、碳酸盐、硫化物及砷化物矿石，不能溶解含钙试样。热浓 H_2SO_4 可以分解金属及合金，如锑、氧化砷、锡、铅的合金等。另外几乎所有的有机物都能被其氧化。

H_2SO_4 的沸点（338℃）很高，可以蒸发至冒白烟，使低沸点酸（如 HCl、HNO_3、HF 等）挥发除去，以消除低沸点酸对阴离子测定的干扰。

（4）磷酸　H_3PO_4 在高温时生成焦磷酸和聚磷酸，具有很强的配位能力，可以分解合金钢和难溶矿石（如铬铁矿、铌铁矿、钛铁矿等）。在钢铁分析中，常用 H_3PO_4 来溶解某些合金钢试样。

单独使用 H_3PO_4 分解试样的主要缺点是不易控制温度，如果温度过高，时间过长，H_3PO_4 会脱水并形成难溶的焦磷酸盐沉淀，使实验失败。H_3PO_4 常与 H_2SO_4 等同时使用，既可提高反应的温度条件，又可以防止焦磷酸盐沉淀析出。

（5）氢氟酸　HF 的酸性很弱，但配位能力很强。对于一般分解方法难以分解的硅酸盐，可以用 HF 作溶剂，在加压和温热的情况下很快分解。

HF 可以与 HNO_3、$HClO_4$、H_2SO_4、H_3PO_4 混合使用，分解硅酸盐、磷矿石、银矿石、石英、铌矿石、富铝矿石和含铌、锗、钨的合金钢等试样。

HF 具有毒性和强腐蚀性，分析人员分解试样时必须在有防护工具和通风良好的环境下进行操作。试样分解要在铂器皿或聚四氟乙烯材质的容器中进行。

（6）高氯酸　稀 $HClO_4$ 没有氧化性，仅具有强酸性质。浓 $HClO_4$ 在常温时无氧化性，但在加热时却具有很强的氧化性和脱水能力。

热的浓 $HClO_4$ 几乎能与所有金属反应，生成的高氯酸盐大多数都溶于水。分解钢或其他合金试样时，能将金属氧化为最高的氧化态（如把铬氧化为 $Cr_2O_7^{2-}$，硫氧化为 SO_4^{2-}），且分解快速。

$HClO_4$ 的沸点（203℃）较高，可以蒸发至冒白烟，使低沸点酸挥发除去，且残渣加水后易溶解。热的浓 $HClO_4$ 遇有机物会爆炸，因此当待分解试样中含有机物时，应先用浓 HNO_3 蒸发破坏有机物，再用 $HClO_4$ 分解。

3. 碱溶法

（1）NaOH 溶解法　某些酸性或两性氧化物可以用稀 NaOH 溶液溶解，如 $20\%\sim30\%$ 的 NaOH 溶液能分解铝和铝合金；而某些钨酸盐、磷酸锆和金属氮化物等，可以用浓的氢氧化物分解。

（2）碳酸盐分解法　浓的碳酸盐溶液分解硫酸盐，如 $CuSO_4$、$PbSO_4$ 等。

（3）氨分解法　利用氨的配位作用，可以分解 Cu、Zn、Cd 等化合物。

（二）熔融法

利用酸性或碱性熔剂与试样在高温下进行分解，使待测成分转变为可溶于水或酸的化合物，称为熔融法。此方法分解能力强、效果好，但操作麻烦，且易引入杂质或使组分丢失。熔融法一般用来分解那些难溶解的试样。根据熔剂的性质，可将熔融法分为酸熔法和碱熔法。

1. 酸熔法

常用的酸性熔剂是焦硫酸钾（$K_2S_2O_7$）。$K_2S_2O_7$ 在 450℃以上开始分解，产生的 SO_3 对试样有很强的分解作用，可与金属氧化物生成可溶性盐。因此 Al_2O_3、Fe_2O_3、Cr_2O_3、TiO_2、ZnO_2 等矿石及中性、碱性耐火材料都可以用 $K_2S_2O_7$ 熔融分解。

$$K_2S_2O_7 =\!\!= K_2SO_4 + SO_3\uparrow$$
$$Al_2O_3 + 3SO_3 =\!\!= Al_2(SO_4)_3$$
$$TiO_2 + 2SO_3 =\!\!= Ti(SO_4)_2$$

$K_2S_2O_7$ 不能用于硅酸盐系统的分析，因为其分解不完全，往往残留少量黑残渣。但可以用于硅酸盐的单项测定，如测定 Fe、Mn、Ti 等。

$KHSO_4$ 在加热时发生分解，得到 $K_2S_2O_7$，因此可以代替 $K_2S_2O_7$ 作为酸性熔剂使用。

$$2KHSO_4 =\!\!= K_2S_2O_7 + H_2O\uparrow$$

熔融器皿可用瓷坩埚，也可用铂皿，但稍有腐蚀。

2. 碱熔法

常用的碱性熔剂有碳酸钠、碳酸钾、氢氧化钠、过氧化钠、硼砂和偏硼酸锂等。

（1）碳酸钠或碳酸钾　Na_2CO_3 常用于分解矿石试样，如硅酸盐、氧化物、磷酸盐和硫酸盐等。经熔融后，试样中的金属元素转化为溶于酸的碳酸盐或氧化物，而非金属元素转化为可溶性的钠盐。Na_2CO_3 的熔点为 851℃，常用温度为 1000℃或更高。

Na_2CO_3+S 是一种硫化熔剂，用于分解含砷、锡、锑的矿石，使它们转化成可溶性的硫代酸盐。如分解锡石的反应：

$$2SnO_2 + 2Na_2CO_3 + 9S \xrightarrow{\quad} 2Na_2SnS_3 + 3SO_2 \uparrow + 2CO_2 \uparrow$$

Na_2CO_3 和 K_2CO_3 摩尔比为 1∶1 的混合物称作碳酸钾钠，熔点只有 700℃ 左右，可以在普通煤气灯下熔融。

熔融器皿宜用铂坩埚。但用含硫混合熔剂时会腐蚀铂皿，应避免采用铂皿，可用铁或镍坩埚。

（2）氢氧化钠　NaOH 是低熔点熔剂，NaOH 的熔点为 318℃，常用温度为 500℃ 左右，常用于分解硅酸盐、碳化硅等试样。因 NaOH 易吸水，熔融前要将其在银或镍坩埚中加热脱水后再加试样，以免引起喷溅。

熔融器皿常用铁、银（700℃）和镍（600℃）坩埚。

（3）过氧化钠　Na_2O_2 是强氧化性、强腐蚀性的碱性熔剂，常用于分解难溶解的金属、合金及矿石，如铬铁、钛铁矿、锆石、绿柱石以及 Fe、Ni、Cr、Mo、W 的合金和 Cr、Sn、Zr 的矿石等。

熔融器皿为 500℃ 以下用铂坩埚，600℃ 以下用锆和镍坩埚，也常用铁、银和刚玉坩埚。

（4）硼砂　$Na_2B_4O_7$ 在熔融时不起氧化作用，也是一种有效熔剂。使用时通常先脱水，再与 Na_2CO_3 以 1∶1（质量比）研磨混匀使用。主要用于难分解的矿物，如刚玉、冰晶石、锆石等。

熔融器皿一般为铂坩埚。

（5）偏硼酸锂　$LiBO_2$ 熔融法是后发展起来的方法，其熔样速度快，可以分解多种矿物、玻璃及陶瓷材料。

市售偏硼酸锂（$LiBO_2 \cdot 8H_2O$）含结晶水，使用前应先低温加热脱水。

熔融器皿可以用铂坩埚，但熔融物冷却后黏附在坩埚壁上，较难脱坩和被酸浸取，最好用石墨作坩埚。

（三）半熔法

半熔法是将试样同溶剂在尚未熔融的高温条件下进行烧结，这时试样已能同熔剂发生反应，经过一定时间后，试样可以分解完全。在半熔法中，加热时间较长、温度较低、坩埚材料的损耗相当小。

（1）Na_2CO_3-ZnO 烧结法　此方法是以 Na_2CO_3-ZnO 作熔剂，于 800～850℃ 分解试样，常用于煤或矿石中全硫量的测定。在烧结时因为 ZnO 的熔点高，整个混合物不能熔融，在碱性条件下，硫被空气氧化成硫酸根，用水浸出后，就可以进行测定。

反应在瓷坩埚或刚玉坩埚中进行。

（2）$CaCO_3$-NH_4Cl 烧结法　此方法分解能力强，也称斯密特法，常用于测定硅酸盐中钾、钠的含量。如分解长石（$KAlSi_3O_8$）时，熔剂与试样在 750～800℃ 烧结。

$$2KAlSi_3O_8 + 6CaCO_3 + 2NH_4Cl \xrightarrow{\quad} 6CaSiO_3 + Al_2O_3 + 2KCl + 6CO_2 \uparrow + 2NH_3 \uparrow + H_2O \uparrow$$

反应通常在瓷坩埚中进行。

（四）消化法

消化法是分解有机试样最常用的方法之一，分为湿法消化法和高温灰化法。

1. 湿法消化法

湿法消化法是有机试样最常用的消化方法，也称湿灰化法。其实质是用强氧化性酸或强氧化剂的氧化作用破坏有机试样，使待测元素以可溶形式存在。

称取预处理过的试样于玻璃烧杯（或石英烧杯或聚四氟乙烯烧杯）中，加入适量消化剂，在 $100\sim200℃$ 下加热以促进消化，待消化液清亮后，蒸发剩余的少量液体，用纯水洗出，定容后即可进行测定。

湿法消化法中最常用的试剂是 HNO_3、$HClO_4$、H_2SO_4 等强氧化性酸及 H_2O_2、$KMnO_4$ 等氧化性试剂。在消化过程中为避免产生易挥发性的物质及新的沉淀形成，大多采用以一定比例配制的混合酸。如 HNO_3：$HClO_4$：H_2SO_4 为 $3:1:1$ 的混合酸适于大多数的生物试样的消化。

优点是设备简单、操作方便，待测元素的挥发性较灰化法小。缺点是湿法消化法加入试剂量大，会引入杂质元素，空白值高。

在湿法消化中，通常采用电炉或沙浴电炉进行加热，但温度不易准确控制，劳动强度大，效率低。而自控电热消化器，温度可自行设定，自动控制恒温，保温性好，一批可同时消化 $40\sim60$ 个样品，对消化有机试样效果较理想。

2. 高温灰化法

高温灰化法是利用热能分解有机试样，使待测元素成为可溶状态的处理方法。其处理过程是准确称取 $0.5\sim1.0g$ 试样（有些试样要经过预处理），置于适宜的器皿中，然后置于电炉进行低温碳化，直至不再冒烟。再放入马弗炉中，由低温升至 $375\sim600℃$（视样品而定），使试样完全灰化（试样不同，灰化的温度和时间也不相同）。冷却后，灰分用无机酸洗出，用去离子水稀释定容后，即可进行待测元素原子吸收法测定。

优点是操作比较简单，适宜于大量试样的测定，处理过程中不需要加入其他试剂，可避免污染试样。缺点是在灰化过程中，会引起易挥发待测元素的挥发损失、待测元素粘壁及滞留在酸不溶性灰粒上的损失。为克服灰化法的不足，在灰化前加入适量的助灰化剂，可减少挥发损失和粘壁损失。

常见的灰化剂有 MgO、$Mg(NO_3)_2$、HNO_3、H_2SO_4 等。其中 HNO_3 起氧化作用，加速有机物的破坏，因而可适当降低灰化温度，减少挥发损失；而 H_2SO_4 能使挥发性较大的氯酸盐转化为挥发性较小的硫酸盐，起到改良剂的作用。

最常用的适宜坩埚是铂坩埚、石英坩埚、瓷坩埚、热解石墨坩埚等。

第一章

Chapter 01

煤质分析技术

教学目的及要求

1. 了解煤的形成过程、煤的分类、煤的组成及煤试样的采取与制备；
2. 了解煤的分析方法分类；
3. 能正确选择分析方法进行煤中水分、灰分、挥发分的测定；
4. 能熟练进行煤中各种基的换算；
5. 掌握煤中全硫测定方法的方法原理、进行煤中全硫含量的测定；
6. 掌握煤的发热量的定义、表示方法及测定方法。

一、煤的形成、分类和组成

1. 煤的形成

煤是一种固态的可燃有机岩，是由植物残骸经过复杂的生物化学、物理化学以及地球化学变化而形成的。煤不属于矿物，主要是由碳、氢、氧、氮、硫等元素组成的有机成分和少量矿物杂质一起构成的复杂混合物。

煤是在各种地质因素综合作用的情况下形成的。要形成具有工业价值的煤层，须具备聚煤条件和成煤作用两个基本条件。

（1）聚煤条件　植物遗体堆积成煤的首要条件是必须有茂盛的植物，保证成煤物质的充分供给；另一个条件是已死亡的植物应与空气隔绝，以免遭受完全氧化、分解和强烈的微生物作用而被彻底破坏。一般认为沼泽地区是最适宜的环境，因为沼泽地有充足的水分，水体使植物遗体与空气隔绝从而使植物遗体免遭分解破坏，得以不断堆积。

（2）成煤作用　从植物遗体的堆积到形成煤层的转化过程称为成煤作用。这是一个漫长而复杂的变化过程，通常分为两个阶段，即泥炭化和腐泥化作用阶段及煤化作用阶段。前者主要是生物化学过程，后者是物理化学过程。

2. 煤的分类

我国煤的现行分类是 1986 年 10 月 1 日起实施的，该分类标准按照煤的煤化度和黏结性的不同划分为 14 大类，即无烟煤、贫煤、贫瘦煤、瘦煤、焦煤、1/3 焦煤、肥煤、气肥煤、气煤、1/2 中黏煤、弱黏煤、不黏煤、长焰煤和褐煤。

根据含碳量的多少把煤分为泥煤、褐煤、烟煤、无烟煤。煤的含碳量越高，燃烧热值也越高，质量越好。

3. 煤的组成

煤由有机质和无机质两部分构成。有机质主要是 C、H、O、N、S 等元素。无机质包括水分和矿物杂质，它们构成煤的不可燃部分，其中矿物杂质经燃烧残留下来，称为灰分。灰分超过 45％时就不再称为煤，而称炭质页岩或油页岩。

C 为可燃元素，煤化程度越高含碳量越大。完全燃烧时生成二氧化碳，此时每千克纯碳可放出 32866kJ 热量；不完全燃烧时生成一氧化碳，此时每千克纯碳放出的热量仅为 9270kJ。

H 为可燃元素，发热量最高，每千克氢燃烧后的低热值为 120370kJ（约为纯碳发热量的 4 倍），含量较少，在可燃质中含碳量为 85％时，有效氢含量最高，约 5％。在煤中氢以两种形式存在，与碳、硫结合在一起的，叫作可燃氢，它可以有效地放出热量，也称有效氢。另一种是和氧结合在一起的，叫化合氢，它不能放出热量，在计算发热量和理论空气量时，以有效氢为准。

O、N 为不可燃成分，氧和碳、氢等结合生成氧化物而使碳、氢失去燃烧的可能性。可燃物质中碳含量越高，氧含量越少。氮一般不能参加燃烧，但在高温燃烧区中和氧形成的 NO_x 是一种排气污染物，煤中含氮为 0.5％～2％。

S 包括有机硫、黄铁矿硫、硫酸盐，硫酸盐中的硫不能燃烧，它是灰分的一部分。有机硫和黄铁矿硫可燃烧放热，但每千克可燃硫的发热量仅为 9100kJ。硫燃烧后生成 SO_2、SO_3，它危害人体，污染大气并可形成酸雨，在锅炉中则会引起锅炉换热面腐蚀。

二、煤的分析方法

煤质的分析很重要，可分为工业分析和元素分析两大类。

1. 工业分析

煤的工业分析，又叫煤的技术分析或实用分析，是评价煤质的基本依据。在国家标准中，煤的工业分析包括煤的水分、灰分、挥发分和固定碳等指标的测定。通常煤的水分、灰分、挥发分是直接测出的，而固定碳是用差减法计算出来的。广义上讲，煤的工业分析还包括煤的全硫分和发热量的测定，又叫煤的全工业分析。

2. 元素分析

煤中除无机矿物质和水分以外，其余都是有机质。煤的元素分析是指煤中碳、氢、氧、氮、硫等元素含量的测定。煤的元素组成是研究煤的变质程度、计算煤的发热量、估算煤的干馏产物的重要指标，也是工业中以煤作燃料时进行热量计算的基础。

三、煤试样的采取和制备

煤样的采集是制样与分析的前提。采样就是为了获得具有代表性的样品，通过其后的制样与分析，以掌握其煤质特性，从而为入厂煤验收及控制入炉煤质量提供依据。

1. 采样的基本概念

（1）采样　采取煤样的过程。采样代表性是以采样精密度来度量的，当采集的样品精密度合格，且又不存在系统误差时，说明所采样品具有代表性。

（2）煤样　为确定某些特性而从煤中采取的具有代表性的一部分煤。

（3）子样　采样器具操作一次或截取一次煤流分断面所采取的一份样。

（4）总样　从一个采样单元取出的全部子样合并成的煤样。

（5）随机采样　在采取子样时，对采样的部位或时间均不施加任何人为因素，能使任何部位的煤都有机会采出。

（6）系统采样　按相同的时间、空间或质量的间隔采取子样，但第一个子样在第一个间隔内随机采取，其余的子样按选定的间隔采取。

（7）批　在相同的条件下，在一段时间内生产的一个量。

（8）采样单元　从一批煤中采取一个总样的煤量。一批煤可以是一个或多个采样单元。

（9）商品煤样　代表商品煤平均性质的煤样。

（10）实验室煤样　由总样或分样缩制的、送往试验室供进一步制备的煤样。

（11）空气干燥煤样　粒度小于 0.2mm，与周围空气湿度达到平衡的煤样为一般分析煤样。与空气湿度平衡，也就是煤样达到空气干燥状态时，也称一般分析煤样。所谓空气干燥状态是指试样在空气中连续干燥，其质量变化应不大于 0.1％。

（12）标准煤样　具有高度均匀性、良好稳定性和准确量值的煤样，主要用于校准测定仪器、评价分析试验方法和确定煤的特性量值。

（13）煤样制备　使煤样达到实验所要求的状态的过程，包括煤样的破碎、混合、缩分和空气干燥。

2. 煤试样的采取

无论检验何种商品的质量，都要从检验对象中抽取少量样品用于检验，用以评判该批商品的质量，这就叫抽样，习惯上对商品煤来说就称为采样。工业系统所用商品煤是一种粒度与化学组成都十分不均匀的大宗固态物料，故要采到有代表性的煤样并非易事。不能把随机采样误解为随意采样，想怎么采就怎么采。随机采样的核心是任何部位被采集到的概率相等。故它是一种没有系统误差的采样方法。本书中就是指随机采样。而采样精密度则反映随机采样偏差，这是由煤的组成不均匀性及采样时不可避免的随机误差所造成的。

入厂煤从运输工具上卸下，会与其他存煤相混，如是入炉煤则已进入锅炉烧掉，故不可能再采集一次。因此，商品煤采样务必做到一次符合要求。

商品煤样应在煤流中采取，也可在运输工具顶部及煤堆上采取。采样时不应将该采的煤块、矸石和黄铁矿漏掉或舍弃。

（1）煤流中采样　在煤流中采样时，可根据煤的流量大小，以一次或分两次到三次横截煤流的断面采取 1 个子样。分两次或三次采样时，按左右或左、中、右的顺序进行，采样的部位均不得有交错重复。煤流中每个子样质量不得少于 5 kg。在横截皮带运输机的煤流采样时，采样器必须紧贴皮带，不允许悬空铲取煤流。

① 1000t 煤应采取的最少子样数目，根据产品品种和灰分，按表 1-1 规定确定，并均匀地分布于煤的有效流过时间内。

表1-1　1000t煤应采取的最少子样数目

煤炭品种	原煤、筛选煤（灰分＞20％）	原煤、筛选煤（灰分≤20％）	炼焦用精煤	其他洗煤（包括中煤）
子样数目/个	60	30	15	20

②煤量超过1000t时，子样数目由实际发运量（出口煤按交货批量或一天实际发运量）的多少，根据公式（1-1）计算确定。

$$m = n\sqrt{\frac{M}{1000}} \qquad (1-1)$$

式中　m——实际应采子样数目，个；

　　　n——表1-1所规定的子样数目，个；

　　　M——实际发运量，t。

③煤量不足1000t时，子样数目按实际发运量的多少，根据表1-1所规定的数目按比例递减，但最少不得少于表1-1所规定数目的1/3。

（2）运输工具顶部采样　在火车顶部采取商品煤样时，煤炭装车后，应立即用机械化采样器或尖铲插入采样。用户需分析核对时，可挖坑至0.4m以下按要求采样。

300t到一列火车装载煤量应采取的子样数目，根据煤炭品种确定。对于炼焦用精煤、其他洗煤及粒度大于100mm的块煤，不论车皮容量大小，沿斜线方向按5点循环采取1个子样；对于原煤、筛选煤，不论车皮容量大小，均沿斜线方向采取3个子样。斜线的始末两点应位于距车角1m处，其余各点须均匀地布置在剩余的斜线上。各车的斜线方向应一致。

煤量不足300t为一个分析化验单位时，原煤、筛选煤应采最少子样数目为18个；炼焦用精煤、其他洗煤（包括中煤）、粒度大于100mm的块煤应采的最少子样数目为6个。每节车皮在斜线上采取1个、3个或5个子样。

当3节及以下车皮的煤量为一个分析化验单位时，多余的子样数目可在交叉的斜线上采取。

汽车运输煤炭时，可按1000t煤不少于60个子样和沿斜线采样的原则，采取商品煤样。

（3）煤堆采样　煤堆上的采样点，按所规定的子样数目，根据煤堆的不同堆形均匀布置在顶、腰、底或顶、底的部位上（底在距地面0.5m处）。在采样点上，先除去0.2m的表层煤，然后采样。

1000t煤的子样数目按表1-1的规定确定；煤量不足1000t时，子样数目由实际煤量的多少，根据表1-1所规定的数目按比例递减，但不得少于表1-1所规定的数目的一半；大于1000t煤的子样数目按公式（1-1）计算确定。

在煤堆上不采取出口煤的商品煤样。

（4）全水分煤样的采取　全水分煤样既可单独采取，也可在煤样制备过程中分取。以单独采取全水分专用煤样为例。

在煤流中采样，按均匀分布采样点的原则，至少采取10个子样，作为全水分煤样。

在火车顶部采样，应在装车后立刻进行，其方法是沿斜线按5点循环的顺序在每节车皮上采取1个子样，合并成为全水分煤样。

一批煤也可分几次采样。各次采取的子样数目同上，以各次测定结果加权平均值作为该批煤的全水分结果。

在煤堆中不单独采取全水分专用煤样。

采取全水分煤样以后应立即制样或立即装入口盖严密的塑料桶或镀锌铁桶中，并尽快制样。

3. 煤试样的制备

煤样应及时制备成空气干燥煤样，或先制成适当粒级的试验室煤样。如果水分过大，影响进一步破碎、缩分时，应事先在低于50℃温度下适当地进行干燥。在粉碎成0.2mm的煤样之前，应用磁铁将煤样中的铁屑吸去，再粉碎到全部通过孔径为0.2mm的筛子，并使之达到空气干燥状态，然后装入煤样瓶中（装入煤样的量应不超过煤样瓶容积的3/4，以便使用时混合），送交化验室化验。

煤样的制备既可一次完成，也可分几部分处理。煤样的缩分，除水分大、无法使用机械缩分者外，应尽可能使用二分器和缩分机械，以减少缩分误差。

四、煤质分析化验基准

不同煤样其化验结果不同，同一煤样在不同的状态下其测试结果也不同，煤质分析必须标明其进行分析化验时煤样所处的状态。

（1）干燥基（d）　以假想无水状态的煤为基准。

（2）空气干燥基（ad）　以与空气湿度达到平衡状态的煤为基准，也称分析基。

（3）收到基（ar）　以收到状态的煤为基准。

（4）干燥无灰基（daf）　以假想无水、无灰状态的煤为基准。

（5）干燥无矿物质基（dmmf）　以假想无水、无矿物质状态的煤为基准。

（6）恒湿无灰基（maf）　以假想含最高内在水分、无灰状态的煤为基准。

（7）恒湿无矿物质基（M，mmf）　以假想含最高内在水分、无矿物质状态的煤为基准。

第一节　煤中水分的测定

一、煤中水分

煤的水分是煤炭计价中的一个辅助指标。煤的水分增加，煤中有用成分相对减少，且水分在燃烧时变成蒸汽要吸热，降低煤的发热量。煤的水分增加，还会增加无效运输，并给卸车带来困难，特别是在冬季寒冷地区，会加剧运输的紧张。煤的水分也容易引起煤炭粘仓而减小煤仓容量，甚至发生堵仓事故。

1. 煤中游离水和化合水

煤中水分按其存在形态的不同分为两类，即游离水和化合水。

（1）游离水　游离水是以物理状态吸附在煤颗粒内部毛细管中和附着在煤颗粒表面的水分。煤的游离水分又分为外在水分和内在水分。

外在水分（M_f）是指在一定条件下煤样与周围空气湿度达到平衡时所失去的水分。它附着在煤颗粒表面，很容易在常温下干燥空气中蒸发，蒸发到煤颗粒表面的水的蒸气压与空气的湿度平衡时就不再蒸发了。

内在水分（M_{inh}）是指在一定条件下煤样达到空气干燥状态时所保持的水分。它是吸附在煤颗粒内部毛细孔中的水分。内在水分需在 100℃ 以上经过一定时间才能蒸发。

最高内在水分（MHC）是指煤样在温度 0℃、相对湿度 96% 的条件下达到平衡时测得的内在水分。此时，煤颗粒内部毛细孔内吸附的水分达到饱和状态。最高内在水分与煤的孔隙度有关，而煤的孔隙度又与煤的煤化程度有关，所以，最高内在水分含量在相当程度上能表征煤的煤化程度，尤其能更好地区分低煤化度煤。

（2）化合水　是以化学方式与矿物质结合的、在全水分测定后仍保留下来的水分，也叫结晶水。如硫酸钙（$CaSO_4 \cdot 2H_2O$）和高龄土（$Al_2O_3 \cdot 2SiO_2 \cdot 2H_2O$）中的结晶水。

游离水在 105～110℃ 条件下经过 1～2h 可蒸发掉，而结晶水通常要在 200℃ 以上才能分解析出。

2. 煤的全水分（M_t）

煤的全水分是指煤中全部的游离水分，即煤中外在水分和内在水分的总和。

化验室里测定煤的全水分时所测得的煤的外在水分和内在水分，与上面讲的煤中不同结构状态下的外在水分和内在水分是完全不同的。化验室里所测试的外在水分是指煤样在空气中并同空气湿度达到平衡时失去的水分（这时吸附在煤粒内部毛细孔中的内在水分也会相应失去一部分，其数量随当时空气湿度的降低和温度的升高而增大），这时残留在煤中的水分为内在水分。化验室测试的外在水分和内在水分，除与煤中不同结构状态下的外在水分和内在水分有关外，还与测试室空气的湿度和温度有关。

二、煤中水分的测定方法

（一）空气干燥煤样水分的测定

空气干燥煤样水分是空气干燥煤样（粒度≤0.2mm）在规定条件下测得的水分，简称为分析水。

煤质分析中仅对煤中的全水分进行测定，而煤的工业分析中仅对空气干燥煤样水分进行测定。

1. 通氮干燥法

称取一定量的空气干燥煤样，置于 105～110℃ 的干燥箱中，在干燥氮气流中干燥到质量恒定。由煤样的质量损失计算煤中水分含量。

空气干燥煤样的水分按式（1-2）计算。

$$M_{ad} = \frac{m_1}{m} \times 100 \tag{1-2}$$

式中　M_{ad}——空气干燥煤样的水分含量，%；

　　　m_1——煤样干燥后失去的质量，g；

　　　m——煤样的质量，g。

关键技术：

① 预先鼓风是为了使温度均匀，将称好装有煤样的称量瓶放入干燥箱前 3～5min 就开始鼓风。

② 煤样应平摊在称量瓶中，严格按规定时间进行干燥。

③ 进行干燥性检查时，注意防止吸收空气中水分。

2. 甲苯蒸馏法

称取一定量的空气干燥煤样于圆底烧瓶中，加入甲苯共同煮沸。分馏出的液体收集在水分测定管中并分层，量出水的体积（mL）。由水的体积和密度计算煤中水分含量。

空气干燥煤样的水分按式（1-3）计算。

$$M_{ad} = \frac{Vd}{m} \times 100 \tag{1-3}$$

式中 M_{ad}——空气干燥煤样的水分含量，%；

V——由回收曲线图上查出的水的体积，mL；

d——水的密度，20℃时取 1.00g/mL；

m——煤样的质量，g。

蒸馏装置由冷凝管、水分测定管和圆底蒸馏烧瓶构成，各部件连接处应具有磨口接头。蒸馏装置和水分测定管如图 1-1、图 1-2 所示。

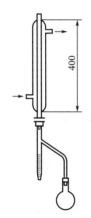

图 1-1 蒸馏装置图（单位：mm）

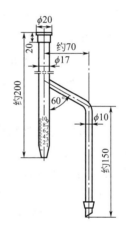

图 1-2 水分测定管（单位：mm）

3. 空气干燥法

称取一定量的空气干燥煤样，置于 105～110℃ 干燥箱中，在空气流中干燥到质量恒定。由煤样的质量损失计算煤中水分含量，同通氮干燥法。

（二）全水分的测定

煤中全水分的测定有四种方法，包括通氮干燥法、微波干燥法、空气干燥法及一步或二步空气干燥法。其中通氮干燥法适用于各种煤的全水分的测定，而微波干燥法适用于烟煤和褐煤的全水分的测定。

1. 通氮干燥法

称取一定量的煤样，置于 105～110℃ 干燥箱中，在干燥氮气流中干燥到质量恒定。由煤样的质量损失计算煤中全水分含量。

煤样全水分按式（1-4）计算。

$$M_t = \frac{m_1}{m} \times 100 \qquad (1\text{-}4)$$

式中　M_t——煤样的全水分含量，%；

　　　m_1——煤样干燥后失去的质量，g；

　　　m——煤样的质量，g。

2. 微波干燥法

　　称取一定量的粒度＜6mm 的煤样，置于微波炉内，煤中水分在微波发生器的交变电场作用下，高速振动产生摩擦热，使水分迅速蒸发，由煤样的质量损失计算煤中全水分含量，同通氮干燥法。

三、空气干燥煤样水分的测定

1. 仪器准备

　　（1）干燥箱　带有自动控温装置，内装有鼓风机，并能保持温度在 105～110℃ 范围内。

　　（2）干燥器　内装变色硅胶或粒状无水氯化钙。

　　（3）玻璃称量瓶　直径 40mm、高 25mm，并带有严密的磨口盖。

　　（4）电子天平　感量 0.0001g。

2. 样品测定

　　① 用预先干燥并称量过（精确至 0.0002g）的称量瓶称取粒度为 0.2mm 以下的空气干燥煤样（1±0.1）g，精确至 0.0002g，平摊在称量瓶中。

　　② 打开称量瓶盖，放入预先鼓风并已加热到 105～110℃ 的干燥箱中。在一直鼓风的条件下，烟煤干燥 1h，无烟煤干燥 1～1.5h。

　　③ 从干燥箱中取出称量瓶，立即盖上盖，放入干燥器中冷却至室温（约 20min）后，称量。

　　④ 进行干燥性检查，每次 30min，直到连续两次干燥煤样的质量减少不超过 0.001g 或质量增加时为止。在后一种情况下，要采用质量增加前一次的质量为计算依据。水分在 2% 以下不必进行干燥性检查。

第二节　煤中灰分的测定

一、煤的灰分

　　煤的灰分是指煤样在规定条件下完全燃烧后所得的残留物。残留物是煤中可燃物完全燃烧，而煤中矿物质（除水分外所有的无机质）在煤完全燃烧过程中经过一系列分解、化合反应后的产物，灰分应称为灰分产率。

　　灰分是煤中的有害物质，影响煤的使用、运输和贮存。

二、灰分的测定

（一）缓慢灰化法

称取一定量的空气干燥煤样于瓷灰皿中，放入马弗炉，以一定的速度加热到（815±10）℃，灰化并灼烧到质量恒定。由残留物的质量和煤样的质量计算灰分产率。

灰皿要预先灼烧至恒重，空气干燥煤样要均匀平摊在灰皿中，且每平方厘米的质量不超过0.15g。灰皿结构尺寸如图1-3所示。

空气干燥煤样的灰分按式（1-5）计算。

$$A_{ad} = \frac{m_1}{m} \times 100 \tag{1-5}$$

式中 A_{ad}——空气干燥煤样的灰分产率，%；

m_1——残留物的质量，g；

m——煤样的质量，g。

关键技术：

① 灰皿应预先灼烧至质量恒定。空气干燥煤样的粒度应为0.2mm以下。

② 灰分低于15%时，不必进行检查性灼烧。

（二）快速灰化法

将装有煤样的灰皿放在预先加热到（815±10）℃的灰分快速测定仪的传送带上，如图1-4所示。煤样被自动送入仪器内完全灰化，然后送出。由残留物的质量和煤样的质量计算灰分产率，结果计算同缓慢灰化法。

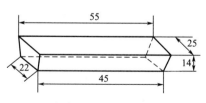

图1-3 灰皿结构尺寸（单位：mm）

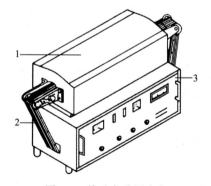

图1-4 快速灰分测定仪

1—管式电炉；2—传递带；3—控制仪

三、缓慢灰化法测定煤中灰分

1. 仪器准备

（1）马弗炉 能保持温度为（815±10）℃，炉膛具有足够的恒温区，炉后壁的上部带有直径为25~30mm的烟囱，下部离炉膛底20~30mm处有一个插热电偶的小孔，炉门上有一个直径为 20mm 的通气孔。

（2）瓷灰皿　长方形，上表面长 55mm、宽 25mm；底面长 45mm、宽 22mm；高 14mm。

（3）干燥器　内装变色硅胶或无水氯化钙。

（4）电子天平　感量 0.0001g。

（5）耐热瓷板或石棉板　尺寸与炉膛相适应。

2. 样品测定

① 用预先灼烧至质量恒定的灰皿，称取粒度为 0.2mm 以下的空气干燥煤样（1±0.1）g，精确至 0.0002g，均匀地摊平在灰皿中，使其每平方厘米的质量不超过 0.15g。

② 将灰皿送入温度不超过 100℃ 的马弗炉中，关上炉门并使炉门留有 15mm 左右的缝隙。在不少于 30min 的时间内将炉温缓慢上升至 500℃，并在此温度下保持 30min。继续升到（815＋10）℃，并在此温度下灼烧 1h。

③ 从炉中取出灰皿，放在耐热瓷板或石棉板上，在空气中冷却 5min 左右，移入干燥器中冷却至室温后（约 20min），称量。

进行检查性灼烧，每次 20min，用最后一次灼烧后的质量为计算依据。

第三节　煤中挥发分的测定

一、煤的挥发分

煤的挥发分是指煤样在规定条件下隔绝空气加热，并进行水分校正后的质量损失。残留下来的不挥发固体物质叫作焦渣。挥发分不是煤中固有的，是在特定温度下热解的产物，确切地说应称为挥发分产率。

挥发分是煤分类的重要指标。煤的挥发分反映煤的变质程度，挥发分由大到小，煤的变质程度由小到大。如泥炭的挥发分高达 70%，褐煤的挥发分一般为 40%～60%，烟煤的挥发分一般为 10%～50%，高变质的无烟煤的挥发分则小于 10%。

二、煤中挥发分的测定

煤中挥发分采用重量法测定。称取一定量的空气干燥煤样，放在带盖的瓷坩埚中，在（900±10）℃温度下，隔绝空气加热 7min。以减少的质量占煤样的质量分数，减去该煤样的水分含量作为挥发产率。

空气干燥煤样的挥发分按式（1-6）计算。

$$V_{ad} = \frac{m_1}{m} \times 100 - M_{ad} \tag{1-6}$$

式中　V_{ad}——空气干燥煤样的挥发分产率，%；

　　　m_1——煤样加热后减少的质量，g；

　　　m——煤样的质量，g；

M_{ad}——空气干燥煤样的水分含量,%。

在测定煤的挥发分条件下,不仅有机质发生热分解,煤中的矿物质也同时发生相应的变化。煤中矿物质含量较小时,可以不予考虑;但当煤中的碳酸盐含量较高时,则必须校正由碳酸盐分解而产生的误差。具体校正公式如下:

① 当空气干燥煤样中碳酸盐的二氧化碳含量为 2%~12% 时,则:

$$V_{ad} = \frac{m_1}{m} \times 100 - M_{ad} - [CO_2]_{ad} \tag{1-7}$$

式中　V_{ad}——空气干燥煤样的挥发分产率;

　　　m_1——煤样加热后减少的质量,g;

　　　m——煤样的质量,g;

　　　M_{ad}——空气干燥煤样的水分含量,%;

　$[CO_2]_{ad}$——空气干燥煤样中碳酸盐的二氧化碳的含量(按 GB/T 212—2008 测定)。

② 当空气干燥煤样中碳酸盐的二氧化碳含量大于 12% 时,则:

$$V_{ad} = \frac{m_1}{m} \times 100 - M_{ad} - \{[CO_2]_{ad} - [CO_2]_{ad}(焦渣)\} \tag{1-8}$$

式中　　　V_{ad}——空气干燥煤样的挥发分产率;

　　　　　m_1——煤样加热后减少的质量,g;

　　　　　m——煤样的质量,g;

　　　　　M_{ad}——空气干燥煤样的水分含量,%;

　　　$[CO_2]_{ad}$——空气干燥煤样中碳酸盐的二氧化碳的含量(按 GB/T 212—2008 测定),%;

$[CO_2]_{ad}(焦渣)$——焦渣中二氧化碳对煤样量的质量分数,%。

关键技术:

① 测定过程中,不能揭开坩埚盖,以防焦渣被氧化,造成测量误差。

② 马弗炉的恒温区应在关闭炉门下测定,并至少半年校准一次。高温计至少半年校准一次。

③ 褐煤和长焰煤应预先压饼,并切成约 3mm 的小块。

三、煤的固定碳

1. 煤的固定碳 (FC)

煤的固定碳是指从测定煤样的挥发分后的残渣中减去灰分后的残留物。即煤中去掉水分、灰分、挥发分,剩下的就是固定碳。

煤的固定碳与挥发分一样,也是表征煤的变质程度的一个指标,随变质程度的增高而增高。所以一些国家以固定碳作为煤分类的一个指标。

固定碳是煤的发热量的重要来源,有的国家以固定碳作为煤发热量计算的主要参数。固定碳也是合成氨用煤的一个重要指标。

2. 固定碳的计算

空气干燥煤样的固定碳按式 (1-9) 计算。

$$FC_{ad} = 100 - (M_{ad} + A_{ad} + V_{ad}) \qquad (1-9)$$

式中　FC_{ad}——空气干燥煤样的固定碳含量，%；

　　　M_{ad}——空气干燥煤样的水分含量，%；

　　　A_{ad}——空气干燥煤样的灰分产率，%；

　　　V_{ad}——空气干燥煤样的挥发分产率，%。

3. 各种基准的换算

（1）干基的换算

$$X_d = \frac{X_{ad}}{100 - M_{ad}} \times 100 \qquad (1-10)$$

式中　X_{ad}——分析基的化验结果，%；

　　　M_{ad}——分析基水分，%；

　　　X_d——换算干燥基的化验结果，%。

（2）收到基的换算

$$X_{ar} = X_{ad} \times \frac{100 - M_{ar}}{100 - M_{ad}} \times 100 \qquad (1-11)$$

式中　M_{ar}——收到基水分，%；

　　　X_{ar}——换算为收到基的化验结果，%。

（3）无水无灰基的换算

$$X_{daf} = \frac{X_{ad}}{100 - M_{ad} - A_{ad}} \times 100 \qquad (1-12)$$

式中　A_{ad}——分析基灰分，%；

　　　X_{daf}——换算为无水无灰基的化验结果，%。

当煤中碳酸盐含量大于 2% 时，则上式应变为：

$$X_{daf} = \frac{X_{ad}}{100 - M_{ad} - A_{ad} - [CO_2]_{ad}} \times 100 \qquad (1-13)$$

不同基的换算公式见表 1-2。

表 1-2　不同基的换算公式

已知基	要求基			
	空气干燥基（ad）	收到基（ar）	干基（d）	干燥无灰基（daf）
空气干燥基（ad）		$\dfrac{100 - M_{ar}}{100 - M_{ad}}$	$\dfrac{100}{100 - M_{ad}}$	$\dfrac{100}{100 - (M_{ad} + A_{ad})}$
收到基（ar）	$\dfrac{100 - M_{ad}}{100 - M_{ar}}$		$\dfrac{100}{100 - M_{ar}}$	$\dfrac{100}{100 - (M_{ar} + A_{ar})}$
干基（d）	$\dfrac{100 - M_{ad}}{100}$	$\dfrac{100 - M_{ar}}{100}$		$\dfrac{100}{100 - A_d}$
干燥无灰基（daf）	$\dfrac{100 - (M_{ad} + A_{ad})}{100}$	$\dfrac{100 - (M_{ar} + A_{ar})}{100}$	$\dfrac{100 - A_d}{100}$	

四、重量法测定煤中挥发分

1. 仪器准备

（1）挥发分坩埚 带有配合严密的盖的瓷坩埚，坩埚总质量为 15～20g。

（2）马弗炉 带有高温计和调温装置，能保持温度在（900±10）℃，并有足够的恒温区（900±5）℃。炉子的热容量为：当起始温度为 920℃时，放入室温下的坩埚架和若干坩埚，关闭炉门后，在 3min 内恢复到（900±10）℃。炉后壁有一排气孔和一个插热电偶的小孔。小孔位置应使热电偶插入炉内后，其热接点在坩埚底和炉底之间，距炉底 20～30mm 处。

（3）坩埚架 用镍铬丝或其他耐热金属丝制成。其规格尺寸能使所有的坩埚都在马弗炉恒温区内，并且坩埚底部位于热电偶热接点上方并距底 20～30mm。

（4）坩埚架夹

（5）电子天平 感量 0.0001g。

（6）压饼机 螺旋式或杠杆式压饼机，能压制直径约 10mm 的煤饼。

（7）秒表

（8）干燥器 内装变色硅胶或粒状无水氯化钙。

2. 样品测定

① 用预先在 900℃温度下灼烧至质量恒定的带盖瓷坩埚，称取粒度为 0.2mm 以下的空气干燥煤样（1±0.01）g，精确至 0.0002g，然后轻轻振动坩埚，使煤样摊平，盖上坩埚盖，将坩埚放在坩埚架上。

② 将马弗炉预先加热至 920℃左右。打开炉门，迅速将放有坩埚的架子送入恒温区内并关上炉门，准确加热 7min。坩埚及架子刚放入后，炉温会有所下降，但必须在 3min 内使炉温恢复至（900±10）℃，否则此试验作废。加热时间包括温度恢复时间在内。

③ 从炉中取出坩埚，放在空气中冷却 5min 左右，移入干燥器中冷却至室温后（约 20min），称量。

第四节 煤中全硫的测定

一、煤中硫

煤中硫按其存在的形态分为有机硫和无机硫两种。有的煤中还有少量的单质硫。

煤中的有机硫以有机物的形态存在于煤中，其结构复杂，至今了解的还不够充分；煤中的无机硫以无机物形态存在于煤中，无机硫又分为硫化物硫和硫酸盐硫。硫化物硫绝大部分是黄铁矿硫，少部分为白铁矿硫，两者是同质多晶体，还有少量的 ZnS、PbS 等。硫酸盐硫主要存在于 $CaSO_4$ 中。

煤中硫按其在空气中能否燃烧又分为可燃硫和不可燃硫。有机硫、硫铁矿硫和单质硫都能在空气中燃烧，都是可燃硫。硫酸盐硫不能在空气中燃烧，是不可燃硫。

煤燃烧后留在灰渣中的硫（以硫酸盐硫为主），或焦化后留在焦炭中的硫（以有机硫、硫化钙和硫化亚铁等为主），称为固体硫。煤燃烧逸出的硫或煤焦化随煤气和焦油析出的硫，

称为挥发硫 [以硫化氢和硫氧化碳（COS）等为主]。煤的固定硫和挥发硫不是不变的，而是随燃烧或焦化温度、升温速度和矿物质组分的性质和数量等而变化。

煤中各种形态的硫的总和称为煤的全硫（S_t）。煤的全硫通常包含煤的硫酸盐硫（S_s）、硫铁矿硫（S_p）和有机硫（S_o）。

$$S_t = S_s + S_p + S_o$$

硫是煤中有害物质之一。如煤作为燃料，在燃烧时生成 SO_2 和 SO_3，不仅腐蚀设备还污染空气，甚至降酸雨，严重危及植物生长和人的健康；煤用于合成氨制半水煤气时，由于煤气中硫化氢等气体较多，不易脱净，易毒害催化剂而影响生产；煤用于炼焦，煤中硫会进入焦炭，使钢铁变脆（钢铁中硫含量大于 0.07% 时就成了废品）；煤在贮运中硫化铁等含量多时，会因氧化、升温而自燃。

煤的工业分析通常不要求将无机硫和有机硫分别测出，而是测定其全硫的含量。测定煤中的全硫量有艾氏卡法、库仑法和高温燃烧中和法三种。而艾氏卡法是世界公认的标准方法，在仲裁分析时，采用艾氏卡法。

二、煤中全硫测定方法

1. 艾氏卡法

将煤样与艾氏卡试剂混合灼烧，煤中硫生成硫酸盐，由硫酸钡的质量计算煤中全硫的含量。主要反应为：

① 煤样与艾氏剂（$Na_2CO_3 + MgO$）混合燃烧。

$$煤 \xrightarrow{\text{空气 } O_2} CO_2\uparrow + NO_x\uparrow + SO_2\uparrow + SO_3\uparrow$$

② 燃烧生成的 SO_2 和 SO_3 被艾氏剂吸收，生成可溶性硫酸盐。

$$2Na_2CO_3 + 2SO_2 + O_2（空气）== 2Na_2SO_4 + 2CO_2\uparrow$$

$$Na_2CO_3 + SO_3 == Na_2SO_4 + CO_2\uparrow$$

$$2MgO + 2SO_2 + O_2（空气）== 2MgSO_4$$

③ 煤中的硫酸盐被艾氏剂中的 Na_2CO_3 转化成可溶性 Na_2SO_4。

$$CaSO_4 + Na_2CO_3 == CaCO_3 + Na_2SO_4$$

④ 溶解硫酸盐，用沉淀剂 $BaCl_2$ 沉淀 SO_4^{2-}。

$$MgSO_4 + BaCl_2 == MgCl_2 + BaSO_4\downarrow$$

$$Na_2SO_4 + BaCl_2 == 2NaCl + BaSO_4\downarrow$$

空气干燥煤样的全硫按式（1-14）计算。

$$S_{t,ad} = \frac{(m_1 - m_2) \times 0.1374}{m} \times 100 \tag{1-14}$$

式中　$S_{t,ad}$——空气干燥煤样中的全硫含量，%；

　　　m_1——硫酸钡质量，g；

　　　m_2——空白试验的硫酸钡质量，g；

　　0.1374——由硫酸钡换算为硫的系数；

　　　m——煤样质量，g。

艾氏剂中的 MgO，因其具有较高的熔点（2800℃），当煤样与其混合在一起于800～

850℃进行灼烧时不至于熔融，使熔块保持疏松，防止硫酸钠在不太高的温度下熔化。同时煤样与空气充分接触，有利于溶剂对生成硫化物的吸收。

关键技术：

① 将灼烧好的煤样从马弗炉中取出后，在捣碎过程中如发现有未烧尽的煤粒，应在800～850℃下继续灼烧0.5h。如果用沸水溶解后，发现尚有黑色煤粒漂浮在液面上，则本次测定作废。

② 每配制一批艾氏剂或更换其他任一试剂时，应进行2个以上空白试验（除不加煤样外，全部操作同样品操作），硫酸钡质量的极差不得大于0.0010g，取算术平均值作为空白值。

2. 库仑滴定法

煤样在催化剂作用下，于空气流中燃烧分解，煤中硫生成二氧化硫并被碘化钾溶液吸收，以电解碘化钾溶液所产生的碘进行滴定，根据电解所消耗的电量计算煤中全硫的含量。

当库仑积分器最终显示数为硫的质量（mg）时，全硫含量按式（1-15）计算。

$$S_{t,ad} = \frac{m_1}{m} \times 100 \tag{1-15}$$

式中　$S_{t,ad}$——空气干燥煤样中的全硫含量，%；

　　　m_1——库仑积分器显示值，mg；

　　　m——煤样质量，mg。

3. 高温燃烧中和法

煤样在催化剂作用下于氧气流中燃烧，煤中硫生成硫的氧化物，并捕集在过氧化氢溶液中形成硫酸，用氢氧化钠标准滴定溶液滴定，根据其消耗量，计算煤中全硫含量。

用氢氧化钠标准溶液的浓度计算煤中全硫含量。

$$S_{t,ad} = \frac{(V-V_0)c \times 0.016 \times f}{m} \times 100 \tag{1-16}$$

式中　$S_{t,ad}$——空气干燥煤样中的全硫含量，%；

　　　V——煤样测定时，氢氧化钠标准溶液的用量，mL；

　　　V_0——空白测定时，氢氧化钠标准溶液的用量，mL；

　　　c——氢氧化钠标准溶液的浓度，mmol/mL；

　0.016——硫的毫摩尔质量，g/mmol；

　　　f——校正系数，当$S_{t,ad}<1\%$时，$f=0.95$，当$S_{t,ad}=1\%～4\%$时，$f=1.00$，当$S_{t,ad}>4\%$时，$f=1.05$；

　　　m——煤样质量，g。

三、艾士卡法测定煤中全硫

1. 仪器准备

（1）电子天平　感量0.0001g；

（2）马弗炉　附测温和控温仪表。

2. 试剂准备

（1）艾氏卡试剂 以 2 份质量的化学纯轻质氧化镁与 1 份质量的化学纯无水碳酸钠混匀细至粒度小于 0.2mm 后，保存在密闭容器中。

（2）盐酸溶液 1+1。

（3）氯化钡溶液 100g/L。

（4）甲基橙溶液 20 g/L。

（5）硝酸银溶液 10 g/L，加入几滴硝酸，贮存于深色瓶中。

（6）瓷坩埚 容量 30mL 和 10～20mL 两种。

3. 样品测定

① 称取粒度小于 0.2mm 的空气干燥煤样 1g（称准至 0.0002g）和艾氏剂 2g（称准至 0.1g），于 30mL 坩埚内仔细混合均匀，再用 1g（称准至 0.1g）艾氏剂覆盖。

② 将装有煤样的坩埚移入通风良好的马弗炉中，在 1～2h 内从室温逐渐加热到 800～850℃，并在该温度下保持 1～2h。

③ 将坩埚从炉中取出，冷却到室温。用玻璃棒将坩埚中的灼烧物仔细搅松捣碎，然后转移到 400mL 烧杯中。用热水冲坩埚内壁，将洗液收入烧杯，再加入 100～150mL 刚煮沸的水，充分搅拌。

④ 用中速定性滤纸以倾泻法过滤，用热水冲洗 3 次，然后将残渣移入滤纸中，用热水仔细清洗至少 10 次，洗液总体积为 250～300mL。

⑤ 向滤液中滴入 2～3 滴甲基橙指示剂，加盐酸至中性后，再加入 2mL 盐酸，使溶液呈微酸性。将溶液加热到沸腾，在不断搅拌下滴加氯化钡溶液 10mL，在近沸状况下保持约 2h，最后溶液体积为 200mL 左右。

⑥ 溶液冷却或静置过夜后，用致密无灰定量滤纸过滤，并用热水洗至无氯离子（用硝酸银溶液检验）。

⑦ 将带沉淀的滤纸移入已知质量的瓷坩埚中，先在低温下灰化滤纸，然后在温度为 800～850℃ 的马弗炉内灼烧 20～40min，取出坩埚，在空气中稍加冷却后，放入干燥器中，冷却至室温（25～30min），称量。

第五节　煤发热量的测定

一、发热量定义及表示方法

1. 发热量定义

煤的发热量又称为煤的热值，即单位质量的煤完全燃烧所发出的热量。煤的发热量是煤按热值计价的基础指标。煤作为动力燃料，主要是利用煤的发热量，发热量愈高，其经济价值愈大。同时发热量也是计算热平衡、热效率和煤耗的依据，以及锅炉设计的参数。

煤的发热量表征了煤的变质程度（煤化度），鉴于低煤化度煤的发热量随煤化度的变化较大，一些国家常用煤的恒湿无灰基高位发热量作为区分低煤化度煤类别的指标。我国采用煤的恒湿无灰基高位发热量来划分褐煤和长焰煤。

发热量测定结果以 kJ/g（千焦/克）或 MJ/kg（兆焦/千克）表示。

2. 发热量表示方法

（1）煤的弹筒发热量（Q_b）　煤的弹筒发热量是单位质量的煤样在热量计的弹筒内，在过量高压氧 [25～35atm（1atm＝101325Pa）] 中燃烧后产生的热量（燃烧产物的最终温度规定为 25℃）。

由于煤样是在高压氧气的弹筒里燃烧的，因此发生了煤在空气中燃烧时不能进行的热化学反应。如煤中氮以及充氧气前弹筒内空气中的氮，在空气中燃烧时，一般呈气态氮逸出，而在弹筒中燃烧时却生成 N_2O_5 或 NO_2 等氮氧化合物。这些氮氧化合物溶于弹筒水中生成硝酸，这一化学反应是放热反应。煤中可燃硫在空气中燃烧时生成 SO_2 气体逸出，而在弹筒中燃烧时却氧化成 SO_3，SO_3 溶于弹筒水中生成硫酸。SO_2、SO_3 以及 H_2SO_4 溶于水生成硫酸水化物都是放热反应。煤的弹筒发热量要高于煤在空气中、工业锅炉中燃烧时实际产生的热量。实际中要把弹筒发热量折算成符合煤在空气中燃烧的发热量。

（2）煤的高位发热量（Q_{gr}）　煤的高位发热量，即煤在空气中大气压条件下燃烧后所产生的热量。实际上是由实验室中测得的煤的弹筒发热量减去硫酸和硝酸生成热后得到的热量。

煤的弹筒发热量是在恒容（弹筒内煤样燃烧室容积不变）条件下测得的，又叫恒容弹筒发热量。由恒容弹筒发热量折算出来的高位发热量又称为恒容高位发热量。而煤在空气中大气压下燃烧的条件是恒压的（大气压不变），其高位发热量是恒压高位发热量。恒容高位发热量和恒压高位发热量两者之间是有区别的。一般恒容高位发热量比恒压高位发热量低 8.4～20.9J/g，当要求精度不高时，一般不予校正。

（3）恒容低位发热量（Q_{net}）　煤的低位发热量是指煤在空气中大气压条件下燃烧后产生的热量，扣除煤中水分（煤中有机质中的氢燃烧后生成的氧化水，以及煤中的游离水和化合水）的汽化热（蒸发热），剩下的实际可以使用的热量。

由恒容高位发热量算出的低位发热量，也叫恒容低位发热量，与在空气中大气压条件下燃烧时的恒压低位热量之间也有较小的差别。

（4）煤的恒湿无灰基高位发热量（Q_{maf}）　煤的恒湿无灰基高位发热量是指煤在恒湿条件下测得的恒容高位发热量除去灰分影响后计算出来的发热量，实际中是不存在的。

恒湿无灰基高位发热量是低煤化度煤分类的一个指标。

二、氧弹式热量计法测定发热量

一定量的分析试样在氧弹式热量计中，在充有过量氧气的氧弹内燃烧。氧弹热量计的热容量通过在相似条件下燃烧一定的基准量热物苯甲酸来确定，根据试样点燃前后量热系统产生的温升，并对点火热等附加热进行校正即可求得试样的弹筒发热量。

从弹筒发热量中扣除硝酸形成热和硫酸校正热（硫酸与二氧化硫形成热之差）后即得高位发热量。

通用的热量计有恒温式和绝热式两种。它们的差别只在于外筒及附属的自动控温装置，其余部分无明显区别。

1. 恒温式热量计

$$Q_{b,ad} = \frac{EH[(t_n + h_n) - (t_0 + h_0) + C] - (q_1 + q_2)}{m} \qquad (1\text{-}17)$$

式中　$Q_{b,ad}$——分析试样的弹筒发热量，J/g；

　　　　E——热量计的热容量，J/K；

　　　　H——贝克曼温度计的平均分度值；

　　　　C——冷却校正值，K；

　　　　t_0——点火时的内筒温度，℃；

　　　　t_n——终点时的内筒温度，℃；

　　　　h_0——温度计刻度校正，t_0刻度修正值，℃；

　　　　h_n——温度计刻度校正，t_n刻度修正值，℃；

　　　　q_1——点火热，J；

　　　　q_2——添加物如包纸等产生的总热量，J；

　　　　m——试样质量，g。

2. 绝热式热量计

$$Q_{b,ad} = \frac{EH[(t_n + h_n) - (t_0 + h_0)] - (q_1 + q_2)}{m} \qquad (1\text{-}18)$$

式中各项含义同上。

关键技术：

① 新氧弹和新换部件（杯体、弹盖、连接环）的氧弹应经 15.0MPa（150atm）的水压试验，证明无问题后方能使用。应经常注意观察与氧弹强度有关的结构，如杯体和连接环的螺纹、氧气阀和电极同弹盖的连接处等，如发现显著磨损或松动，应进行修理，并经水压试验后再用。还应定期对氧弹进行水压试验，每次水压试验后，氧弹的使用时间不得超过一年。

② 称取试样时，对于燃烧时易于飞溅的试样，可先用已知质量的擦镜纸包紧，或先在压饼机中压饼并切成 2～4mm 的小块使用。对于不易燃烧完全的试样，可先在燃烧皿底铺上一个石棉垫，或用石棉绒做衬垫（先在皿底铺上一层石棉绒，然后以手压实）。石英燃烧皿不需任何衬垫。如加衬垫仍燃烧不完全，可提高充氧压力至 3.0～3.2MPa（30～32atm），或用已知质量和发热量的擦镜纸包裹称好的试样并用手压紧，然后放入燃烧皿中。

③ 连接点火丝时，注意与试样保持良好接触或保持微小的距离（对易飞溅和易燃的煤），并注意勿使点火丝接触燃烧皿，以免形成短路而导致点火失败，甚至烧毁燃烧皿。同时还应注意防止两电极间以及燃烧皿与另一电极之间的短路。

④ 把氧弹放入装好水的内筒中时，如有气泡出现，则表明漏气，应找出原因，加以纠正，重新充氧。

三、发热量的计算方法

1. 高位发热量的计算

高位发热量 $Q_{gr,ad}$ 按式（1-19）计算。

$$Q_{gr,ad} = Q_{b,ad} - (95S_{b,ad} + \alpha Q_{b,ad}) \qquad (1\text{-}19)$$

式中　$Q_{gr,ad}$——分析试样的高位发热量，J/g；

　　　$Q_{b,ad}$——分析试样的弹筒发热量，J/g；

　　　$S_{b,ad}$——由弹筒洗液测得的煤的含硫量，%；

　　　95——煤中每1%的硫的校正值，J；

　　　α——硝酸校正系数。

当$Q_{b,ad} \leqslant 16.7$kJ/g 时，$\alpha = 0.001$；当 16.7kJ/g$< Q_{b,ad} \leqslant 25.10$kJ/g 时，$\alpha = 0.0012$；当$Q_{b,ad} > 25.10$kJ/g 时，$\alpha = 0.0016$。

当煤中全硫含量低于 4% 时，或发热量大于 14.60 kJ/g 时，可用全硫或可燃硫代替$S_{b,ad}$。

2. 低位发热量的计算

低位发热量 $Q_{net,ad}$ 按式（1-20）计算。

$$Q_{net,ad} = Q_{gr,ad} - (0.206H_{ad} + 0.023M_{ad}) \qquad (1\text{-}20)$$

式中　$Q_{net,ad}$——分析试样的低位发热量，J/g；

　　　$Q_{gr,ad}$——分析试样的高位发热量，J/g；

　　　H_{ad}——分析煤样氢含量，%；

　　　M_{ad}——分析煤样水分，%。

四、煤发热量的测定

（一）仪器准备

1. 热量计

通用的热量计有恒温式和绝热式两种。它们的差别只在于外筒及附属的自动控温装置，其余部分无明显区别。热量计包括以下主件和附件。

（1）氧弹　由耐热、耐腐蚀的镍铬或镍铬钼合金钢制成，弹筒容积为 250～350mL，弹盖上应装有供充氧和排气的阀门以及点火电源的接线电极。

（2）内筒　用紫铜、黄铜或不锈钢制成，断面可为圆形、菱形或其他适当形状。筒内装水 2000～3000mL，以能浸没氧弹（进、出气阀和电极除外）为准。内筒外面应电镀抛光，以减少与外筒间的辐射作用。

（3）外筒　为金属制成的双壁容器，并有上盖。外壁为圆形，内壁形状则依内筒的形状而定，原则上要保持两者之间有 10～12mm 的间距，外筒底部有绝缘支架，以便放置内筒。

① 恒温式外筒　恒温式热量计配置恒温式外筒。盛满水的外筒的热容量应不小于热量计热容量的 5 倍，以便保持试验过程中外筒温度基本恒定。外筒外面可加绝缘保护层，以减少室温波动的影响。用于外筒的温度计应有 0.1K 的最小分度值。

② 绝热式外筒　绝热式热量计配置绝热式外筒，外筒中装有电加热器，通过自动控温装置，外筒中的水温能紧密跟踪内筒的温度。外筒中的水还应在特制的双层上盖中循环。自动控制装置的灵敏度，应能达到使点火前和终点后内筒温度保持稳定（5min 内温度变化不超过 0.002K）；在一次试验的升温过程中，内外筒间的热交换量应不超过 20J。

（4）搅拌器　螺旋桨式，转速 400～600r/min 为宜，并应保持稳定。搅拌效率应能使热容量标定中由点火到终点的时间不超过 10min，同时又要避免产生过多的搅拌热（当内、外筒温度和室温一致时，连续搅拌 10min 所产生的热量不应超过 120J）。

（5）量热温度计　内筒温度测量误差是发热量测定误差的主要来源，对温度计的正确使用具有特别重要的意义。

① 玻璃水银温度计。常用的玻璃水银温度计有两种：一种是固定测温范围的精密温度计；另一种是可变测温范围的贝克曼温度计。两者的最小分度值应为 0.01K，使用时应根据计量机关检定证书中的修正值做必要的校正。两种温度计应每隔 0.5K 检定一点，以得出刻度修正值（贝克曼温度计则称为毛细孔径修正值）。贝克曼温度计除这个修正值外还有一个称为"平均分度值"的修正值。

② 各种类型的数字显示精密温度计。需经过计量机关的检定，证明其测温准确度至少达到 0.002K（经过校正后），以保证测温的准确性。

2. 附属设备

温度计读数放大镜和照明灯；振荡器；燃烧皿；压力表和氧气导管；点火装置；压饼机；秒表或其他能指示 10s 的计时器；电子天平感量 0.1mg；工业天平载重量 4～5kg，感量 1g。

（二）试剂准备

（1）氧气　不含可燃成分，因此不许使用电解氧。

（2）苯甲酸　经计量机关检定并标明热值的苯甲酸。

（3）氢氧化钠标准溶液（供测弹筒洗液中硫用）　0.1mol/L。

（4）甲基红指示剂　0.2%。

（5）材料　点火丝：直径 0.1mm 左右的铂、铜、镍铬丝或其他已知热值的金属丝，如使用棉线，则应选用粗细均匀、不涂蜡的白棉线。各种点火丝点火时放出的热量 如下：铁丝 6700J/g（1602 cal/g）；镍铬丝 1400 J/g（335 cal/g）；铜丝 2500 J/g（598 cal/g）；棉线 17500 J/g（4185cal/g）。

（三）样品测定

① 在燃烧皿中精确称取分析试样（小于 0.2mm）1～1.1g（称准到 0.0002g）。

② 取一段已知质量的点火丝，把两端分别接在两个电极柱上。往氧弹中加入 10mL 蒸馏水。小心拧紧氧弹盖，注意避免燃烧皿和点火丝的位置因受震动而改变。接上氧气导管，往氧弹中缓缓充入氧气，直到压力达到 2.6～2.8MPa（26～28atm）。充氧时间不得少于 30s。当钢瓶中氧气压力降到 5.0MPa（50atm）以下时，充氧时间应酌量延长。

③ 往内筒中加入足够的蒸馏水，使氧弹盖的顶面（不包括突出的氧气阀和电极）淹没在水面下 10～20mm。每次试验时用水量应与标定热容量时一致（相差 1g 以内）。

水量最好用称重法测定。如用容量法，则需对温度变化进行补正。注意恰当调节内筒水温，使终点时内筒比外筒温度高 1K 左右，以使终点时内筒温度出现明显下降。外筒温度应尽量接近室温，相差不得超过 1.5K。

④ 把氧弹放入装好水的内筒中。如氧弹中无气泡漏出，则表明气密性良好，即可把内筒放在外筒的绝缘架上。然后接上点火电极插头，装上搅拌器和量热温度计，并盖上外筒和

盖子。温度计的水银球应对准氧弹主体（进、出气阀和电极除外）的中部，温度计和搅拌器均不得接触氧弹和内筒。靠近量热温度计的露出水银柱的部位，应另悬一支普通温度计，用以测定露出柱的温度。

⑤ 开动搅拌器，5min 后开始计时和读取内筒温度（t_0）并立即通电点火。随后记下外筒温度（t_j）和露出柱温度（t_e）。外筒温度至少读到 0.05K，内筒温度借助放大镜读到 0.001K。读取温度时，视线、放大镜中线和水银柱顶端应位于同一水平上，以避免视差对读数的影响。每次读数前，应开动振荡器振动 3～5s。

⑥ 观察内筒温度（注意点火后 20s 内不要把身体的任何部位伸到热量计上方）。如在 30s 内温度急剧上升，则表明点火成功。点火后 1min40s 时读取一次内筒温度（$t_{1'40''}$），读到 0.01K 即可。

⑦ 接近终点时，开始按 1min 间隔读取内筒温度。读温前开动振荡器，要读到 0.001K。以第一个下降温度作为终点温度（t_n）。试验主要阶段至此结束。

一般热量计由点火到终点的时间为 8～10min。对一台具体热量计，可根据经验，恰当掌握。

⑧ 停止搅拌，取出内筒和氧弹，开启放气阀，放出燃烧废气，打开氧弹，仔细观察弹筒和燃烧皿内部，如果有试样燃烧不完全的迹象或有炭黑存在，试验应作废。

⑨ 找出未烧完的点火丝，并量出长度，以便计算实际消耗量。

⑩ 用蒸馏水充分冲洗弹内各部分、放气阀、燃烧皿内外和燃烧残渣。把全部洗液（共约 100mL）收集在一个烧杯中供测硫使用。

（四）数据处理

1. 校正

（1）温度计刻度校正　根据检定证书中所给的修正值（在贝克曼温度计的情况下称为毛细孔径修正值）校正点火温度 t_0 和终点温度 t_n，再由校正后的温度 t_0+h_0 和 t_n+h_n 求出温升，其中 h_0 和 h_n 分别代表 t_0 和 t_n 的刻度修正值。

（2）若使用贝克曼温度计，需进行平均分度值的校正　调定基点温度后，应根据检定证书中所给的平均分度值计算该基点温度下对应于标准露出柱温度（根据检定证书所给的露出柱温度计算而得）的平均分度值 H_0。

在试验中，当试验时的露出柱温度 t_e 与标准露出柱温度相差 3℃ 以上时，按式（1-21）计算平均分度值 H。

$$H = H_0 + 0.00016(t_s - t_e) \tag{1-21}$$

式中　H_0——该基点温度下对应于标准露出柱温度时的平均分度值；

　　　　t_s——该基点温度所对应的标准露出柱温度，℃；

　　　　t_e——试验中的实际露出柱温度，℃。

（3）冷却校正　绝热式热量计的热量损失可以忽略不计，因而无需冷却校正。恒温式热量计的内筒在试验过程中与外筒间始终发生热交换，对此散失的热量应予以校正，办法是在温升中加一个校正值 C，这个校正值称为冷却校正值，计算方法如下。

首先根据点火时和终点时的内外筒温差 t_0-t_j 和 t_n-t_j，从 v-$(t-t_j)$ 关系曲线中查出相应的 v_0 和 v_n，或根据预先标定出的公式计算出 v_0 和 v_n。

$$\nu_0 = k(t_0 - t_j) + A \tag{1-22}$$

$$\nu_n = k(t_n - t_j) + A \tag{1-23}$$

式中　ν_0——在点火时内、外筒温差的影响下造成的内筒降温速度，K/min；

　　　ν_n——在终点时内、外筒温差的影响下造成的内筒降温速度，K/min；

　　　k——热量计的冷却常数，min^{-1}；

　　　A——热量计的综合常数，K/min；

　　　t_0——点火时的内筒温度，℃；

　　　t_n——终点时的内筒温度，℃；

　　　t_j——外筒温度，℃。

　　然后按式（1-24）计算冷却校正值。

$$C = (n - \alpha)\nu_n + \alpha\nu_0 \tag{1-24}$$

式中　C——冷却校正值，K；

　　　n——由点火到终点的时间，min；

　　　α——当 $\Delta/\Delta_{1'40''} \leqslant 1.20$ 时，$\alpha = \Delta/\Delta_{1'40''} - 0.10$，当 $\Delta/\Delta_{1'40''} > 1.20$ 时，$\alpha = \Delta/\Delta_{1'40''}$。其中 Δ 为主期内总温升（$\Delta = t_n - t_0$），$\Delta_{1'40''}$ 为点火后 $1'40''$ 时的温升（$\Delta_{1'40''} = t_{1'40''} - t_0$）。

2. 发热量的计算

　　（1）恒温式热量计发热量 $Q_{b,ad}$　计算公式见式（1-17）。

　　（2）绝热式热量计发热量 $Q_{b,ad}$　计算公式见式（1-18）。

　　（3）高位发热量 $Q_{gr,ad}$　计算公式见式（1-19）。

本章小结

　　本章的基本概念和基本知识包括商品煤样、实验室煤样、空气干燥煤样、标准煤样、干燥基、空气干燥基、收到基、干燥无灰基、干燥无矿物质基、恒湿无灰基、恒湿无矿物质基、煤的灰分、煤的挥发分、煤的固定碳、煤中硫、煤发热量，煤流中采样方法，运输工具顶部采集煤样方法，煤堆采样方法，全水分煤样的采取方法，煤试样的制备的方法。

　　煤中水分的测定包括空气干燥煤样水分的测定，方法有通氮干燥法、甲苯蒸馏法、空气干燥法；全水分的测定方法有通氮干燥法、空气干燥法、微波干燥法及一步或二步空气干燥法，煤的固定碳的计算。

　　煤中灰分的测定方法有缓慢灰化法、快速灰化法。

　　煤中挥发分采用重量法测定。

　　煤中全硫的测定方法有艾氏卡法、库仑法和高温燃烧中和法三种。

　　煤的发热量表示方法有煤的弹筒发热量、煤的高位发热量、恒容低位发热量、煤的恒湿无灰基高位发热量。

思考与练习题

　　1. 煤的形成条件有哪些？

2. 煤分类的依据是什么？煤可分为哪几类？

3. 煤中有机质主要是哪些元素？各起什么作用？

4. 煤的分析方法可分为哪两大类？其中工业分析包括哪些分析项目？

5. 什么叫煤的全水分？化验室里测定煤的全水分时所测得的煤的外在水分和内在水分，与煤中不同结构状态下的外在水分和内在水分有何不同？

6. 什么叫空气干燥煤样水分？通常采用哪些方法进行测定？

7. 煤的灰分会对煤有哪些影响？采用什么方法测定？

8. 缓慢灰化法、快速灰化法测定煤中灰分的区别？为什么要将灰皿预先灼烧至质量恒定？

9. 煤的挥发分反映了煤的什么程度？测煤中挥发分时，当煤中的碳酸盐含量较高时，必须进行什么校正？

10. 测定煤中挥发分时的注意事项有哪些？测定过程中能否揭开坩埚盖？如何除去测定后坩埚内的黑炭？

11. 简述艾氏卡法测定煤中全硫含量的基本原理。艾氏剂中的 MgO 起什么作用？

12. 艾氏卡试剂是由哪些物质组成的？灼烧后的煤样用沸水溶解后，若尚有黑色煤粒漂浮在液面上，应如何处理？

13. 简述库仑滴定法和高温燃烧中和法测定煤中全硫含量的基本原理。

14. 什么是弹筒发热量？为什么说低位发热量是工业燃烧设备中能获得的最大理论热值？

15. 简述氧弹式热量计法测定煤的发热量的基本原理。

16. 称取分析基煤样 1.2000g，测定挥发分时失去质量为 0.1420g，测定灰分时残渣的质量是 0.1125g，若已知分析水分是 4.0%，试求煤样中挥发分、灰分、固定碳的质量分数。

17. 称取空气干燥煤样 1.000g，测定挥发分时失去质量 0.2842g，已知空气干燥基煤中水分为 2.5%、灰分为 9.0%，收到基水分为 5.4%，试求以空气干燥基、干燥基、干燥无灰基、收到基表示的挥发分和固定碳的质量分数。

第二章

Chapter 02

硅酸盐分析技术

💡 **教学目的及要求**

　　1. 了解硅酸盐的组成、分类、性质、用途等，能正确表示硅酸盐的组成和计算；

　　2. 了解分析系统的基本概念，熟悉硅酸盐系统分析的方法类型和全分析方法流程，初步掌握硅酸盐岩石和水泥的经典分析系统和快速分析系统的方法、特点和发展趋势；

　　3. 能正确选择分解方法进行硅酸盐试样的分解；

　　4. 掌握硅酸盐中二氧化硅、氧化铁、氧化铝、氧化钛、氧化钙、氧化镁、氧化钠、氧化钾等物质含量测定的分析方法及原理；

　　5. 掌握硅酸盐水分、烧失量测定的方法原理；

　　6. 熟练运用化学分析、仪器分析的操作方法，正确进行硅酸盐中各主要成分的分析测定。

一、硅酸盐分析相关知识

　　硅酸盐分布广、种类多，约占矿物总类的 1/4，构成地壳总质量的 80%。硅酸盐是硅酸中的氢被铁、铝、钙、镁、钾、钠及其他金属离子取代而生成的盐。SiO_2 是硅酸的酸酐，可构成多种硅酸，以 $xSiO_2 \cdot yH_2O$ 表示，组成随形成条件而变，因为 x、y 的比例不同，形成多种硅酸。如偏硅酸 $H_2SiO_3(SiO_2 \cdot H_2O)$（常以 H_2SiO_3 代表硅酸）、二硅酸 $H_6Si_2O_7$ $(2SiO_2 \cdot 3H_2O)$、三硅酸 $H_4Si_3O_8(3SiO_2 \cdot 2H_2O)$、二偏硅酸 $H_2Si_2O_5(2SiO_2 \cdot H_2O)$ 和正硅酸 $H_4SiO_4(SiO_2 \cdot 2H_2O)$。

　　硅酸盐组成非常复杂，常看作硅酐和金属氧化物相结合的化合物，如：

钾长石　　$K_2O \cdot Al_2O_3 \cdot 6SiO_2$ 或 $K_2Al_2Si_6O_{16}$

高岭土　　$Al_2O_3 \cdot 2SiO_2 \cdot 2H_2O$ 或 $Al_2H_4Si_2O_9$

白云母　　$K_2O \cdot Al_2O_3 \cdot 6SiO_2 \cdot 2H_2O$ 或 $K_2H_4Al_2(SiO_3)_6$

石棉　　$CaO \cdot 3MgO \cdot 4SiO_2$ 或 $CaMg_3(SiO_3)_4$

沸石　　$Na_2O \cdot Al_2O_3 \cdot 2SiO_2 \cdot nH_2O$ 或 $Na_2Al_2(SiO_4)_2 \cdot nH_2O$

滑石　　$3MgO \cdot 4SiO_2 \cdot H_2O$ 或 $Mg_3H_2(SiO_3)_4$

高岭土是黏土的基本成分，纯高岭土为制造瓷器的原料。钾长石、云母和石英是构成花岗岩的主要成分。花岗岩和黏土都是主要的建筑材料。石棉耐酸、耐热，可用来包扎蒸气管道和过滤酸液，也可制成耐火布。云母透明、耐热，可作炉窗和绝缘材料。沸石可作硬水的软化剂，也是天然的分子筛。

只有碱金属硅酸盐可溶于水，其余硅酸盐都难溶于水。贵金属硅酸盐一般具有特征的颜色，硅酸盐溶液呈碱性。在硅酸钠溶液中加入 NH_4Cl，NH_4^+ 与水作用而显酸性，SiO_3^{2-} 与水作用显碱性，相互促进，使其与水作用更完全，H_2SiO_3 沉淀和氨气放出，可鉴定可溶性硅酸盐。

$$SiO_3^{2-} + 2NH_4^+ + 2H_2O \!\!=\!\!= H_2SiO_3 \downarrow + 2NH_3 \cdot H_2O$$

在硅酸盐工业中，一般根据工业原料和工业产品的组成、生产过程控制等要求来确定分析项目，大体有水分、烧失量、不溶物、SiO_2、Al_2O_3、Fe_2O_3、TiO_2、MgO、CaO、Na_2O、K_2O 等含量的测定，有时还要测定 MnO、F、Cl、SO_3、硫化物、P_2O_5 等的含量。

二、硅酸盐试样的分解方法

硅酸盐全分析中一般都是熔融分解，也可以用氢氟酸溶解。

（一）熔融分解法

1. 碳酸钠熔融分解法

碳酸钠是大多数硅酸盐及其他矿物分析最常用的熔剂之一。碳酸钠是一种碱性熔剂，无水碳酸钠的熔点为 852℃，适用于熔融酸性矿物。

硅酸盐样品与无水碳酸钠在高温下熔融，发生复分解反应，难溶于水和酸的石英及硅酸盐岩石转变为易溶的碱金属硅酸盐混合物。

$$SiO_2 + Na_2CO_3 \!\!=\!\!= Na_2SiO_3 + CO_2 \uparrow$$
$$KAlSi_3O_8 + 3Na_2CO_3 \!\!=\!\!= 3Na_2SiO_3 + KAlO_2 + 3CO_2 \uparrow$$
$$Mg_3Si_4O_{10}(OH)_2 + 4Na_2CO_3 \!\!=\!\!= 4Na_2SiO_3 + 3MgO + 4CO_2 \uparrow + H_2O$$

其熔融物用盐酸处理后，得到金属氯化物。

碳酸钠熔剂的用量多少与试样性质有关。对于酸性岩石，熔剂用量为试样量的 5～6 倍；对于碱性岩石，熔剂用量则需 10 倍以上。

熔融前，试样应通过 200 号筛，仔细将试样与熔剂混匀后，再在其表面覆盖一层熔剂。熔融时，宜在 300～400℃温度下，将处理好的试样与熔剂放入高温炉中，逐步升温至混合物熔融，并在 950～1000℃下熔融 30～40min。熔融器皿为铂坩埚。

无水碳酸钠熔剂的缺点是对某些铬铁矿、锆英石等的硅酸盐岩石分解不完全，熔点高，要用铂坩埚在高温下长时间熔融，操作费时。

有时采用碳酸钠与其他试剂组成的混合熔剂。

（1）碳酸钾钠混合熔剂 无水碳酸钾和无水碳酸钠按（1+1）～（5+4）组成比组成。其优点是熔点较低（约为 700℃），可在较低温度下进行熔融。缺点是碳酸钾易吸湿，使用前必须先除水。同时钾盐被沉淀吸附的倾向也比钠盐大，从沉淀中将其洗出也较困难。此种混合熔剂未被广泛应用。

（2）碳酸钠加适量硼酸或 Na_2O_2、KNO_3、$KClO_3$ 等组成的混合熔剂　酸性溶剂或氧化剂的加入增强了其分解能力，使复杂硅酸盐岩石试样分解完全。

2. 苛性碱熔融分解法

氢氧化钠、氢氧化钾都是分解硅酸盐的有效熔剂，两种熔剂的熔点均较低（KOH 为 404℃，NaOH 为 328℃），所以能在较低温度下（600～650℃）分解试样，以减轻对坩埚的侵蚀，熔融分解后转变为可溶性的碱金属硅酸盐。

$$CaAl_2Si_6O_{16} + 14NaOH \Longrightarrow 6Na_2SiO_3 + 2NaAlO_2 + CaO + 7H_2O$$

苛性碱熔剂对含硅量高的试样比较适宜（如高岭土、石英石等），既可以单独使用，也可以混合使用，混合苛性碱熔融分解试样，所得熔块易于提取。故可将其与试样混合后，再覆盖一层熔剂，放入 350～400℃ 高温炉中，保温 10min，再升至 600～650℃，保温 5～8min 即可。苛性碱会严重侵蚀铂器皿，一般在铁、镍、银、金坩埚中进行熔融。

3. 过氧化钠熔融分解法

过氧化钠是一种有强氧化性的碱性熔剂，分解能力强，用其他方法分解不完全的试样，用过氧化钠可以迅速而完全地分解。

用过氧化钠熔融分解试样的过程中，能将一些元素的低价化合物氧化为高价化合物。

$$2Mg_3Cr_2(SiO_4)_3 + 12Na_2O_2 \Longrightarrow 6MgSiO_3 + 4Na_2CrO_4 + 8Na_2O + 3O_2\uparrow$$

用过氧化钠分解试样，一般在铁、镍、银或刚玉坩埚中进行。由于过氧化钠的强氧化性，熔融时坩埚会受到强烈侵蚀，组成坩埚的物质会大量进入到熔融物中，影响后面的分析，只用于某些特别难分解的试样，一般尽量不用。

4. 锂硼酸盐熔融分解法

锂硼酸盐熔剂具有分解能力强的优点，而且制得的熔融物可固化后直接进行 X 射线荧光分析，或把熔块研成粉末后直接进行发射光谱分析，也可将熔融物溶解制备成溶液，进行包括钠和钾在内的多元素的化学系统分析。

常用的锂盐熔剂有偏硼酸锂、四硼酸锂、碳酸锂与氢氧化锂（2+1）、碳酸锂与氢氧化锂和硼酸（2+1+1）、碳酸锂与硼酸［（7～10）+1］、碳酸锂与硼酸酐［（7～10）+1］等。

用锂盐熔融试样时，试样粒度一般要求过 200 号筛。熔剂与试样比约为 10+1。熔融温度为 800～1000℃，熔融时间为 10～30min。熔融器皿为铂、金、石墨坩埚等。

用锂硼酸盐分解试样时，会出现熔块较难脱离坩埚、熔块难溶解或硅酸在酸性溶液中聚合等现象而影响二氧化硅的测定。可采取将碳酸锂与硼酸酐或硼酸的混合比严格控制在（7～10）+1，熔剂用量为试样的 5～10 倍，于 850℃ 熔融 10min 的方法，则所得熔块易于被盐酸浸取；将石墨坩埚的空坩埚先在 900℃ 灼烧 30min，小心保护形成的粉状表面。然后将混匀的试样和熔剂用滤纸包好，在有石墨粉垫里的瓷坩埚中熔融，熔块也易取出。

（二）氢氟酸分解法

氢氟酸是分解硅酸盐试样唯一最有效的溶剂。F^- 可与硅酸盐中的主要组分硅、铝、铁等形成稳定的易溶于水的配离子。

用氢氟酸或氢氟酸加硝酸分解试样，用于测定 SiO_2；用氢氟酸加硫酸（或高氯酸）分解试样，用于测定钠、钾或除 SiO_2 外的其他项目；用氢氟酸于 $120\sim130℃$ 温度下增压溶解，所得制备溶液可进行系统分析测定。

三、硅酸盐全分析中的分析系统

（一）分析系统

单项分析是指在一份称样中测定 $1\sim2$ 个项目。

系统分析是指将一份称样分解后，通过分离或掩蔽的方法消除干扰离子对测定的影响以后，再系统地、连贯地依次对数个项目进行测定。

分析系统是指在系统分析中，从试样分解、组分分离到依次测定的程序安排。

如果需要对一个样品的多个组分进行测定，建立一个科学的分析系统，可以减少试样用量，避免重复工作，加快分析速度，降低成本，提高效率。

分析系统应具备以下条件：

① 称样次数少。一次称样可测定多个项目，完成全分析所需称样次数少，不仅可减少称样、分解试样的操作，节省时间和试剂，还可以减少由于这些操作所引入的误差。

② 尽可能避免分析过程的介质转换和引入分离方法。这样既可以加快分析速度，又可以避免由此引入的误差。

③ 所选测定方法必须有好的精密度和准确度，这是保证分析结果可靠性的基础。方法的选择性应尽可能较高，以避免分离手续，操作更快捷。

④ 适用范围广。分析系统适用的试样类型多，各测定项目的含量变化范围大时也可适用。

⑤ 称样、试样分解、分液、测定等操作易与计算机联机，实现自动分析。

（二）分析系统的分类

硅酸盐试样的分析系统，习惯上可粗略地分为经典分析系统和快速分析系统两大类。

1. 经典分析系统

硅酸盐经典分析系统建立在沉淀分离和重量法的基础上，是定性分析化学中元素分组法的定量发展，是有关岩石全分析中出现最早、在一般情况下可获得准确分析结果的多元素分析流程。硅酸盐岩石全分析的经典分析系统如图 2-1 所示。

在经典分析系统中，一份硅酸盐岩石试样只能测定 SiO_2、Fe_2O_3、Al_2O_3、TiO_2、CaO 和 MgO 等六种成分的含量，而 K_2O、Na_2O、MnO、P_2O_5 则需另取试样进行测定，因此经典分析系统不是一个完善的全分析系统。但由于其分析结果比较准确，适用范围较广泛，目前在标准试样的研制、外检试样分析及仲裁分析中仍有应用。在采用经典分析系统时，除 SiO_2 的分析过程仍保持不变外，其余项目常常采用配位滴定法、分光光度法和原子吸收分光光度法进行测定。在目前的例行分析中，经典分析系统已几乎完全被一些快速分析系统所替代。

2. 快速分析系统

快速分析系统以分解试样的手段为特征，可分为碱熔、酸溶和锂硼酸盐熔融三类。

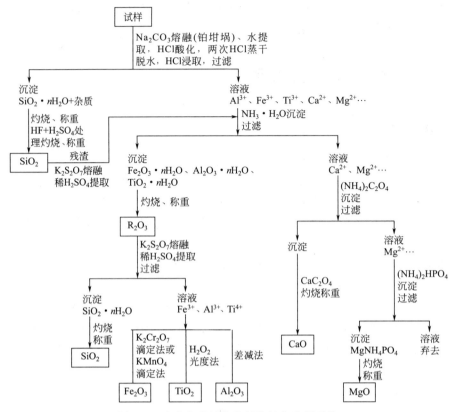

图 2-1　硅酸盐岩石全分析的经典分析系统

（1）碱熔快速分析系统　以 Na_2CO_3、Na_2O_2 或 NaOH（KOH）等碱性熔剂与试样混合，在高温下熔融分解，熔融物以热水提取后，用盐酸（或硝酸）酸化，分别进行硅、铝、锰、铁、钙、镁、磷的测定。钾和钠则要另外取样测定。

（2）酸溶快速分析系统　试样在铂坩埚或聚四氟乙烯烧杯中用 HF 或 HF-$HClO_4$、HF-H_2SO_4 分解，驱除 HF，制成盐酸、硝酸或盐酸-硼酸溶液。分别测定铁、铝、钙、镁、钛、磷、锰、钾、钠，方法与碱熔快速分析相类似。硅可用无火焰原子吸收分光光度法、硅钼蓝分光光度法、氟硅酸钾滴定法测定；铝可用 EDTA 滴定法、无火焰原子吸收分光光度法、分光光度法测定；铁、钙、镁常用 EDTA 滴定法、原子吸收分光光度法测定；锰多用分光光度法、原子吸收分光光度法测定；钛和磷多用分光光度法，钠和钾多用火焰分光光度法、原子吸收分光光度法测定。

（3）锂盐熔融分解快速分析系统　在热解石墨坩埚或用石墨粉作内衬的瓷坩埚中用偏硼酸锂、碳酸锂-硼酸酐（8＋1）或四硼酸锂于 850～900℃熔融分解试样，熔块经盐酸提取后，以 CTMAB（十六烷基三甲基溴化铵）凝聚重量法测定硅。整分滤液，以 EDTA 滴定法测定铝；二安替比林甲烷光度法和磷钼蓝光度法分别测定钛和磷；原子吸收光度法测定钛、锰、钙、镁、钾、钠。用盐酸溶解熔块后制成盐酸溶液，整分溶液，以分光光度法测定硅、钛、磷，原子吸收分光光度法测定铁、锰、钙、镁、钠。用硝酸-酒石酸提取熔块后，用笑气-乙炔火焰原子吸收分光光度法测定硅、铝、钛，用空气-乙炔火焰原子吸收分光光度法测定铁、钙、镁、钾、钠。

第一节　硅酸盐中二氧化硅含量的测定

一、硅酸盐中二氧化硅的测定

（一）重量法

1. 盐酸脱水重量法

试样与碳酸钠或苛性钠熔融分解后，试样中的硅酸盐全部转变为硅酸钠。熔融物用水提取，盐酸酸化，相当量的硅酸以水溶胶状态存在于溶液中。当加入盐酸时，一部分硅酸水溶胶转变为水凝胶析出，为使其全部析出，将溶液在 $105\sim110℃$ 下烘干 $1.5\sim2h$，蒸干，破坏胶体水化外壳而脱水形成硅酸干渣。再用盐酸润湿，并放置 $5\sim10min$，使蒸发过程中形成的铁、铝、钛等的碱式盐和氢氧化物与盐酸反应，转变为可溶性盐类而全部溶解。过滤、洗涤，将所得硅酸沉淀连同滤纸一起放入铂坩埚，置于高温炉内，逐渐升温至 $1000℃$ 灼烧 $1h$，取出冷却，称重，即得 SiO_2 的质量。

SiO_2 的质量分数按式（2-1）计算。

$$w(SiO_2)=\frac{(m_1-m_2)-(m_3-m_4)}{m}\times100 \qquad (2\text{-}1)$$

式中　$w(SiO_2)$——SiO_2 的质量分数，%；

　　　　m_1——HF 处理前坩埚与沉淀质量，g；

　　　　m_2——HF 处理后坩埚与残渣质量，g；

　　　　m_3——HF 处理前空白坩埚质量，g；

　　　　m_4——HF 处理后空白坩埚质量，g；

　　　　m——试样质量，g。

一次脱水硅酸的回收，依操作条件不同可达 $97\%\sim99\%$。高准确度要求时，必须对残留在滤液中的硅酸解聚，并应用硅酸与钼酸盐形成硅钼酸的颜色反应光度法测量残余 SiO_2 的质量，再将此质量加到上式的结果中，按式（2-2）计算。

$$w(SiO_2)=\frac{(m_1-m_2)-(m_3-m_4)}{m}\times100+\frac{(m_5-m_6)V\times10^{-6}}{mV_1}\times100 \qquad (2\text{-}2)$$

式中　m_5——从工作曲线上查得试样溶液中残余 SiO_2 质量，μg；

　　　　m_6——从工作曲线上查得试样空白溶液的 SiO_2 质量，μg；

　　　　V_1——分取试样溶液体积，mL；

　　　　V——试样溶液总体积，mL。

其余各项含义同式（2-1）。

关键技术：

① 若样品含有重金属，则先称样品于 250mL 烧杯中，加 15mL HCl，加热 10min，再加入 5mL HNO_3，继续加热并蒸发至干，再加 5mL HCl 蒸干，重复 2 次以除尽 NOCl。加 5mL HCl 及 50mL 水，加热使盐类溶解，用中速滤纸过滤，残渣全部移入滤纸内，用热水

洗残渣及滤纸数次，将滤纸及残渣放入铂坩埚，从低温至高温将滤纸完全灰化，再加入适量无水碳酸钠熔融。

② 样品中 $\omega(F^-)>0.3\%$ 时，在脱水过程中会与硅酸形成 SiF_4 挥发，使硅的测定结果偏低。可加 0.5g 固体硼酸使与氟结合成为 HBF_4，在以后的蒸发溶液时，氟以 BF_3 形式逸去，但过剩的硼在硅酸脱水时以硼酸状态混入硅酸沉淀中，灼烧成三氧化二硼。当用氢氟酸-硫酸处理时，三氧化二硼与氟生成 BF_3 而逸出，使二氧化硅结果偏高。故需在沉淀灼烧后用甲醇处理，使硼全部转化为硼甲醚 $[B(OCH_3)_3]$ 挥发除去。

③ 沉淀及滤纸放入铂坩埚灼烧时，应先低温灰化，再逐渐升高温度使滤纸全部灰化。目的是防止滤纸尚湿时升温过快，使滤纸部分碳化并渗入沉淀当中，经高温处理亦难以氧化，到后面加 HF 处理后灼烧时才可除去，这样会导致 SiO_2 含量偏高。

④ 由于蒸干脱水的硅酸沉淀会夹杂某些杂质，沉淀必须用氢氟酸和硫酸加热处理，使二氧化硅呈四氟化硅挥发逸出。即向恒重的坩埚中加入 0.5mL H_2SO_4（1+1）和 5～7mL HF，加热至冒 SO_3 白烟，用水冲洗坩埚壁，再加热至白烟冒尽，取下，在高温炉中于 1000～1100℃ 灼烧 15min，取出，在干燥器中冷却 20min，称量其质量。反复灼烧及称量，直至恒重。HF 处理前后两次称量的质量之差就是 SiO_2 质量。

2. 氯化铵重量法

试样以无水碳酸钠烧结，盐酸溶解，加固体氯化铵于沸水浴上加热蒸发，使硅酸凝聚。滤出的沉淀灼烧后，得到含有铁、铝等杂质的不纯的二氧化硅。沉淀用氢氟酸处理后，失去的质量即为纯二氧化硅的量。加上从滤液中比色回收的二氧化硅量，即为总二氧化硅的量。结果计算同盐酸脱水重量法。

关键技术：

① 在水溶液中绝大部分硅酸以溶胶状态存在。当以浓盐酸处理时，只能使其中一部分硅酸以水合二氧化硅（$SiO_2 \cdot nH_2O$）的形式沉降出来，其余仍留在溶液中。为了使溶解的硅酸全部析出，必须将溶液蒸发至干，使其脱水，但费时较长。为加快脱水过程，使用盐酸加氯化铵，既安全，效果也最好。

② 由于水泥试样中会含有不溶物，如用盐酸直接溶解样品，不溶物将混入二氧化硅沉淀中，从而导致分析结果偏高。在国家标准中规定，水泥试样一律用碳酸钠烧结后再用盐酸溶解。若需准确测定，应以氢氟酸处理。

③ 以碳酸钠烧结法分解试样，应预先将固体碳酸钠用玛瑙研钵研细。而且碳酸钠的加入量要相对准确，需用电子天平称量 0.30g 左右。若加入量不足，试料烧结不完全，测定结果不稳定；若加入量过多，烧结块不易脱坩。加入碳酸钠后，要用细玻璃棒仔细混匀，否则试料烧结不完全。

④ 用盐酸浸出烧结块后，应控制溶液体积，若溶液太多，则蒸干耗时太长。通常加 5mL 浓盐酸溶解烧结块，再以约 5mL(1+1) 盐酸和少量的水洗净坩埚。

3. 聚环氧乙烷重量法

试样用碳酸钠熔融，酸浸取，加聚环氧乙烷凝聚硅酸，过滤，灼烧，称重。以氢氟酸处理除硅，再灼烧称重。两次质量之差即为沉淀中二氧化硅的质量。残渣用焦硫酸钾熔融，用水提取，合并于滤液中，用硅钼蓝光度法测定溶液中残留的二氧化硅质量，两者之和即为试样中二氧化硅的含量。

SiO_2 的质量分数按式（2-3）计算。

$$w(SiO_2) = \frac{(m_1 - m_2) - (m_3 - m_4)}{m} \times 100 + \frac{m_5 V \times 10^{-6}}{m V_1} \times 100 \tag{2-3}$$

式中　$w(SiO_2)$——SiO_2 的质量分数，%；

　　　　m_1——HF 处理前坩埚与沉淀质量，g；

　　　　m_2——HF 处理后坩埚与残渣质量，g；

　　　　m_3——HF 处理前空白坩埚质量，g；

　　　　m_4——HF 处理后空白坩埚质量，g；

　　　　m_5——从工作曲线上查得的分取试样溶液中残余 SiO_2 质量，μg；

　　　　m——试样质量，g；

　　　　V_1——分取试样溶液体积，mL；

　　　　V——试样溶液总体积，mL。

关键技术：

① 聚环氧乙烷是促进硅酸凝聚的一种凝聚剂，动物胶、聚乙烯醇等也可用来促进硅酸凝聚。在酸性介质中，硅酸胶粒带负电荷，凝聚剂则电离出 H^+ 而带正电荷，彼此中和电性，使硅酸凝聚而析出；由于凝聚剂是亲水性很强的胶体，它能从硅胶粒子上夺取水分，破坏其水化外壳，更进一步促使硅酸凝聚。

② 试样中重金属含量＞1mg 时，应先用王水处理。称样置于 250mL 烧杯中，加 15mL 浓盐酸，在电热板上加热 10min。加 5mL 浓硝酸，继续加热蒸发至干。再加 5mL 浓盐酸，蒸干，加少量 6mol/L HCl，加水至约 50mL，加热，使盐类溶解。取下，用致密滤纸过滤。保留滤液、滤纸和残渣置于铂坩埚中，灰化，再用碳酸钠熔融。

③ 残渣用焦硫酸钾熔融，水提取，合并于滤液中。不仅是测定残留的 SiO_2 含量，还用于测定 Fe_2O_3、Al_2O_3、CaO、MgO、TiO_2、MnO、P_2O_5 等物质的含量。

④ 用凝聚剂凝聚硅酸的重量法，只要正确掌握蒸干、凝聚条件、凝聚后的体积，以及沉淀过滤时的洗涤方法等操作，滤液中残留的二氧化硅和二氧化硅沉淀中存留的杂质均可低于 2mg，在一般的例行分析中，对沉淀和滤液中的二氧化硅不再进行校正，在精密分析中需进行校正。当试样中含氟、硼、钛、锆等元素时，将影响分析结果，应视具体情况和质量要求而进行处理。

（二）氟硅酸钾酸碱滴定法

在强酸介质中，在氟化钾、氯化钾的存在下，可溶性硅酸与 F^- 作用时，能定量地析出氟硅酸钾沉淀，该沉淀在沸水中水解析出氢氟酸，可用氢氧化钠标准溶液进行滴定，从而间接计算出样品中二氧化硅的含量。

$$SiO_2 + 2KOH =\!=\!= K_2SiO_3 + H_2O$$
$$SiO_3^{2-} + 6F^- + 6H^+ =\!=\!= SiF_6^{2-} + 3H_2O$$
$$SiF_6^{2-} + 2K^+ =\!=\!= K_2SiF_6 \downarrow$$
$$K_2SiF_6 + 3H_2O =\!=\!= 2KF + H_2SiO_3 + 4HF$$
$$HF + NaOH =\!=\!= NaF + H_2O$$

SiO_2 的质量分数按式（2-4）计算。

$$w(SiO_2) = \frac{c(V - V_0) \times 10^{-3} \times 15.02}{m} \times 100 \tag{2-4}$$

式中　$w(SiO_2)$——SiO_2 的质量分数，%；

$\quad\quad\quad c$——NaOH 标准溶液的物质的量浓度，mol/L；

$\quad\quad\quad V$——试样消耗的 NaOH 标准溶液的体积，mL；

$\quad\quad\quad V_0$——空白消耗的 NaOH 标准溶液的体积，mL；

$\quad\quad\quad m$——试样质量，g；

$\quad\quad$ 15.02——$\dfrac{1}{4}SiO_2$ 的摩尔质量，g/mol。

关键技术：

① 试样溶解时用塑料烧杯，过滤沉淀时用涂蜡漏斗或塑料漏斗，而不用玻璃仪器，是为了防止氢氟酸腐蚀玻璃而带入空白。分解试样时，在系统分析中多采用氢氧化钠作熔剂，在银坩埚中熔融；而单独称样测定二氧化硅时，可采用氢氧化钾作熔剂，在镍坩埚中熔融；或以碳酸钾作熔剂，在铂坩埚中熔融。

② 当 $w(SiO_2)<20\%$ 时，采用直接滴定法。将锥瓶中溶液加热煮沸 1min，立即用 NaOH 标准溶液滴定释放出的 HF，至溶液由黄色变为红紫色为终点，记录消耗的 NaOH 标准溶液的体积。

③ 当 $w(SiO_2)>20\%$ 时，中性煮沸水解不够完全会使结果偏低，此时采用返滴定法。在有过量碱存在下，迅速中和水解释出的 HF，可确保大量硅氟酸钾水解，结果准确。即于锥形瓶中的溶液里加过量 NaOH 标准溶液（每 20mg SiO_2 约需加 10mL 0.2500mol/L NaOH），加热煮沸，立即以 HCl 标准溶液滴定过量的 NaOH，至紫红色转为黄色为终点，记录消耗的 HCl 标准溶液的体积。

④ 溶液的酸度以在 50mL 试验液中加入 10～15mL 浓硝酸（即酸度为 3mol/L 左右）为宜。酸度过低易形成其他金属氟化物沉淀而干扰测定；酸度过高将使 K_2SiF_6 沉淀反应不完全，同时会给后面的沉淀洗涤、残余酸的中和等操作带来不必要的麻烦。

⑤ 过量的钾离子有利于 K_2SiF_6 沉淀完全，这是本法的关键之一。在加入氯化钾操作中氯化钾颗粒如较粗，应用瓷研钵（不用玻璃研钵，以防引入空白）研细，以便于溶解；加入固体氯化钾时，要不断搅拌，压碎氯化钾颗粒，溶解后再加，直到不再溶解，再过量 1～2g；加入浓硝酸后，溶液温度升高，应先冷却至 30℃ 以下，再加入氯化钾至饱和（因氯化钾的溶解度随温度的改变较大）。

⑥ 氟化钾的加入量要适宜，若加入量过多，则 Al^{3+} 易与过量的氟离子生成 K_3AlF_6 沉淀，该沉淀水解生成氢氟酸将使测定结果偏高。一般在含有 0.1g 试样的溶液中，加入 150g/L 的 $KF\cdot2H_2O$ 溶液 10mL 即可。

⑦ 氟硅酸钾晶体中夹杂的硝酸严重干扰测定。若采用洗涤法彻底除去硝酸，会使氟硅酸钾严重水解，因而只能洗涤 3 次，残余的酸则采用中和法消除。

（三）硅钼杂多酸分光光度法

在一定的酸度下，硅酸与钼酸生成黄色硅钼杂多酸（硅钼黄）$H_8[Si(Mo_2O_7)_6]$，在波长 350nm 处测量其吸光度，在工作曲线上求得硅含量。若用还原剂进一步将其还原成蓝色硅钼杂多酸（硅钼蓝），也可以在 650nm 处测量其吸光度，在工作曲线上求得硅含量，此为硅钼蓝分光光度法，该法更稳定、更灵敏。

SiO_2 的质量分数按式（2-5）计算。

$$w(\mathrm{SiO_2}) = \frac{m_1 V \times 10^{-6}}{m V_1} \times 100 \tag{2-5}$$

式中　　$w(\mathrm{SiO_2})$——$\mathrm{SiO_2}$ 的质量分数，% ；

$\qquad\quad m_1$——从工作曲线上查得分取试样溶液 $\mathrm{SiO_2}$ 质量，$\mu\mathrm{g}$；

$\qquad\quad\ V$——试样溶液总体积，mL；

$\qquad\quad V_1$——分取试样溶液体积，mL；

$\qquad\quad\ m$——试样质量，g。

关键技术：

① 硅酸在酸性溶液中能逐渐地聚合，形成多种聚合状态，其中仅单分子正硅酸能与钼酸盐生成黄色硅钼杂多酸。正硅酸的获得是分光光度法测定二氧化硅的关键。硅酸的浓度越高，溶液的酸度越大，加热煮沸和放置的时间越长，则硅酸的聚合程度越严重。实验中控制二氧化硅浓度在 0.7mg/mL 以下，溶液酸度在 0.7mol/L 以下，则放置 8d，也无聚合现象。也可采用返酸化法和氟化物解聚法防止硅酸的聚合。

② 正硅酸与钼酸铵生成黄色硅钼杂多酸有两种形态，即 α-硅钼酸和 β-硅钼酸。α-硅钼酸被还原后产物呈绿蓝色，$\lambda_{\max} = 742\mathrm{nm}$，不稳定而很少用；β-硅钼酸被还原后产物呈深蓝色，$\lambda_{\max} = 810\mathrm{nm}$，颜色可稳定 8h 以上，分析上广泛应用。酸度对其形态影响最大，若用硅钼黄测定硅，控制溶液 pH=3.0～3.8；若用硅钼蓝光度法测定硅，则生成硅钼黄的酸度在 pH=1.3～1.5 为最佳。

二、氟硅酸钾滴定法测定硅酸盐中二氧化硅

1. 试剂准备

（1）氟化钾溶液　150g/L，称取 150g 氟化钾（KF·2H₂O）于塑料杯中，加水溶解后，用水稀至 1L，贮于塑料瓶中。

（2）氯化钾溶液　50g/L，将 50g 氯化钾溶于水中，用水稀释至 1L。

（3）氯化钾-乙醇溶液　50g/L，将 5g 氯化钾溶于 50mL 水中，加入 50mL 95%（体积分数）乙醇，混匀。

（4）酚酞指示剂溶液　10g/L，将 1g 酚酞溶于 100mL 95%（体积分数）乙醇中。

（5）氢氧化钠标准溶液　0.15mol/L，将 60g 氢氧化钠溶于 10L 水中，充分摇匀，贮存于带胶塞（装有钠石灰干燥管）的硬质玻璃瓶或塑料瓶内。

称取约 0.8g（精确至 0.0001g）苯二甲酸氢钾（$\mathrm{C_8H_5KO_4}$），置于 400mL 烧杯中，加入约 150mL 新煮沸过的已用氢氧化钠溶液中和至酚酞呈微红色的冷水，搅拌，使其溶解，加入 6～7 滴酚酞指示液，用氢氧化钠标准滴定溶液滴定至微红色。

2. 样品测定

（1）试样的制备　称取约 0.58g 试样，精确至 0.00018g，置于铂坩埚中，加入 6～7g 氢氧化钠，在 650～700℃ 的高温下熔融 20min，取出冷却。将坩埚放入盛有 100mL 近沸腾水的烧杯中，盖上表面皿，于电热板上适当加热，待熔块完全浸出后，取出坩埚，用水冲洗坩埚和盖，在搅拌下一次加入 25～30mL 盐酸，再加入 1mL 硝酸用 1+5 热盐酸洗净坩埚和盖，将溶液加热至沸，冷却，然后移入 250mL 容量瓶中，用水稀释至标线，摇匀。此溶液

E 供测定二氧化硅、三氧化二铁、氧化铝、氧化钙、氧化镁、二氧化钛用。

（2）二氧化硅的测定　吸取 50.00mL 溶液 E，放入 250～300mL 塑料杯中，加入 10～15mL 硝酸，搅拌，冷却至 30℃ 以下，加入氯化钾，仔细搅拌至饱和并有少量氯化钾析出，再加 2g 氯化钾及 10mL 氟化钾溶液，仔细搅拌（如氯化钾析出量不够，应再补充加入），放置 15～20min。用中速滤纸过滤，用氯化钾溶液洗涤塑料杯及沉淀 3 次。将滤纸连同沉淀取下置于原塑料杯中，沿杯壁加入 10mL 30℃ 以下的氯化钾-乙醇溶液及 1mL 酚酞指示剂溶液，用氢氧化钠标准溶液中和未洗尽的酸，仔细搅动滤纸并以之擦洗杯壁直至溶液呈红色。向杯中加入 200mL 沸水（煮沸并用氢氧化钠溶液中和至酚酞呈微红色），用氢氧化钠标准溶液滴定至微红色。

第二节　硅酸盐中三氧化二铁含量的测定

一、硅酸盐中三氧化二铁的测定

1. 重铬酸钾氧化还原滴定法

在酸性溶液中用 Sn^{2+} 将 Fe^{3+} 还原为 Fe^{2+}，过量的 Sn^{2+} 用 $HgCl_2$ 氧化消除，以二苯胺磺酸钠为指示剂，用 $K_2Cr_2O_7$ 标准滴定溶液滴定 Fe^{2+}，至溶液出现蓝紫色为终点。

Fe_2O_3 的质量分数按式（2-6）计算。

$$w(Fe_2O_3) = \frac{(V-V_0)T \times 10^{-3}}{m} \times 100 \tag{2-6}$$

式中　$w(Fe_2O_3)$——Fe_2O_3 的质量分数，%；

　　　　V——试样消耗的 $K_2Cr_2O_7$ 标准溶液的体积，mL；

　　　　V_0——空白消耗的 $K_2Cr_2O_7$ 标准溶液的体积，mL；

　　　　T——$K_2Cr_2O_7$ 标准滴定溶液对 Fe_2O_3 的滴定度，mg/L；

　　　　m——试样（或分取试液中试样）的质量，mg。

关键技术：

① 在试样空白溶液中加入 2 滴 $SnCl_2$ 溶液后，需加入几滴 0.005000mol/L 硫酸亚铁铵溶液，再按试样溶液步骤进行滴定。

② 为了迅速地使 Fe^{3+} 还原完全，常将制备溶液控制约 50mL 时，趁热滴加 $SnCl_2$ 溶液至黄色褪去。浓缩至小体积，一方面是提高酸度，防止 $SnCl_2$ 的水解；另一方面是提高反应物的浓度，有利于 Fe^{3+} 的还原和还原完全时对溶液颜色变化的观察。而趁热滴加 $SnCl_2$ 溶液，是因为 Sn^{2+} 还原 Fe^{3+} 的反应在室温下进行得缓慢，加热至近沸，可大大加快反应速率。

③ 在加入 $HgCl_2$ 除去过量的 $SnCl_2$ 时，必须在冷溶液中进行，此时应有银白色丝状沉淀出现。如果在热溶液中加入 $HgCl_2$，$HgCl_2$ 可以氧化 Fe^{2+}，使测定结果不准确；如出现的不是银白色丝状沉淀而是黑色，表示 $SnCl_2$ 过量太多，实验失败，应弃去重做。

2. EDTA 配位滴定法

在 pH=1.8～2.0 的酸性介质中，在 60～70℃ 的条件下，以磺基水杨酸为指示剂，用

EDTA标准溶液直接滴定溶液中的铁（Ⅲ），至溶液颜色由紫红色变为亮黄色为终点，根据EDTA标准溶液的浓度和化学计量点时其所消耗的体积计算试样中的全铁含量。

$$Fe^{3+} + Sal^{2-} \Longrightarrow FeSal^+$$

（紫红色）

$$Fe^{3+} + H_2Y^{2-} \Longrightarrow FeY^- + 2H^+$$

（黄色）

$$FeSal^+ + H_2Y^{2-} \Longrightarrow FeY^- + Sal^{2-} + 2H^+$$

（黄色）（无色）

Fe_2O_3的质量分数按式（2-7）计算。

$$w(Fe_2O_3) = \frac{T_{Fe_2O_3} V \times 10}{m \times 1000} \times 100 \tag{2-7}$$

式中　$w(Fe_2O_3)$——Fe_2O_3的质量分数，%；

$T_{Fe_2O_3}$——每毫升EDTA标准滴定溶液相当于Fe_2O_3的质量，mg/mL；

V——滴定时消耗EDTA标准滴定溶液的体积，mL；

m——试样的质量，g。

关键技术：

① 由于在该酸度下，Fe^{2+}不能与EDTA定量配位，所以在测定总铁含量时，应先将溶液中的Fe^{2+}氧化成Fe^{3+}。

② 将溶液的pH控制在1.8～2.0是本实验的关键。如果pH<1，EDTA不能与Fe^{3+}定量配位，同时，磺基水杨酸钠与Fe^{3+}生成的配合物也很不稳定，致使滴定终点提前，滴定结果偏低；如果pH>2.5，则Fe^{3+}易水解，使Fe^{3+}与EDTA的配位能力减弱甚至完全消失。

③ 控制溶液的温度在60～70℃。在pH=1.8～2.0时，Fe^{3+}与EDTA的配位反应速率较慢，需将溶液加热，温度不能过高，否则溶液中共存的Al^{3+}会与EDTA配位，而使测定结果偏高。一般溶液的起始温度以70℃为宜，在滴定结束时，溶液的温度不宜低于60℃。注意在滴定过程中测量溶液的温度，如低于60℃，可暂停滴定，将溶液加热后再继续滴定。

3. 分光光度法

（1）磺基水杨酸光度法　在pH=8～11的氨性溶液中，铁（Ⅲ）与磺基水杨酸生成稳定的黄色配合物，在425nm处测量其吸光度，在工作曲线上求得全铁含量。

Fe_2O_3的质量分数按式（2-8）计算。

$$w(Fe_2O_3) = \frac{m_1 V \times 10^{-6}}{m V_1} \times 100 \tag{2-8}$$

式中　$w(Fe_2O_3)$——Fe_2O_3的质量分数，%；

m_1——从工作曲线上查得分取试样溶液Fe_2O_3质量，μg；

V——试样溶液总体积，mL；

V_1——分取试样溶液体积，mL；

m——试样总质量，g。

关键技术：

① 在不同的pH值时，Fe^{3+}与磺基水杨酸形成不同组成和颜色的几种配合物。在pH=1.8～2.5的溶液中，形成红紫色的$FeSal^+$；在pH=4～8时，形成褐色的$Fe(Sal)_2^-$；在

pH＝8～11.5 的氨性溶液中，形成黄色的 $Fe(Sal)_3^{3-}$。用分光光度法测定铁时，在 pH＝8～11.5 的氨性溶液中形成黄色配合物，其最大吸收波长为 420nm，线性关系良好。

② 铝、钙、镁能与磺基水杨酸形成可溶性无色配合物，消耗显色剂，可增加磺基水杨酸的用量来消除其影响；铜、钴、镍能与磺基水杨酸形成有色配合物，导致测定结果偏高，可用氨水分离消除干扰；锰易被空气中的氧所氧化，形成棕红色沉淀，影响铁的测定，可在氨水中和前加入盐酸羟胺还原消除干扰。

（2）邻菲罗啉分光光度法　若硅酸盐试样中氧化铁的含量很低，则普遍采用邻菲罗啉光度法进行测定。

用盐酸羟胺还原铁（Ⅲ）离子为铁（Ⅱ），在 pH＝2～9 的条件下，与邻二氮杂菲生成橙红色配合物，在 510nm 处测量其吸光度，在工作曲线上求得全铁含量。

结果计算同磺基水杨酸光度法。

关键技术：

① 邻菲罗啉只与 Fe^{2+} 起反应。在显色体系中加入盐酸羟胺，可将试液中的 Fe^{3+} 还原为 Fe^{2+}。邻菲罗啉法不仅可以测定亚铁，还可以连续测定试液中的亚铁和高铁，或者测定总铁含量。盐酸羟胺还原剂及邻菲罗啉显色剂不稳定，测定时要使用新配制的溶液。

② 溶液的 pH 值对显色反应的速率影响较大。当 pH 值较高时，Fe^{2+} 易水解；当 pH 值较低时，显色反应速率较慢。所以常加入乙酸铵或柠檬酸钠缓冲溶液。

4. 原子吸收分光光度法

原子吸收分光光度法测定铁，简单快捷，干扰少，在生产中的应用很广。

试样经氢氟酸和高氯酸分解后，分取一定量的溶液，以锶盐消除硅、铝、钛等对铁的干扰。在空气-乙炔火焰中，于波长 248.3nm 处测吸光度。

Fe_2O_3 的质量分数按式（2-9）计算。

$$w(Fe_2O_3)＝\frac{cVn\times10^{-3}}{m}\times100 \tag{2-9}$$

式中　$w(Fe_2O_3)$——Fe_2O_3 的质量分数，％；

　　　　c——测定溶液中 Fe_2O_3 的浓度，mg/mL；

　　　　V——测定溶液的体积，mL；

　　　　n——全部试样溶液与所分取试样溶液的体积比；

　　　　m——试样质量，g。

关键技术：

① 宜选用盐酸或过氯酸作酸性介质，且酸度在 10％以下。若酸度过大或选用磷酸或硫酸作介质且浓度＞3％，将引起铁的测定结果偏低。

② 选用较高的灯电流。由于铁是高熔点、低溅射的金属，应选用较高的灯电流，使铁空心阴极灯具有适当的发射强度。

③ 采用较小的光谱通带。铁是多谱线元素，在吸收线附近存在单色器不能分离的邻近线，使测定的灵敏度降低，工作曲线发生弯曲，因此宜采用较小的光谱通带。

④ 采用温度较高的空气-乙炔、空气-氢气富燃火焰。因铁的化合物较稳定，在低温火焰中原子化效率低，需要采用温度较高的空气-乙炔、空气-氢气富燃火焰，以提高测定的灵敏度。

二、原子吸收分光光度法测定硅酸盐中三氧化二铁

1. 仪器准备

① 原于吸收光谱仪。

② 铁元素空心阴极灯等有关仪器。

2. 试剂准备

（1）氯化锶溶液　50g/L，将 152.2g 氯化锶（$SrCl_2 \cdot 6H_2O$）溶解于水中，用水稀释至 1L，必要时过滤。

（2）三氧化二铁标准溶液　0.1mg/mL，称取 0.1000g 已于 950℃灼烧 1h 的 Fe_2O_3（高纯试剂），置于 300mL 烧杯中，依次加入 50mL 水、30mL 盐酸（1+1）、2mL 硝酸，低温加热至全部溶解，冷却后移入 1000mL 容量瓶中，用水稀释至标线，摇匀。

3. 样品测定

（1）绘制工作曲线　吸取 0.1mg/mL 三氧化二铁的标准溶液 0.00mL、10.00mL、20.00mL、30.00mL、40.00mL、50.00mL 分别放入 500mL 容量瓶中，加入 25mL 盐酸及 10mL 氯化锶溶液，用水稀释至标线，摇匀。将原子吸收光谱仪调节至最佳工作状态，在空气-乙炔火焰中，用铁元素空心阴极灯，于 248.3nm 处，以水校零测定溶液的吸光度。用测得的吸光度作为相应三氧化二铁含量的函数，绘制工作曲线。

（2）测定三氧化二铁　直接取用或分取一定量的溶液，放入容量瓶中（试样溶液的分取量及容量瓶的容积视三氧化二铁的含量而定），加入氯化锶溶液，使测定溶液中锶的浓度为 1mg/mL。用水稀释至标线，摇匀。用原子吸收光谱仪、铁元素空心阴极灯，于 248.3nm 处在与工作曲线绘制相同的仪器条件下测定溶液的吸光度，在工作曲线上查得三氧化二铁的浓度。

第三节　硅酸盐中三氧化二铝含量的测定

一、硅酸盐中三氧化二铝的测定

1. 滴定法

（1）EDTA 直接滴定法　测定铁后的试液中，调溶液的 pH＝3，煮沸溶液，用 EDTA-铜和 PAN 为指示剂，用 EDTA 标准滴定溶液直接滴定至溶液出现稳定的黄色。由 EDTA 标准滴定溶液的消耗量计算氧化铝含量。

$$Al^{3+} + CuY^{2-} \Longrightarrow AlY^- + Cu^{2+}$$

$$Cu^{2+} + PAN \Longrightarrow Cu^{2+}\text{-}PAN$$

（红色）

$$H_2Y^{2-} + Al^{3+} \Longrightarrow AlY^- + 2H^+$$

$$Cu^{2+}\text{-}PAN + H_2Y^{2-} \Longrightarrow CuY^{2-} + PAN + 2H^+$$

（红色）　　　　　　　　　　　　（黄色）

Al_2O_3 的质量分数按式（2-10）计算。

$$w(\mathrm{Al_2O_3}) = \frac{TV \times 10}{m \times 1000} \times 100 \tag{2-10}$$

式中　$w(\mathrm{Al_2O_3})$——$\mathrm{Al_2O_3}$ 的质量分数，%；

　　　　T——每毫升 EDTA 标准溶液相当于 $\mathrm{Al_2O_3}$ 的质量，mg/mL；

　　　　V——滴定试样溶液消耗 EDTA 标准溶液的体积，mL；

　　　　m——试样的质量，g。

关键技术：

① 当第一次滴定到溶液呈稳定的黄色时，约有 90% 以上的 $\mathrm{Al^{3+}}$ 被滴定。为继续滴定剩余的 $\mathrm{Al^{3+}}$，需再将溶液煮沸，于是溶液又由黄变红，当第二次以 EDTA 滴定至溶液呈稳定的黄色后，被配位的 $\mathrm{Al^{3+}}$ 总量可达 99% 左右。

② 该法最适宜的 pH 值范围为 2.5～3.5 之间。若溶液的 pH＜2.5 时，$\mathrm{Al^{3+}}$ 与 EDTA 配位能力降低；当 pH＞3.5 时，$\mathrm{Al^{3+}}$ 水解作用增强，均会引起铝的测定结果偏低。

（2）氟化物置换滴定法　向滴定铁后的溶液中加入苦杏仁酸溶液掩蔽 $\mathrm{TiO^{2+}}$，然后加入过量 EDTA 标准滴定溶液，调节溶液 pH＝6.0，煮沸数分钟，使铝及其他金属离子和 EDTA 配合，以半二甲酚橙为指示剂，用乙酸铅标准滴定溶液回滴过量的 EDTA。再加入氟化钾溶液使 $\mathrm{Al^{3+}}$ 与 $\mathrm{F^-}$ 生成更为稳定的配合物 $\mathrm{AlF_6^{3-}}$，煮沸置换铝-EDTA 配合物中的 EDTA，然后再用铅标准溶液滴定置换出的 EDTA，相当于溶液中 $\mathrm{Al^{3+}}$ 的含量。

$\mathrm{Al_2O_3}$ 的质量分数按式（2-11）计算。

$$w(\mathrm{Al_2O_3}) = \frac{V_1 T \times 10^{-3}}{m \times \dfrac{V_2}{V}} \times 100 \tag{2-11}$$

式中　$w(\mathrm{Al_2O_3})$——$\mathrm{Al_2O_3}$ 的质量分数，%；

　　　　V_1——滴定试样溶液消耗标准溶液体积，mL；

　　　　T——标准滴定溶液对 $\mathrm{Al_2O_3}$ 的滴定度，mg/mL；

　　　　V——试样溶液总体积，mL；

　　　　m——试样质量，g；

　　　　V_2——分取试样溶液体积，mL。

关键技术：

① 氟化钾的加入量不宜过多，因大量的氟化物可与 $\mathrm{Fe^{3+}}$-EDTA 中的 $\mathrm{Fe^{3+}}$ 反应而造成误差。

② 在一般分析中，100mg 以内的 $\mathrm{Al_2O_3}$ 加 1g 氟化钾（或 10mL 200g/L 的 KF 溶液）可完全满足置换反应的需要。

③ 试样粒度应小于 $74\mu m$，试样应在 105℃预干燥 2～4h，置干燥器中，冷却至室温。

④ 由于 TiO-EDTA 配合物也能被 $\mathrm{F^-}$ 置换，定量地释放出 EDTA，若不掩蔽，则所测结果为铝钛合量。为得到纯铝量，预先加入苦杏仁酸掩蔽钛。10mL 100g/L 苦杏仁酸溶液可消除试样中 2%～5% 的 $\mathrm{TiO_2}$ 的干扰。用苦杏仁酸掩蔽钛的适宜 pH 为 3.5～6。

⑤ 以半二甲酚橙为指示剂，以铅盐溶液返滴定剩余的 EDTA 恰至终点，此时溶液中已无游离的 EDTA 存在，因尚未加入 KF 进行置换，故不必记录铅盐溶液的消耗体积。当第一次用铅盐溶液滴定至终点后，要立即加入氟化钾溶液且加热，进行置换，否则，痕量的钛会与半二甲酚橙指示剂配位形成稳定的橙红色配合物，影响第二次滴定。

（3）铜盐返滴定法　测定铁后的试液中，加入过量的 EDTA，使与铝、钛配位，调

pH＝3.8～4.0，以 PAN 为指示剂，用硫酸铜标准溶液回滴过量的 EDTA，扣除钛的含量后即为氧化铝的含量。

$$Al^{3+} + H_2Y^{2-} \Longleftrightarrow AlY^- + 2H^+$$

$$TiO^{2+} + H_2Y^{2-} \Longleftrightarrow TiOY^{2-} + 2H^+$$

$$Cu^{2+} + H_2Y^{2-}（剩余）\Longleftrightarrow CuY^{2-} + 2H^+$$

（蓝色）

$$Cu^{2+} + PAN \Longleftrightarrow Cu^{2+}\text{-PAN}$$

（黄色）　　　　（红色）

Al_2O_3 的质量分数按式（2-12）计算。

$$w(Al_2O_3) = \frac{T(V_1 - KV_2) \times 10}{m \times 1000} \times 100 - w(TiO_2) \times 0.6381 \tag{2-12}$$

式中　$w(Al_2O_3)$——Al_2O_3 的质量分数，％；

　　　　T——每毫升 EDTA 标准溶液相当于 Al_2O_3 的质量，mg/mL；

　　　　V_1——加入 EDTA 标准溶液的体积，mL；

　　　　V_2——滴定时消耗硫酸铜标准溶液的体积，mL；

　　　　m——试样质量，g；

　　　　K——每毫升硫酸铜标准溶液相当于 EDTA 标准溶液的体积；

　　$w(TiO_2)$——TiO_2 的质量分数，％；

　　0.6381——TiO_2 对 Al_2O_3 的换算因数。

关键技术：

① 用 EDTA 滴定完 Fe^{3+} 的溶液中加入过量的 EDTA 后，应将溶液加热到 70～80℃，再调整 pH＝3.0～3.5 后，加入 pH＝4.3 的缓冲溶液。这样可以使溶液中的少量 TiO^{2+} 和大部分 Al^{3+} 与 EDTA 配位完全，并防止其水解。

② EDTA（0.015mol/L）的加入量一般控制在与 TiO^{2+} 和 Al^{3+} 配位后剩余 10～15mL（可通过预返滴定或将其余主要成分测定后估算）。一方面可以使 TiO^{2+} 和 Al^{3+} 与 EDTA 配位完全；另一方面滴定终点的颜色及过剩 EDTA 的量与所加 PAN 指示剂的量有关。

③ 应控制终点颜色的一致，以免使滴定终点难以掌握。

（4）酸碱滴定法　在弱酸性介质中，Al(Ⅲ) 与酒石酸钾钠形成配合物。再调溶液为中性，加入氟化钾溶液，使与配合物反应，铝形成氟铝配合物，同时释放出与铝等物质的量的游离碱。用盐酸标准溶液滴定游离碱，由此求出铝的含量。

$$Al^{3+} + H_2O \longrightarrow AlOH^{2+} + H^+$$

$$KOH + HCl \Longleftrightarrow KCl + H_2O$$

Al_2O_3 的质量分数按式（2-13）计算。

$$w(Al_2O_3) = \frac{cVM\left(\frac{1}{2}Al_2O_3\right) \times 10^{-3}}{m} \times 100 \tag{2-13}$$

式中　$w(Al_2O_3)$——Al_2O_3 的质量分数，%；

　　　　　c——盐酸标准溶液的物质的量浓度，mol/L；

　　　　　V——滴定时消耗盐酸标准溶液的体积，mL；

$M\left(\frac{1}{2}Al_2O_3\right)$——$\frac{1}{2}Al_2O_3$ 的摩尔质量，g/mol；

　　　　　m——试样质量，g。

关键技术：

① SiO_3^{2-}、CO_3^{2-} 和铵盐对中和反应起缓冲作用，应避免引入；

② F^- 因严重影响铝与酒石酸形成配合物的效力，对测定有干扰；

③ 凡是能与酒石酸及氟形成稳定配合物的离子均有干扰。

2. 分光光度法

铝与三苯甲烷类染料能够生成各种有色配合物，而且大多在 pH=3.5～6.0 的酸度下显色。常用的显色剂有铝试剂、铬天青 S 等。在硅酸盐分析中，铬天青 S 光度法因其测定的灵敏度高、干扰元素少而得到较多的应用。

采用铬天青 S-溴化十六烷基三甲铵分光光度法。分离二氧化硅后的滤液中，将溶液 pH 值调为 5.9，在溴化十六烷基三甲铵存在下，铝与铬天青 S（简写为 CAS）生成 1:2 的蓝色三元配合物，于波长 610nm 处测量其吸光度，在工作曲线上求得三氧化二铝含量。

Al_2O_3 的质量分数按式（2-14）计算。

$$w(Al_2O_3) = \frac{m_1V \times 10^{-6}}{m \times V_1} \times 100 \tag{2-14}$$

式中　$w(Al_2O_3)$——Al_2O_3 的质量分数，%；

　　　　　m_1——从工作曲线上查得 Al_2O_3 的质量，μg；

　　　　　V——试样溶液总体积，mL；

　　　　　V_1——分取试样溶液体积，mL；

　　　　　m——试样质量，g。

关键技术：

① 铬天青 S-溴化十六烷基三甲铵混合显色液现用现配，不宜放置时间过长，必要时过滤后使用。

② 铁（Ⅲ）的存在会产生干扰，可用抗坏血酸-邻菲罗啉消除。但抗坏血酸的用量不能过多，以加入 10g/L 抗坏血酸溶液 3mL 为宜，否则会破坏 Al-CAS 配合物。

③ 铝与铬天青 S 显色反应迅速，可稳定约 1h。

二、氟化物置换滴定法测定硅酸盐中三氧化二铝

1. 试剂准备

（1）氟化钾溶液　200g/L，贮存于塑料瓶中。

（2）乙酸-乙酸钠缓冲溶液　pH＝5.7，称取 200g 乙酸钠（$NaC_2H_3O_2 \cdot 3H_2O$）溶于水中，加 6mL 冰乙酸，用水稀释至 1000mL，摇匀。

（3）EDTA 溶液　0.1mol/L，37.2g EDTA 二钠盐，加热溶解于水中，冷却，加水至 1000mL，摇匀。

（4）三氧化二铝标准溶液　1.00mg/mL，准确称取 0.5293g 高纯铝片（预先用 6mol/L HCl 洗净表面，然后分别用水和无水乙醇洗涤风干后备用）置于烧杯中，用 20mL 6mol/L HCl 溶解，移入 1000mL 容量瓶中，冷却至室温，用水稀释至刻度，摇匀。

（5）乙酸锌标准滴定溶液　0.01mol/L，称取 4.4g 乙酸锌 $[Zn(Ac)_2 \cdot 2H_2O]$ 溶解在水中，用乙酸调整至 pH＝5.7，过滤，加水至 2000mL。

（6）半二甲酚橙溶液　5g/L。

（7）苦杏仁酸溶液　100g/L。

（8）乙酸锌标准溶液的标定　取 10.00mL（或 5.00mL）三氧化二铝标准溶液（1mg/mL Al_2O_3）置于 200mL 烧杯中，加 10mL 0.1mol/L EDTA 溶液，放入一片刚果红试纸，用 7mol/L 的 NH_4OH 调至刚果红试纸变红色，盖上表面皿，加热煮沸 2～3min 后取下，加 10mL pH＝5.7 的 NaAc-HAc 缓冲溶液，放入冷水中冷却，用水冲洗表面皿及烧杯壁，加 2～3 滴 5g/L 半二甲酚橙溶液，滴加 50g/L 乙酸锌溶液至近终点，继而再用 0.1mol/L 乙酸锌标准滴定溶液滴定至橙红色为终点（不计读数），立即加入 5mL 200g/L KF 溶液，搅匀，用玻璃棒压住刚果红试纸，再小心煮沸 3min 取下，立即放入流水中冷却，用 0.1mol/L 乙酸锌标准滴定溶液滴定至橙红色为终点，记下读数。

2. 样品测定

① 从测定铁后的溶液中分取 25mL［当 $w(Al_2O_3)/10^{-2} < 15$ 时］或 15mL［当 $w(Al_2O_3)/10^{-2} > 15$ 时］置于 200mL 烧杯中，加入 10mL 的苦杏仁酸溶液掩蔽 TiO^{2+}，加 10mL EDTA 溶液，放入一小片刚果红试纸，用 7mol/L 的 NH_4OH 调至刚果红试纸变红色，盖上表面皿，加热煮沸 2～3min，取下。加 10mL pH＝5.7 的 NaAc-HAc 缓冲溶液，放冷水中冷却。

② 用水冲洗表面及皿及烧杯壁，加 2～3 滴半二甲酚橙溶液，滴加乙酸锌溶液至近终点，继而再用乙酸锌标准滴定溶液滴定至橙红色为终点（不计读数），立即加入 5mL KF 溶液，搅匀，用玻璃棒压住刚果红试纸，再小心煮沸 3min，取下。

③ 立即放流水冷却，用乙酸锌标准滴定溶液滴定至橙红色为终点，记下读数。

第四节　硅酸盐中二氧化钛含量的测定

一、硅酸盐中二氧化钛的测定

钛的测定方法很多，有重量法、滴定法、分光光度法和极谱法等。由于硅酸盐中钛的含量较低，通常采用分光光度法测定，主要有过氧化氢光度法、二安替比林甲烷光度法、钛铁试剂光度法等。方法简便快速，除过氧化氢光度法灵敏度和选择性较差外，其他光度法灵敏度都较高。

此外，还常常采用 EDTA 配位滴定法进行钛含量的测定。

1. 分光光度法

（1）过氧化氢分光光度法　在硫酸介质中，钛与过氧化氢生成 $[TiO(H_2O_2)]^{2+}$ 黄色配合物，该配合物的颜色深度与钛含量成正比，在波长 400nm 处测量其吸光度，在工作曲线上求得二氧化钛含量。

$$TiO^{2+} + H_2O_2 \Longrightarrow [TiO(H_2O_2)]^{2+}$$

TiO_2 的质量分数按式（2-15）计算。

$$w(TiO_2) = \frac{m_1 V \times 10^{-6}}{m V_1} \times 100 \tag{2-15}$$

式中　$w(TiO_2)$——TiO_2 的质量分数，%；

　　　　m_1——从工作曲线上查得 TiO_2 的质量，μg；

　　　　V——试样溶液总体积，mL；

　　　　V_1——分取试样溶液体积，mL；

　　　　m——试样质量，g。

关键技术：

① 显色反应可以在硫酸、硝酸、过氯酸或盐酸介质中进行，一般在硫酸溶液中显色。酸度要适当，酸度过低，则 TiO^{2+} 易水解。酸度过高，则过氧化氢易分解。

② 加入一定量的磷酸的目的是防止铁（Ⅲ）离子的黄色所产生的干扰。但由于 PO_4^{3-} 与钛（Ⅳ）也能生成配离子，从而减弱 $[TiO(H_2O_2)]^{2+}$ 配离子的颜色，因此必须控制磷酸用量，并且在标准系列中也加入等量的磷酸，以抵消其影响。

③ F^- 与钛形成配离子而产生负误差，可加入一定量铝，与 F^- 形成稳定的 AlF_6^{3-}，可消除 F^- 干扰。

④ 显色反应的速率和配合物的稳定性受温度的影响，通常在 $20 \sim 25℃$ 显色，3min 即可显色完全，稳定时间可达 24h。

（2）二安替比林甲烷分光光度法　在酸性溶液中，TiO^{2+} 与二安替比林甲烷（$C_{23}H_{24}N_4O_2$，简写为 DAPM）生成黄色配合物，用抗坏血酸消除 Fe^{2+} 的干扰，在 420nm 处测量其吸光度，在工作曲线上求得二氧化钛含量。

$$TiO^{2+} + 3DAPM + 2H^+ \Longrightarrow [TiO(DAPM)_3]^{4+} + H_2O$$

结果计算同过氧化氢光度法。

关键技术：

① 反应介质选用盐酸，因硫酸会降低配合物的吸光度。显色反应的速率随酸度的提高和显色剂浓度的降低而减慢，最适宜的酸度范围是 $0.5 \sim 1mol/L$。

② 显色剂浓度为 0.03 mol/L 时，1h 可显色完全，并稳定 24h 以上。

③ Fe^{3+} 能与二安替比林甲烷形成棕色配合物，使测定结果产生显著的误差，可加入抗坏血酸，使 Fe^{3+} 还原以消除干扰。

④ 加入显色剂前，加入 5mL 95%（体积分数）乙醇，是为了防止溶液浑浊而影响测定。

⑤ 抗坏血酸及二安替比林甲烷溶液应现用现配，以防变质。

（3）钛铁试剂分光光度法　在 $pH = 4.7 \sim 4.9$ 时，钛与钛铁试剂形成黄色配合物，在 410nm 处测量其吸光度，在工作曲线上求得二氧化钛含量。

结果计算同过氧化氢光度法。

关键技术：

① 钛铁试剂的化学名称为 1,2-羟基苯-3,5-二磺酸钠，也称为邻苯二酚-3,5-二磺酸钠，又称试钛灵。在试样溶液中加入该显色剂，30～40min 即可显色完全，并稳定 4h 以上。

② 铁（Ⅲ）与钛铁试剂能形成蓝紫色配合物，对钛的测定将产生影响。可加入还原剂抗坏血酸或亚硫酸钠还原 Fe^{3+}，以消除对钛的干扰。

2. 配位滴定法

（1）苦杏仁酸置换-铜盐返滴定法　在 pH＝4 时，过量的 EDTA 可定量配位铝和钛，用铜盐溶液返滴剩余的 EDTA。加苦杏仁酸，将 EDTA-Ti 配合物中的钛取代配位，再以 PAN 为指示剂，用铜盐溶液滴定释放出的 EDTA，从而求得二氧化钛含量。

TiO_2 的质量分数按式（2-16）计算。

$$w(TiO_2) = \frac{TKV \times 10}{m \times 1000} \times 100 \tag{2-16}$$

式中　$w(TiO_2)$——TiO_2 的质量分数，%；

　　　　T——每毫升 EDTA 标准溶液相当于 TiO_2 的质量，mg/mL；

　　　　V——滴定时消耗铜盐标准溶液的体积，mL；

　　　　m——试样质量，g；

　　　　K——每毫升铜盐标准溶液相当于 EDTA 标准滴定溶液的体积。

关键技术：

① 用苦杏仁酸置换 $TiOY^{2-}$ 配合物中的 Y^{4-} 时，适宜的 pH＝3.5～5。如果 pH 值太低，则置换反应进行不完全；如果 pH 值太高，则 TiO^{2+} 水解倾向增强，配合物 $TiOY^{2-}$ 的稳定性随之降低。

② 测定某些成分比较复杂的试样，如某些黏土、页岩等，若溶液温度高于 80℃，则终点时褪色较快。可在滴定前将溶液冷却至 50℃ 左右，再加入乙醇，以增大 PAN 及 Cu-PAN 的溶解度。

③ 以铜盐返滴释放出的 EDTA 时，终点颜色与 EDTA 及指示剂的量有关。EDTA 过量 10～15mL 为宜，以最后突变为亮紫色作为终点到达的标志。

（2）过氧化氢配位-铋盐返滴定法　在滴定完 Fe^{3+} 的溶液中，加入适量过氧化氢溶液，使之与 TiO^{2+} 生成 $[TiO(H_2O_2)]^{2+}$ 黄色配合物，然后再加入过量 EDTA，使之生成更稳定的三元配合物 $[TiO(H_2O_2)Y]^{2-}$。剩余的 EDTA 以半二甲酚橙（SXO）为指示剂，用铋盐溶液返滴定，从而求得二氧化钛含量。

$$TiO^{2+} + H_2O_2 \Longleftrightarrow [TiO(H_2O_2)]^{2+}$$
$$[TiO(H_2O_2)]^{2+} + H_2Y^{2-} \Longleftrightarrow [TiO(H_2O_2)Y]^{2-} + 2H^+$$
$$Bi^{3+} + H_2Y^{2-}（剩余）\Longleftrightarrow BiY^- + 2H^+$$
$$Bi^{3+} + SXO \Longleftrightarrow Bi^{3+}\text{-}SXO$$
$$\text{（黄色）}\quad\text{（红色）}$$

TiO_2 的质量分数按式（2-17）计算。

$$w(TiO_2) = \frac{T(V_1 - KV_2) \times 10}{m \times 1000} \times 100 \tag{2-17}$$

式中　$w(TiO_2)$——TiO_2 的质量分数，%；

　　　　T——每毫升 EDTA 标准溶液相当于 TiO_2 的质量，mg/mL；

V_1——加入 EDTA 标准溶液的体积，mL；

V_2——滴定时消耗铋盐标准溶液的体积，mL；

m——试样质量，g；

K——每毫升铋盐标准溶液相当于 EDTA 标准滴定溶液的体积。

关键技术：

① 试样溶液的 pH 值一般控制在 1～1.5。若 pH<1，不利于配合物 $[TiO(H_2O_2)Y]^{2-}$ 的形成；若 pH>2，则 TiO^{2+} 的水解倾向增强，$[TiO(H_2O_2)Y]^{2-}$ 的稳定性降低。

② 过氧化氢的加入量一般为 5 滴 30％的 H_2O_2。过多的 H_2O_2 在其后测定铝时，在煮沸条件下将对 EDTA 产生一定的破坏作用，影响铝的测定结果。

③ 溶液温度不宜超过 20℃，以防止 Al^{3+} 的干扰。如温度超过 35℃，测定结果明显偏高。

④ 用硝酸（1+1）调整溶液 pH 值至 1.5，消除 Al^{3+} 有可能产生的干扰。

⑤ EDTA 过量不宜太多。测定高钛样品时，由于铝的含量较低，EDTA 可以多过量一些。

二、二安替比林甲烷分光光度法测定硅酸盐中的二氧化钛

1. 试剂准备

（1）盐酸溶液　1+2，1+11。

（2）硫酸溶液　1+9。

（3）抗坏血酸溶液　5 g/L，将 0.5g 抗坏血酸用时现配。

（4）二安替比林甲烷溶液　30 g/L 盐酸溶液，将 15g 二安替比林甲烷溶于 50mL 盐酸（1+11）中，过滤后使用。

2. 样品测定

（1）标准溶液的配制　称取 0.1000g 经高温灼烧过的二氧化钛，置于铂（或瓷）坩埚中，加入 2g 焦硫酸钾，在 500～600℃下熔融至透明。熔块用硫酸（1+9）浸出，加热至 50～60℃使熔块完全熔解，冷却后移入 1000mL 容量瓶中，用硫酸（1+9）稀释至标线，摇匀。此标准溶液每毫升含有 0.1mg 二氧化钛。

吸取 100.00mL 上述标准溶液于 500mL 容量瓶中，用硫酸（1+9）稀释至标线，摇匀，此标准溶液每毫升含有 0.02mg 二氧化钛。

（2）工作曲线的绘制　吸取 0.02mg/mL 二氧化钛的标准溶液 0.00 mL、2.50mL、5.00mL、7.50mL、10.00mL、12.50mL、15.00mL 分别放入 100mL 容量瓶中，依次加入 10mL 盐酸（1+2）、10mL 抗坏血酸溶液、5mL 95％（体积分数）乙醇、20mL 二安替比林甲烷溶液，用水稀释至标线，摇匀。放置 40min 后，以水作参比于 420nm 处测定溶液的吸光度。用测得的吸光度作为相对应的二氧化钛含量的函数，绘制工作曲线。

（3）测定　从上述溶液 A 中吸取 25.00mL 溶液放入 100mL 容量瓶中，加入 10mL 盐酸（1+2）及 10mL 抗坏血酸溶液，放置 5min。加入 5mL 95％（体积分数）乙醇、20mL 二安替比林甲烷溶液，用水稀释至标线，摇匀。放置 40min 后，以水作参比，于 420nm 处测定溶液的吸光度。在工作曲线上查出二氧化钛的含量。

第五节　硅酸盐中氧化钙、氧化镁含量的测定

钙和镁在硅酸盐试样中常常一起出现，同时测定。在经典分析系统中是将它们分开后，再分别以称量法或滴定法测定。而在快速分析系统中，则常常在一份溶液中控制不同条件分别测定。由于硅酸盐试样中 Ca、Mg 含量较高，普遍采用配位滴定法和原子吸收分光光度法。

配位滴定法是在一定的条件下，Ca^{2+}、Mg^{2+} 与 EDTA 形成稳定的 1：1 的配合物。选择适宜的酸度条件和适当的指示剂，可用 EDTA 标准滴定溶液滴定钙、镁。EDTA 滴定 Ca^{2+} 在实际操作中，常控制在 pH＝10 时滴定 Ca^{2+} 和 Mg^{2+} 的合量，再于 pH＞12.5 时单独滴定 Ca^{2+}。

分别滴定是一份试液中，以氨-氯化铵缓冲溶液控制溶液的 pH＝10，用 EDTA 标准滴定溶液滴定钙和镁的含量；然后，在另一份试液中，以 KOH 溶液调节 pH＝12.5～13，在氢氧化镁沉淀的情况下，用 EDTA 标准滴定溶液滴定钙，再以差减法确定镁的含量。

连续滴定是一份试液中，用 KOH 溶液先调至 pH＝12.5～13，用 EDTA 标准滴定溶液滴定钙；然后将溶液酸化，调节 pH＝10，继续用 EDTA 标准滴定溶液滴定镁。

一、硅酸盐中氧化钙、氧化镁的测定

1. 配位滴定法测定氧化钙

在 pH＞13 的强碱性溶液中，以三乙醇胺（TEA）为掩蔽剂，以钙黄绿素-甲基百里香酚蓝-酚酞（CMP）混合液为指示剂，用 EDTA 标准滴定溶液滴定。

该法在国家标准 GB/T 176—2008 中列为基准法。在代用法中，则预先向酸溶液中加入适量氟化钾，以抑制硅酸的干扰。

EDTA 配位滴定法测 Ca^{2+} 的主要反应如下：

$$pH > 12.5 \qquad Ca^{2+} + CMP \Longrightarrow Ca^{2+}\text{-}CMP$$
$$\text{（红色）} \qquad \text{（绿色荧光）}$$

化学计量点时：

$$Ca^{2+}\text{-}CMP + H_2Y^{2-} \Longrightarrow CaY^{2-} + CMP + 2H^+$$
$$\text{（绿色荧光）} \qquad\qquad\qquad \text{（红色）}$$

氧化钙的质量分数按式（2-18）计算。

$$w(CaO) = \frac{T_{CaO}V \times 10}{m \times 1000} \times 100 \tag{2-18}$$

式中　$w(CaO)$——氧化钙的质量分数，％；

$\quad\quad T_{CaO}$——每毫升 EDTA 标准溶液相当于氧化钙的质量，mg/mL；

$\quad\quad V$——滴定时消耗 EDTA 标准溶液的体积，mL；

$\quad\quad m$——试样质量，g。

关键技术：

① 在不分离硅的试液中测定钙时，在强碱性溶液中生成硅酸钙，使钙的测定结果偏低。

可将试液调为酸性后，加入一定量的氟化钾溶液，搅拌并放置 2min 以上，生成氟硅酸：

$$H_2SiO_3 + 6H^+ + 6F^- \rightleftharpoons H_2SiF_6 + 3H_2O$$

再用氢氧化钾将上述溶液碱化，发生下列反应：

$$H_2SiF_6 + 6OH^- \rightleftharpoons H_2SiO_3 + 6F^- + 3H_2O$$

② 该反应速率较慢，新释出的硅酸为非聚合状态的硅酸，在 30min 内不会生成硅酸钙沉淀。当碱化后应立即滴定，即可避免硅酸的干扰。

③ 铁、铝、钛的干扰可用三乙醇胺掩蔽。少量锰与三乙醇胺也能生成绿色配合物而掩蔽，锰量太高则生成的绿色背景太深，影响终点的观察。

④ 镁的干扰是在 pH>12 的条件使之生成氢氧化镁沉淀而消除。加入三乙醇胺的量一般为 5mL，但当测定高铁或高锰类样品时应增加至 10mL，并经过充分搅拌，加入后溶液应呈酸性，如变浑浊应立即以盐酸调酸性并放置几分钟。

⑤ 使用银坩埚熔样时，会引入一定量的银离子，在滴钙时若采用甲基百里酚蓝（MTB）作指示剂，终点变化不够敏锐，对 pH 的控制也较严格（pH=12）。采用 CMP 作指示剂，即使有 1~5mg 银存在，对钙的滴定仍无干扰；加入 CMP 的量不宜过多，否则终点呈深红色，变化不敏锐。加入 MTB 的量也要适宜，过多，底色加深影响终点观察；过少，终点时颜色变化不明显。

⑥ 滴定至近终点时应充分搅拌，使被氢氧化镁沉淀吸附的钙离子能与 EDTA 充分反应。在使用 CMP 指示剂时，不能在光线直接照射下观察终点，应使光线从上向下照射。终点时应观察整个液层，至烧杯底部绿色荧光消失呈现红色。

⑦ 测定高铁试样中的 Ca^{2+} 时，加入三乙醇胺后经过充分搅拌，先加入 200g/L 氢氧化钾至溶液黄色变浅，再加入少许 CMP 指示剂，在搅拌下继续加入氢氧化钾溶液 5~7mL。测定高镁类试样中低含量钙时，可用 CMP 作指示剂，氢氧化钾应过量至 15mL，使 Mg^{2+} 生成氢氧化镁沉淀。

⑧ 如试样中含有磷，由于有磷酸钙生成，滴定近终点时应放慢速度并加强搅拌。

⑨ 测定铝酸盐水泥、矾土等高铝试样中的氧化钙时，通常采用硼砂-碳酸钾（1+1）于铂坩埚中熔样。由于引入的硼与部分氟离子形成 BF_6^{3-}，氟化钾的加入量应为 15mL。另外，由于氟离子与硅酸的反应需在一定的酸度下进行，所以在加入氟化钾溶液前，注意先加 5mL 盐酸（1+1）。

2. 原子吸收分光光度法测定氧化镁

用原子吸收分光光度法测定钙、镁，最大的优点是测定的专属性。可以简便解决相互间的干扰，以及其他元素的干扰问题，且灵敏度高，重现性好，是测定微量钙、镁的最好方法。

以氢氟酸-高氯酸分解试样或用硼酸锂熔融、盐酸溶解试样的方法制备溶液，分取一定量的溶液，用锶盐消除硅、铝、钛等的干扰，在空气-乙炔火焰中，于 285.2nm 处测吸光度。

测定钙常采用的分析线是波长为 422.7nm 的谱线，一般是用较大的通带和较小的灯电流，也是同上采用空气-乙炔火焰。

氧化镁的质量分数按式（2-19）计算。

$$w(MgO) = \frac{(m_1 - m_0)V \times 10^{-6}}{mV_1} \times 100 \tag{2-19}$$

式中　$w(MgO)$——MgO 的质量分数，%；

　　　　m_1——从工作曲线查得试样溶液氧化镁的质量，μg；

　　　　m_0——从工作曲线查得空白溶液氧化镁的质量，μg；

　　　　V——试样溶液总体积，mL；

　　　　m——试样质量，g；

　　　　V_1——分取试样溶液体积，mL。

　　现已由中国建材院水泥所研制出了水泥专用原子吸收光谱仪，可直接进行水泥原材料、半成品及成品中氧化镁的测定，且价格能为一般企业所接受。

　　① 如果不是专为原子吸收测定钙、镁用的专门试剂，必须重结晶。可按下法提纯：取约 200g 氯化锶，溶于尽可能少的 60℃水中，用中速滤纸过滤，稍微洗涤，放置至有少量结晶析出，边搅边加约 100mL 无水乙醇，大量氯化锶析出后 减压过滤，用无水乙醇洗几次，风干后，使用。

　　② 氧化镁经灼烧后，吸水性很强，所以应放入干燥器中，冷却至室温后，立即称取，尽快称量完毕，以免吸水。

3. 配位滴定差减法测定氧化镁

　　在 pH＝10 的溶液中，以三乙醇胺、酒石酸钾钠为掩蔽剂，用酸性铬蓝 K-萘酚绿 B 混合指示剂（简称 KB），以 EDTA 标准滴定溶液滴定，测得钙、镁含量，然后扣除氧化钙的含量，即得氧化镁含量。当试样中一氧化锰含量在 0.5% 以上时，在盐酸羟胺存下，测定钙、镁、锰总量，用差减法求得氧化镁含量。

　　在 pH＝10 时，反应如下：

$$Ca^{2+}（或\ Mg^{2+}）+KB===Ca^{2+}\text{-}KB(或\ Mg^{2+}\text{-}KB)$$
$$（纯蓝色）\qquad\quad（红色）$$

$$Ca^{2+}（或\ Mg^{2+}）+H_2Y^{2-}===CaY^{2-}（或\ MgY^{2-}）+2H^+$$

化学计量点时：

$$Ca^{2+}\text{-}KB+H_2Y^{2-}===CaY^{2+}+KB+2H^+$$
$$（红色）\qquad\qquad（纯蓝色）$$

$$Mg^{2+}\text{-}KB+H_2Y^{2-}===MgY^{2-}+KB+2H^+$$
$$（红色）\qquad\qquad（纯蓝色）$$

　　一氧化锰含量在 0.5% 以下氧化镁的质量分数 $w(MgO)$ 按式（2-20）计算。

$$w(MgO)=\frac{T_{MgO}\times(V_1-V_2)\times 10}{m\times 1000}\times 100 \tag{2-20}$$

式中　$w(MgO)$——测得的氧化镁的质量分数，%；

　　　　T_{MgO}——每毫升 EDTA 标准溶液相当于氧化镁的质量，mg/mL；

　　　　V_1——滴定钙、镁合量时消耗 EDTA 标准溶液的体积，mL；

　　　　V_2——测定氧化钙时消耗 EDTA 标准溶液的体积，mL；

　　　　10——测定时全部试样溶液与所分取试样液的体积比；

　　　　m——试样质量，g。

　　一氧化锰含量在 0.5% 以上氧化镁的质量分数，按式（2-21）计算。

$$w(MgO)=\frac{T_{MgO}\times(V_1-V_2)\times 10}{m\times 1000}\times 100-0.57w(MnO) \tag{2-21}$$

式中　$w(\text{MgO})$——测得的氧化镁的质量分数,%;

　　　　　T_{MgO}——每毫升 EDTA 标准溶液相当于氧化镁的质量,mg/mL;

　　　　　V_1——滴定钙、镁、锰总量时消耗 EDTA 标准溶液的体积,mL;

　　　　　V_2——测定氧化钙时消耗 EDTA 标准溶液的体积,mL;

　　　　　10——测定时全部试样溶液与所分取试样液的体积比;

　　　　　m——试样质量,g;

　　　$w(\text{MnO})$——测得的氧化锰的质量分数,%;

　　　　　0.57——氧化锰对氧化镁的换算系数。

关键技术:

① 当溶液中锰含量在 0.5% 以下时对镁的干扰不显著,但超过 0.5% 则有明显的干扰,可加入盐酸羟胺,使锰呈 Mn^{2+},并与 Mg^{2+}、Ca^{2+} 一起被定量配位滴定,再扣除氧化钙、氧化锰的含量,即得氧化镁含量。

② 用酒石酸钾钠与三乙醇胺联合掩蔽铁、铝、钛的干扰。但必须在酸性溶液中先加酒石酸钾钠,然后再加三乙醇胺。

③ 滴定近终点时,一定要充分搅拌并缓慢滴定至由蓝紫色变为纯蓝色。若滴定速度过快,将使结果偏高,因为滴定近终点时,由于加入的 EDTA 夺取镁-酸性铬蓝 K 中的 Mg^{2+},而使指示剂游离出来,此反应速率较慢。

④ 在测定硅含量较高的试样中的 Mg^{2+} 时,也可在酸性溶液中先加入一定量的氟化钾来防止硅酸的干扰,使终点易于观察。不加氟化钾时会在滴定过程中或滴定后的溶液中出现硅酸沉淀,但对结果影响不大。

⑤ 在测定高铁或高铝类样品时,需加入酒石酸钾钠溶液、三乙醇胺(1+2),充分搅拌后滴加氨水(1+1)至黄色变浅,再用水稀释,加入 pH=10 的缓冲溶液后滴定,掩蔽效果好。

⑥ 如试样中含有磷,同样应使用 EDTA 返滴定法测定。

二、硅酸盐中氧化镁含量的测定（ 原子吸收分光光度法 ）

1. 方法原理

　　分取分离二氧化硅后的滤液,制成 0.24mol/L 的盐酸溶液,加锶盐作释放剂消除干扰,于原子吸收分光光度计上,以塞曼效应校正法或连续光谱灯背景校正法校正背景,在空气-乙炔火焰中原子化,用直接测定法测量镁 285.2nm 的原子吸收。

2. 试剂准备

　　(1) 盐酸　1+1。

　　(2) 氯化锶溶液　50mg/mL,取 152g 氯化锶 $SrCl_2 \cdot 6H_2O$ 溶解于水中,再加水至 1000mL,摇匀。

　　(3) 氧化镁标准溶液

　　① 氧化镁标准溶液　0.50mg/mL,称取 0.5000g 预先经 1000℃ 灼烧 2h 的高纯氧化镁(MgO),置于 200mL 烧杯中,加 10~20mL 水,小心加入 30mL 盐酸(1+1),溶解完全后,冷却,移入 1000mL 容量瓶中,用水稀释至刻度,摇匀。

② 氧化镁标准溶液　20.0μg/mL，移取 10.0mL 氧化镁标准溶液（0.50mg/mL），置于 250mL 容量瓶中，用水稀释至刻度，摇匀。

3. 样品测定

（1）分取试样量　根据氧化镁含量，质量分数为 0.01%～0.1%MgO，分取相当于 100mg 试样的溶液；质量分数为 0.1%～0.2%MgO，分取相当于 50mg 试样的溶液；质量分数为 0.2%～0.5%MgO，分取相当于 20mg 试样的溶液；质量分数为 0.5%～1%MgO，分取相当于 10mg 试样的溶液进行测定。

（2）试液的处理　根据氧化镁含量，按以上所述分取分离二氧化硅后保存在 250mL 容量瓶中的滤液，置于 100mL（或 50mL）容量瓶中，补加盐酸（1+1）至酸度为 0.24mol/L，加水至 50～60mL，加 10mL 氯化锶溶液（50mg Sr/mL），用水稀释至刻度，摇匀。（注：含质量分数为 0.1%～1%MgO 的二氧化硅滤液，需经过一次稀释，即分取 25.0mL 二氧化硅滤液稀释至 100mL 后，再分取所需量进行处理测定。）

（3）测量吸光度　在原子吸收分光光度计上，调节波长为 285.2nm，光谱带宽为 0.7～1.3nm，点燃空气-乙炔火焰，用水调零，测量镁的吸光度。先用工作曲线系列溶液中浓度最大的喷测，并调节火焰状态和燃烧器位置与高度，使测得的吸光度为最大，然后按浓度由低到高的顺序，依次喷测镁工作曲线系列溶液和待测试样溶液（包括空白与标准试样）。喷测溶液时均以水调零，每一溶液至少喷测两次，记下获得的稳定读数，求得各自的平均吸光度。

在喷测试样溶液的过程中，须经常喷测工作曲线系列溶液中的某一份，以了解仪器工作情况是否有变化，如果该溶液的读数有明显变化，则须重新喷测全部工作曲线系列溶液后再继续测量。

（4）工作曲线的绘制　取 0mL、0.50mL、1.00mL、2.00mL、4.00mL、5.00mL 氧化镁标准溶液 20μg/mL，置于一系列 100mL 容量瓶中，加水至 50～60mL，各加入 4mL 盐酸 1+1，加入 10mL 氯化锶溶液 50mg/mL，用水稀释至刻度，摇匀。

工作曲线系列每一溶液的平均吸光度，减去零浓度溶液的平均吸光度，为氧化镁工作曲线系列溶液的净吸光度，以氧化镁质量为横坐标，净吸光度为纵坐标，绘制工作曲线。

根据试样溶液的平均吸光度和随同试样的空白溶液平均吸光度，从工作曲线上分别查出试样溶液和试样空白溶液中氧化镁质量。

第六节　硅酸盐中其他含量测定

一、氧化钾、氧化钠的测定

在硅酸盐分析中，测定钾、钠的经典方法是重量法，但由于操作烦琐、准确度也不高，现已被淘汰。目前测定钾、钠广泛使用的是火焰光度法，同时也可用原子吸收分光光度法测定。

1. 火焰光度法

试样通常用氢氟酸-硫酸分解，以除去二氧化硅，然后用碳酸铵和氨水分离除去大部分钙、铁、铝等，再用火焰光度法测定钾、钠。

钾、钠原子被火焰的热能激发，发出具有固定波长的辐射线。钾的火焰为紫色，波长为766nm。钠的火焰为黄色，波长为589nm。

关键技术：

① 火焰光度法测定钾、钠的主要干扰元素是钙，所以试样中钙的量大时，应先分离，微量的钙可加磷酸掩蔽。其他共存的元素铝、铁、镁等，只要浓度不太大，对钾、钠的测定均无影响。

② 由于自吸现象，钾、钠对相互间的测定有一定的影响，当钾、钠的含量相差不大时，其相互间的影响不大；相差较大时，则应按试样中钾、钠的量的比例配制相应的标准溶液，以抵消相互影响。

③ 当盐酸、硫酸的浓度高时，会使测定结果偏低，所以在制备分析试液时，应注意盐酸和硫酸的用量，过氯酸使火焰不稳定，也会影响测定，而在硝酸溶液中进行测定，分析结果的重现性较好，所以用火焰光度法测钾、钠一般是在硝酸溶液中进行。

2. 原子吸收分光光度法

用原子吸收分光光度法测定钾、钠，其干扰因素少，钙及钾、钠间的相互影响都可以消除，尽管其灵敏度低于火焰光度法，但由于能满足一般分析要求，且精密度较火焰光度法好，所以也被人们采用。

原子吸收分光光度法测定钾、钠时，一般选用钾的次灵敏线（$\lambda = 404.4nm$）和钠的次灵敏线（$\lambda = 330.2nm$）进行测定。由于灵敏度较低，当钾、钠的含量低时，需改变试样量，利于测定。

二、水分的测定

水分一般按其与岩石、矿物的结合状态不同分为吸附水和化合水两类。

1. 吸附水（H_2O^-）

吸附水又称附着水、湿存水等，是存在于矿物岩石的表面或孔隙中的很薄的膜，其含量与矿物的吸水性、试样加工的粒度、环境的湿度及存放的时间等有关。

称取试样 1.0000g（精确至 0.0002g）置于经 105℃ 干燥过并恒重的称量瓶中，平铺于底部，置于 105~110℃ 的烘箱，干燥 2h 稍冷后放入干燥器中，称重，再放入烘箱中干燥0.5h，直至恒重。

按式（2-22）计算吸附水的含量。

$$w(H_2O^-) = \frac{m_1 - m_2}{m} \times 100 \tag{2-22}$$

式中　$w(H_2O^-)$——吸附水的质量分数，%；

$\quad\quad\quad m_1$——未干燥前试样与称量瓶的质量，g；

$\quad\quad\quad m_2$——干燥后试样与称量瓶的质量，g；

$\quad\quad\quad m$——试样的质量，g。

关键技术：

① 由于吸附水并非矿物内的固定组成部分，因此在计算总量时，该水分不参与计算

总量。

② 对于易吸湿的试样，则应在同一时间称出各份分析试样，测定吸附水并扣除。

2. 化合水 (H_2O^+)

化合水包括结晶水和结构水两部分。结晶水以 H_2O 分子状态存在于矿物晶格中，如石膏 $CaSO_4 \cdot 2H_2O$ 等，通常在较低的温度（低于300℃）下灼烧即可排出，有的甚至在测定吸附水时可能部分逸出。结构水是以化合状态的氢或氢氧根存在于矿物的晶格中，需加热到300~1300℃才能分解而放出的水分。化合水的测定方法有重量法、气相色谱法、库仑法等。

先把洗净、烘干、放冷的双球管称量，将试样0.5~1.0g通过干燥的长颈漏斗置于双球管末端的圆球内，再称重，第二次的质量减去第一次的质量即为所取试样的质量。

在双球管开口端塞上有毛细管的橡皮塞，在高温下灼烧，将末端圆球烧熔拉掉，逸出的水分凝聚于中部的圆球中称重，于105~110℃烘干2~3h后再称重，其质量差即为化合水的含量。

按式（2-23）计算化合水含量。

$$w(H_2O^+) = \frac{m_1 - m_2}{m_3 - m_4} \times 100 \tag{2-23}$$

式中　$w(H_2O^+)$——化合水的质量分数，%；

　　　m_1——单球管与水的质量，g；

　　　m_2——除去水分后单球管质量，g；

　　　m_3——双球管与试样的质量，g；

　　　m_4——双球管的空管质量，g。

关键技术：

① 用浸过冷水的湿布缠绕中间的空球，把双球管放在水平位置，使开口端稍微向下倾斜。

② 用喷灯从低温到高温灼烧装有试样的玻璃球，不时转动使受热均匀，以防玻璃管过热软化下垂，并不时向湿布滴冷水使逸出的水分充分冷却。

③ 把湿布及橡皮塞取下，用干净布轻轻擦干管子外壁，称重。

三、烧失量的测定

1. 烧失量

烧失量又称为灼烧减量，是试样在1000℃灼烧后所失去的质量。烧失量主要包括化合水、二氧化碳和少量的硫、氟、氯、有机质等，一般主要指化合水和二氧化碳。在硅酸盐全分析中，当亚铁、二氧化碳、硫、氟、氯、有机质含量很低时，可以用烧失量代替化合水等易挥发组分，参加总量计算，使平衡达到100%，也可以满足地质工作的一般要求。在碳酸盐的简项或全分析中，以灼烧减量代表其中以二氧化碳为主的易挥发性组分含量。

当试样的组成复杂或上述组分中某些组分的含量较高时，高温灼烧过程中的化学反应比较复杂，如有机物、硫化物、低价化合物被氧化，碳酸盐、硫酸盐分解，碱金属化合物挥发，吸附水、化合水、二氧化碳被排除等。有的反应使试样的质量增加，有的反应却使试样的质量减少。如当试样中有碳酸盐与黄铁矿共存时，将同时发生如下的质量减少和质量增加的化学反应。

$$4FeS_2 + 11O_2 =\!=\!= 2Fe_2O_3 + 8SO_2 \qquad\qquad 质量减少$$

$$CaCO_3 =\!=\!= CaO + CO_2 \qquad\qquad 质量减少$$

$$CaO + SO_2 \xrightarrow{[O]} CaSO_4 \qquad\qquad 质量增加$$

2. 烧失量的测定

将称准至 0.0002g 的样品放入 1000℃灼烧至恒重的瓷坩埚内摊平，置入高温电炉内自 100℃缓缓升高到 1000℃，灼烧 40min 至恒重。

灼烧减量按式（2-24）计算。

$$w = \frac{m_1}{m} \times 100 \qquad\qquad (2\text{-}24)$$

式中　m_1——样品灼烧后减轻的质量，g；

　　　m——试样质量，g。

关键技术：

① 当试样中亚铁含量高时，在高温灼烧时转变成三氧化二铁后质量增加，灼烧减量的测定结果即偏低，甚至出现负值。

② 若样品含有机质较多，并且 Fe_2O_3 或 MnO_2 亦高时，Fe_2O_3 和 MnO_2 被有机质还原也会引起质量减少，导致灼烧减量的结果产生偏高。

③ 严格地说，烧失量是试样中各组分在灼烧时的各种化学反应所引起的质量增加和减少的代数和。在样品较为复杂时，测定烧失量就没有意义。

④ 烧失量的大小与灼烧温度有密切关系，应按规定温度进行操作，避免直接在高温下进行灼烧。

⑤ 为了获得硅酸盐全分析的可靠数据，必须严格检查与合理处理分析数据。除内外检查和单项测定的误差控制外，常用计算全分析各组分百分含量总和的方法来检查各组分的分析质量。同时，借此检查是否存在"漏测"组分，检查一些组分的结果表示形式是否符合其在矿物中的实际存在状态。

根据硅酸盐岩石的组成，其全分析的测定项目和总量计算方法为：

$$总量 = w(SiO_2) + w(Al_2O_3) + w(Fe_2O_3) + w(TiO_2) + w(FeO) + w(MnO) +$$
$$w(CaO) + w(MgO) + w(Na_2O) + w(K_2O) + w(P_2O_5) + 烧失量$$

⑥ 如果需要测定 H_2O^+、CO_2、有机碳的含量，则不测烧失量，而将此 3 种组分的含量计入总量。

🔹 本章小结

本章的基本概念和基本知识包括碳酸钠熔融分解法、苛性碱熔融分解法、过氧化钠熔融分解法、锂硼酸盐熔融分解法、氢氟酸分解法、单项分析、系统分析、经典分析系统、快速分析系统、碱熔快速分析系统、酸溶快速分析系统、锂盐熔融分解快速分析系统。

硅酸盐中二氧化硅的测定方法有盐酸脱水重量法、氯化铵重量法、聚环氧乙烷重量法、氟硅酸钾酸碱滴定法、硅钼杂多酸分光光度法。

硅酸盐中三氧化二铁的测定方法有重铬酸钾氧化还原滴定法、EDTA 配位滴定法、邻菲罗啉分光光度法、原子吸收分光光度法。

硅酸盐中三氧化二铝的测定方法有 EDTA 直接滴定法、氟化物置换滴定法、铜盐返滴定法、酸碱滴定法、分光光度法。

硅酸盐中二氧化钛的测定分光光度法有过氧化氢分光光度法、二安替比林甲烷分光光度法、钛铁试剂分光光度法、苦杏仁酸置换-铜盐返滴定法、过氧化氢配位-铋盐返滴定法。

硅酸盐中氧化钙、氧化镁的测定方法有配位滴定法测定氧化钙、原子吸收分光光度法测定氧化镁、配位滴定差减法测定氧化镁。

氧化钾、氧化钠的测定方法有火焰光度法、原子吸收分光光度法。

思考与练习题

1. 组成硅酸盐岩石矿物的主要元素有哪些？硅酸盐全分析通常测定哪些项目？

2. 硅酸盐的全分析一般采用什么方法分解试样？

3. 分析系统具备的条件是什么？

4. 硅酸盐试样中的水分有哪些存在形式？各有何特点？各用什么符号表示？

5. 在硅酸盐试样的分解中，酸分解法、熔融法中常用的溶（熔）剂有哪些？各溶（熔）剂的使用条件是什么？各有何特点？

6. 硅酸盐中二氧化硅的测定方法有哪些？各有什么特点？

7. 用氯化铵重量法测定二氧化硅时，使用盐酸和氧化铵的目的是什么？

8. 氟硅酸钾容量法常用的分解试样的溶（熔）剂是什么？为什么？应如何控制氟硅酸钾沉淀和水解滴定的条件？最后用氢氧化钠标准滴定溶液滴定时，为什么试液温度不能低于 70℃？本法的主要干扰元素有哪些？量取氟化钾溶液时为什么要用塑料量杯？氟化钾加入量过多会造成什么后果？

9. 硅钼蓝光度法测定二氧化硅的关键是什么？

10. EDTA 滴定法测定铝的滴定方式有几种？

11. 直接滴定法测定氧化铝时，采用 EDTA-Cu 和 PAN 指示液有何优点？滴定终点的颜色如何变化？

12. EDTA 返滴定法测定氧化铝的原理是什么？酸度如何控制？滴定终点的颜色如何变化？

13. 氟化物置换滴定法测定硅酸盐中三氧化二铝时第一次用乙酸铅溶液滴定时，为什么不必记录所消耗的体积？

14. 硅酸盐中铁的测定方法有哪些？在基准法中的反应温度和酸度对测定有何影响？

15. 在钛的测定中，H_2O_2 光度法和二安替比林甲烷光度法的显色介质是什么？为什么？两种方法各有何特点？

16. 酸碱滴定法测定铝时，酒石酸钾钠和氟化钾的作用是什么？本法的主要干扰元素有哪些？铁、钛干扰如何消除？

17. 简述铬天青 S 光度法测定铝的原理，本法的主要优缺点是什么？

18. 邻菲罗啉光度法测定亚铁时，加入酒石酸钠或柠檬酸钠的作用是什么？铜的干扰机理及消除方法如何？

19. 火焰光度法测定钾、钠时，常用什么介质？为什么？

20. 称取某岩石样品 1.000g，处理成 250.0mL，移取 25.00mL，以氟硅酸钾沉淀分离-酸碱滴定法测定，滴定时消耗 NaOH 浓度为 0.1000mol/L 的标准溶液 19.00mL，试求该试样中二氧化硅的含量。

21. 用原子吸收分光光度法测定铁含量时，若酸度过大会对测定结果有何影响？

22. 二安替比林甲烷光度法测二氧化钛的适宜酸度范围是多大？若酸度太低，会引起什么后果？加入显色剂前，为什么要加入 5mL 95%（体积分数）乙醇？

第三章

Chapter 03

钢铁分析技术

💡 **教学目的及要求**

1. 了解钢铁的分类和牌号表示方法，了解钢铁五元素在钢铁中的存在形式及对钢铁性质的影响；

2. 掌握钢铁试样的采取、制备和分解方法；

3. 理解并掌握钢铁中碳、硫、磷、锰、硅的分析方法类型和测定原理；

4. 能选择合适的设备正确采取和制备钢铁样品；

5. 能根据不同的分析方法正确选择分解试剂并分解不同类型的钢铁样品。

金属通常分为黑色金属和有色金属两大类。黑色金属材料指铁、铬、锰及它们的合金，通常称为钢铁材料。各类钢铁是由铁矿石及其他辅助原料在高炉、转炉、电炉等各种冶金炉中冶炼而成的产品。

一、钢铁分析相关知识

（一）钢铁材料的分类

1. 钢的分类

钢是指含碳量低于 2% 的铁碳合金，其成分除铁碳外，还有少量硅、锰、硫、磷等杂质元素，合金钢还含有其他合金元素。一般工业用钢含碳量不超过 1.4%。

（1）按化学成分分类　钢铁材料可分为碳素钢和合金钢两种。碳素钢包括工业纯铁（含碳量≤0.04%）、低碳钢（含碳量≤0.25%）、中碳钢（含碳量在 0.25%～0.60%）、高碳钢（含碳量＞0.60%）；合金钢包括低合金钢（合金元素总量≤5%）、中合金钢（合金元素总量在 5%～10%）、高合金钢（合金元素总量＞10%）。

（2）按品质分类　普通钢（磷含量≤0.045%、硫含量≤0.055%）、优质钢（磷含量、硫含量≤0.040%）、高级优质钢（磷含量≤0.035%、硫含量≤0.030%）。

（3）按冶炼方法分类　平炉钢、转炉钢、电炉钢等。

（4）按脱氧程度分类　沸腾钢、镇静钢、半镇静钢等。

（5）按用途分类　结构钢（建筑及工程用钢）、机械制造用钢、工具钢（刃具、量具、模具等）、特殊性能钢（耐酸、低温、耐热、电工、超高强钢）等。

2. 生铁的分类

生铁是含碳量高于 2% 的铁碳合金，通常按用途分为炼钢生铁和铸造生铁两类。

（1）炼钢生铁　指用于炼钢的生铁，一般含硅量较低（<1.75%），含硫量较高（<0.07%）。高炉中生产出来的生铁主要用作炼钢生铁，占生铁产量的 80%～90%，质硬而脆，断口成白色，也叫白口铁。

（2）铸造生铁　指用于铸造各种生铁、铸铁件的生铁，一般含硅量较高（3.75%），含硫量稍低（<0.06%）。因其断口呈灰色，所以也叫灰口铁。

3. 铁合金的分类

铁合金是含有炼钢时所需的各种合金元素的特种生铁，用作炼钢时的脱氧剂或合金元素添加剂。铁合金主要是以所含的合金元素来分，如硅铁、锰铁、铬铁、钼铁、钨铁、铌铁、钛铁、硅锰合金、稀土合金等。用量最大的是硅铁、锰铁、铬铁。

4. 铸铁的分类

铸铁也是一种含碳量高于 2% 的铁碳合金，是用铸造生铁原料经重熔调配成分再浇注而成的机件，一般称为铸铁件。

铸铁分类方法较多，按断口颜色可分为灰口铸铁、白口铸铁和麻口铸铁三类；按化学成分不同，可分为普通铸铁和合金铸铁两类；按组织、性能不同，可分为普通灰口铁、孕育铸铁、可锻铸铁、球墨铸铁、蠕墨铸铁和特殊性能铸铁（耐热、耐蚀、耐磨铸铁等）。

（二）钢铁中主要元素的存在形式及影响

1. 碳

碳在钢铁中主要以固溶体状态存在，有的生成碳化物 Fe_2C、Mn_3C、Cr_5C_2、WC、MoC 等。碳是决定钢铁性能的主要元素之一。一般含碳量高，硬度增强，延性及冲击韧性降低，熔点较低。含碳量低，则硬度较弱，延性及韧性增强，熔点较高。正是由于碳的存在，才能用热处理的方法来调节和改善钢铁的力学性能。

2. 硫

硫在钢铁中主要以 FeS、MnS 状态存在，FeS 的熔点低，最后凝固，夹杂于钢铁的晶格之间，当加热压制时，FeS 熔融，钢铁的晶粒失去连接作用而碎裂。硫的存在所引起的这种"热脆性"严重影响钢铁的性能。国家标准规定碳素钢中硫含量不得超过 0.05%，优质钢中硫含量不超过 0.02%。

3. 磷

磷在钢铁中以 Fe_2P 或 Fe_3P 状态存在，磷化铁硬度较强，以致钢铁难以加工，并使钢铁产生"冷脆性"，也是有害杂质之一，应控制，不得超过 0.06%。但是当钢铁中含磷量稍高时，能使流动性增强而易于铸造，并可避免在轧钢时轧辊与轧件黏合，所以在特殊情况下又常有意加入一定量的磷以达此目的。

4. 硅

硅在钢铁中主要以 $FeSi$、$MnSi$、$FeMnSi$ 等状态存在，也有时形成固溶体或非金属夹杂物，如 $2FeO \cdot SiO_2$、$2MnO \cdot SiO_2$、硅酸盐，在高碳硅钢中有一部分以 SiC 状态存在。硅增强钢的硬度、弹性及强度，并提高钢的抗氧化力及耐酸性。硅促使碳游离为石墨状态，使钢铁富于流动性，易于铸造。生铁中一般含硅 0.5%～3%，当含硅高于 2% 而锰低于 2%时，则其中的碳主要以游离的石墨状态存在，熔点较高，约为 1200℃。因为含硅量较高，流动性较好，而且质软，易于车削加工，多用于铸造。如果含硅量低于 0.5% 而含锰量高于4%，则锰阻止碳以石墨状态析出而主要以碳化物状态存在，熔点较低，约为 1100℃，易于炼钢。含硅 12%～14% 的铁合金称为硅铁，含硅 12%、锰 20% 的铁合金称为硅锰铁，主要用作炼钢的脱氧剂。

5. 锰

锰在钢铁中主要以 MnC、MnS、FeMnSi 或固溶体状态存在。生铁中一般含锰 0.5%～6%，普通碳素钢中锰含量较低，含锰 0.8%～14% 的为高锰钢，含锰 12%～20% 的铁合金称为镜铁，含锰 60%～80% 的铁合金称为锰铁。锰能增强钢的硬度，减弱展性。高锰钢具有良好的弹性及耐磨性，用于制造弹簧、齿轮、磨机的钢球、钢棒等。

碳、硅、锰、硫、磷是生铁及碳素钢中的主要杂质元素，俗称为五大元素。对钢铁的性能影响很大，是钢铁工业生产的控制指标，需分析测定。

（三）钢铁产品牌号表示方法

我国目前钢铁产品牌号表示方法是依据国家标准 GB/T 221—2008 的规定，标准规定采用汉语拼音字母、化学元素符号及阿拉伯数字相结合的方法表示，用汉语拼音字母表示产品名称、用途、特性和工艺方法，元素符号表示钢的化学成分，阿拉伯数字表示成分含量或作其他代号。

元素含量的表示方法是含碳量一般在牌号头部，对不同种类的钢，其单位取值也不同。如碳素结构钢、低合金钢类以万分之一（0.01%）含碳量为单位，不锈钢、高速工具钢等以千分之一（0.1%）为单位。如 20A 钢平均含碳量为 0.20%，2CrB 平均含碳量也为0.20%。合金钢元素的含碳量写在元素符号后面，一般以百分之一为单位，低于 1.5% 的不标含量。

生铁牌号由产品名称代号与平均含硅量（以 0.1% 为单位）组成，铁合金牌号用主元素名称和平均含量百分数表示。铸铁牌号中还含有该材料的重要物理性能参数。

1. 钢

（1）普通碳素结构钢　钢类名称（A、B、C），冶炼方法（Y、J），顺序号（1～7），脱氧程度（F、b）。A——甲类钢：按力学性能供应的钢。B——乙类钢：按化学成分供应的钢。C——特类钢：既按力学性能又按化学成分供应的钢。如 A3F 表示甲类平炉 3 号沸腾钢，BY3 表示乙类氧气转炉 3 号镇静钢。

（2）优质碳素结构钢　含碳量 0.01%，含锰量＞0.7%，按脱氧程度或专门用途分类。如 05F 表示平均含碳量为 0.05% 的沸腾钢，45 号表示平均含碳量为 0.45% 的镇静钢，40Mn 表示平均含碳量为 0.40%、锰大于 0.7% 的镇静钢。

（3）碳素工具钢　钢类名称（T），含碳量 0.1%，含锰量＞0.4%，钢品质（A、E、C）。如 T8MnA 表示平均含碳量为 0.8% 的高锰高级（含硫、磷较低）优质工具钢。

（4）合金结构钢　含碳量 0.01%，合金元素（元素符号），合金元素含量 11%，品质说明（A）。如 40CrVA 表示平均含碳量 0.40％，含 Cr、V 但含量均小于 1.5％的高级优质合金结构钢。

（5）滚动轴承钢　　G、Cr、Cr 含量（0.1％），其他合金元素，含量 11％。例如，GCr15SiMn 表示平均含铬量 1.5％，含硅锰不超过 1.5％的滚动轴承钢。

（6）合金工具钢　　含碳量以 0.1％为单位，含碳≥1.0％不标，其余同合金结构钢。例如，9Mn2V 表示平均含碳 0.9％，含 2％Mn，含 V 不超过 1.5％的合金工具钢。

（7）高速工具钢　　不标含碳量，其余同合金结构钢，如 W18Cr4V。

（8）不锈钢　　与合金结构钢基本相同，但含碳量以 0.1％为单位，且当≤0.08％以"0"表示，C≤0.03％以"00"表示，如 0Cr13、00Cr18Ni10。

2. 生铁

产品名称符号，含硅量 0.1％。例如，Z30 表示平均含硅量为 3％的铸造生铁，P10 表示平均含硅量为 1.0％的平炉炼钢生铁。

3. 铁合金

主元素名称符号，主元素含量 1％或顺序号（铬铁、锰铁）。如 Si90、Si45、MnSi23、Cr1、Cr4、Mn1、Mn3 等。

二、钢铁试样的采取和制备

（一）钢铁样品的采取

钢或生铁的铸锭、铁水、钢水在取样时，均需按一定的手续采取，才能得到平均试样。GB/T 222—2006 规定了钢的化学成分熔炼分析和成品分析用试样的取样。该标准还规定了成品化学成分的允许偏差。

1. 术语

（1）熔炼分析　　熔炼分析是指在钢液浇注过程中采样取锭，然后进一步测定试样并对其进行的化学分析，结果表示同一炉或同一罐钢液的平均化学成分。

（2）成品分析　　成品分析是指在加工过的成品钢材上采取试样，然后对其进行的化学分析。成品分析主要用于验证化学成分，又称验证分析。由于钢液在结晶过程中产生元素不均匀分布（偏析），成品分析值有时与熔炼分析值不同。

（3）成品化学成分允许偏差　　成品化学成分允许偏差是指熔炼分析值虽在标准规定的范围内，但由于钢中元素偏析，成品分析值可能超出标准规定的成分范围。对超出的范围规定一个允许的数值。

2. 试样的采取规则

① 用于钢的化学成分熔炼分析和成品分析的试样，必须在钢液或钢材具有代表性的部位采取。试样应均匀一致，能充分代表每一熔炼号或每批钢材的化学成分，并有足够的数量，以满足全分析的要求。

② 收到试样和送检单时，认真检查分析项目、试样状态。如有问题应及时向送检人员提出，明确后才能收样登记，及时取样，妥善保管，防止试样搞混。

制样前检查加工现场、工具及设备是否干燥清洁，有无油污及其他杂物，以确保试样的纯净。

③ 若金属表面有油污，取样前应以汽油、乙醚等有机溶剂洗净，风干。若有锈垢及其他附着物，应将表面除去。

遇到特殊涂层、渗层或复合层（如材料表面有喷涂漆层、电镀或化学镀层，渗 C 渗 N 磁化层等复合层）时，必须予以处理，要避免这些成分混入基体试样中，同时还要将试样表面可能存在的包砂氧化油污等不洁净物除掉。可以用砂纸砂轮或钢丝刷清理直到露出金属光泽。钻取后的试样以磁铁反复吸取干净后装入试样袋中。

④ 如遇钢铁试样有缩孔或气泡（这种试样往往有严重的成分偏析），应重新取样。

⑤ 制样过程中，不能接触水、油、润滑剂等。钻取试样的速度不宜过快，防止金属氧化。若发现试样是蓝黑色，则重新取样，制取的试样应为细铁屑，不能制成大块的薄片或长卷试样。有的金属不适合钻取，应采取刨或车等方法。如球墨铸铁，测 C 的试样不能钻取，否则石墨会从其基体上脱落飞散，使结果严重偏低。

⑥ 采用钻头采样时，对熔炼分析和小断面钢材分析，钻头直径不小于 6cm；大断面钢材成品分析，钻头直径不小于 12cm。

（二）钢铁试样的制备

1. 熔炼分析

测定钢的熔炼化学成分时，从每一罐钢液采取两个制取试样的钢锭，第二个样锭供复验用。样锭是在钢液浇注中期采取。常用的取样工具有钢制长柄取样勺，容积约为 200mL；铸模 70mm×40mm×30mm（砂模或钢制模）等。

① 在出铁口取样，用长柄勺臼取铁水，预热取样勺后重新臼取铁水，浇入砂模内，此铸件作为送检样。

② 在高炉容积较大的情况下，可将一次出铁划分为初、中、末三期，在每一阶段的中间各取一次作为送检样。

③ 在铁水包或混铁车中取样时，应在铁水装至 1/2 时取一个样，或更严格一点，在装入铁水的初、中、末期各阶段的中点各取一个样。

④ 当用铸铁机生产商品铸铁时，考虑到从炉前到铸铁厂的过程中铁水成分的变化，应选择在从铁水包倒入铸铁机的中间时刻取样。

⑤ 从炼钢炉内的钢水中取样，一般是用取样勺从炉内臼出钢水，清除表面的渣子之后浇入金属铸模中，凝固后作为送检样。为了防止钢水和空气接触时钢中易氧化元素发生变化，有时采用浸入式铸模或取样枪在炉内取送检样。

一般采用钻取法，厚度不超过 1mm 的试样屑。

2. 成品分析

（1）试样的抽检　从冷的生铁块中取送检样时，一般是随机地从一批铁块中取三个以上的铁块作为送检样。

当一批的总量超过 30t 时，每超过 10t 增加一个铁块。每批的送检样由 3～7 个铁块组成。钢坯一般不取送检样，其化学成分由钢水包中取样分析决定。因为钢锭中会带有各种缺陷（沉淀、偏析、非金属夹杂物及裂痕）。

轧钢厂用钢坯，进行原材料分析时，可以从原料钢锭 1/5 高度的位置沿垂直于轧制的方向切取钢坯整个断面的钢材。

钢材制品一般不分析，若要取样可用切割的方法取样，但应多取一些，以便制取分析试样。

（2）试样的制备　试样的制取方法有钻取法、刨取法、车取法、捣碎法、压延法，锯、抢、锉取法等。针对不同送检试样的性质、形状、大小等采取不同方法制取分析试样。

生铁试样的制备，其中白口铁试样的制备方法是因白口铁硬度大，用大锤打下，砂轮机磨光表面，再用冲击钵碎至过 100 号筛。灰口铸造铁试样的制备方法是因灰口铁中 C 主要以碳化物存在，要防止在制样过程中产生高温氧化。清除送检样表面的杂质后，用 $\phi20\sim50mm$ 的钻头在送检样中央垂直钻孔（$80\sim150r/min$），表面层的钻屑弃去，继续钻进 25mm 深，制成 $50\sim100g$ 试样。选取 5g 粗大的钻屑用于定碳，其余钢研钵磨碎至过 20 号筛（0.84mm），供分析其他元素用。

钢样的制备，应考虑凝固过程中的偏析现象，还要考虑热处理后表面发生的变化，钢的标准范围窄，致使制样对分析精度的影响达到不可忽视的程度。

大断面的初轧坯、方坯、扁坯、圆钢、方钢、锻钢件等，样屑应从钢材的整个横断面或半个横断面上刨取；或从钢材横断面中心至边缘的中间部位（或对角线 1/4 处）平行于轴线钻取；或从钢材侧面垂直于轴中心线钻取，此时钻孔深度应达钢材或钢坯轴心处。大断面的中空锻件或管件，应从壁厚内外表面的中间部位钻取，或在端头整个断面上刨取。

小断面钢材等，样屑从钢材的整个断面上刨取（焊接钢管应避开焊缝）；或从断面上沿轧制方向钻取孔应对称均匀分布；或从钢材外侧面的中间部位垂直于轧制方向用钻通的方法钻取。如钢带、钢丝，应从弯折叠合或捆扎成束的样块横断面上刨取，或从不同根钢带、钢丝上截取。

纵轧钢板，钢板宽度小于 1m 时，沿钢板宽度剪切一条宽 50mm 的试料；钢板宽度大于或等于 1m 时，沿钢板宽度自边缘至中心剪切一条宽 50mm 的试料。将试料两端对齐，折叠 $1\sim2$ 次或多次，并压紧弯折处，然后在其长度的中间，沿剪切的内边刨取，或自表面用电钻通的方法钻取。

横轧钢板，自钢板端部与中央之间，沿板边剪切一条宽 50mm、长 500mm 的试料，将两端对齐，折叠 $1\sim2$ 次或多次，并压紧弯折处，然后在其长度的中间，沿剪切的内边刨取，或自表面用钻通的方法钻取。

厚钢板不能折叠时，则按上述的纵轧或横轧钢板所述相应折叠的位置钻取或刨取，然后将等量样屑混合均匀。

（三）钢铁样品的分解

钢铁试样主要采用酸分解法，常用的有盐酸、硫酸和硝酸。三种酸可单独或混合使用，分解钢铁样品时，单独使用一种酸时，往往分解不够彻底；混合使用时，可以取长补短，且能产生新的溶解能力。有时针对某些试样，还需加过氧化氢、氢氟酸或磷酸等。一般均采用稀酸溶解试样，而不用浓酸，防止溶解反应过于激烈。对于某些难溶的试样，则可采用碱熔分解法。

1. 不同钢种不同元素酸的选择

（1）Si 的测定　一般钢种、普通碳钢、低合金钢（Si＜1.0%）采用稀硝酸（1＋4 或

$1+3$）溶解。但 Si 较高（$1.0\% \sim 4.5\%$）时的弹簧钢、硅钢用稀 HNO_3 溶解易生成硅酸脱水而沉淀，一般用稀 H_2SO_4 溶解。不锈钢、高速钢一般用 HCl-H_2O_2 或硝酸混合酸溶解。含 Ni、Cr、Mo、W 等的不锈钢、耐热钢，单以 HNO_3、HCl 难溶解，以 $HCl + H_2O_2$（30%）溶解能力很强，且 $Si < 2\%$ 的钢样加热过程中硅酸不会析出。但温度不宜过高，特别是在分解 H_2O_2 时，否则硅酸会在高温下脱水析出。

（2）Mn 的测定　一般碳素钢、低合金钢、生铁试样常以 HNO_3（$1+3$）或硫磷混酸溶解。难溶的高合金钢以王水溶解，加 $HClO_4$ 或 H_2SO_4 冒烟溶解。溶解试样的酸主要依靠 H_2SO_4、HCl、HNO_3，因 H_2SO_4-HCl 可使 MnS 分解，HNO_3 分解碳化物（Mn_3C）生成 CO_2 逸出，加磷酸可使 Fe^{3+} 配合成无色而消除 Fe^{3+} 的干扰。因为磷酸的存在，防止了 MnO_2 沉淀的生成和 $HMnO_4$ 的分解。加 HNO_3 破坏碳化物后，必须将氮氧化物 NO 除尽，否则会使 Mn（Ⅶ）还原，使结果偏低。

（3）P 的测定　大多数钢种的磷较易用酸溶解。普碳钢、低合金钢、合金钢都采用稀 HNO_3（$1+3$）溶解、$KMnO_4$ 氧化或（NH_4）$_2S_2O_8$ 氧化、$HClO_4$ 使冒烟。硅钢、矾钢、不锈钢、高速钢，一般采用王水溶解、$HClO_4$ 使冒烟。

溶解试样测磷时，一般用氧化性酸，不能采用还原性酸，如单独用 HCl，易生成 PH_3 气体逸出，使磷损失。

（4）Cr 的测定　一般情况下，普碳钢、低合金钢、高速钢采用硫磷混酸溶解、HNO_3 分解氧化；高铬钢、高铬镍钢等采用王水溶解、$HClO_4$ 氧化或 HCl-H_2O_2 溶解、$HClO_4$ 氧化；高碳铬铁采用 Na_2O_2 熔融、H_2SO_4 酸化；镍铬合金钢采用 $HClO_4$ 分解氧化；铝合金采用碱熔融再酸化；其他有色金属合金（如铬青铜）采用 HCl-H_2O_2 分解、$HClO_4$ 氧化。同样浓的 HNO_3 易使 Cr 金属及其合金钝化。碳化物分解同前面一样。

（5）Ni 的测定　溶解含 Ni 的钢种，当 Ni 含量较低时，普通碳素钢、低合金钢、合金钢，一般采用 HNO_3（$1+3$）或 HCl（$1+1$），生铁则采用硫磷混酸。含 Ni 量高时，如高镍铬钢、不锈钢，采用王水或混酸（HNO_3 : $HCl = 1+1$）或 $HClO_4$。铬镍钼钢采用 H_2O_2 : HF : HCl = 20+10+5 在常温下溶解。镍与 HCl 或 H_2SO_4 反应较慢，与浓 H_2SO_4 共沸时生成硫酸镍，并析出 SO_3 气体，冒白烟。浓 HNO_3 使镍钝化。

（6）Mo 的测定　大多数普碳钢、低合金钢，采用 HCl-HNO_3 混酸、硫磷混酸滴加 HNO_3 或 $HCl + HNO_3 + H_3PO_4$ 混合溶解，加 H_2SO_4 蒸发冒烟驱出 HNO_3；高合金钢采用王水或逆王水溶解，加硫磷混酸蒸发冒 SO_3 白烟或加 $HClO_4$ 冒烟。含 Cr 的钢直接加 $HClO_4$ 冒烟（溶解），含 W 的钢应补加磷酸配合钨。

（7）Ti 的测定　一般含 Ti 的钢样溶于 HCl、浓 H_2SO_4、王水和 HF 中。存在的形式不同溶样酸不同，以金属状态固溶体存在于钢中的以 HCl（$1+1$）可溶解。以 TiC、TiN 形式存在的必须有氧化性酸如 HNO_3、$HClO_4$ 才能溶解。当以 TiO_2 形式难溶时，可用焦硫酸钾熔融生成 $Ti(SO_4)_2$，而迅速溶解于稀酸中。

（8）V 的测定　金属 V 不易溶于 HCl 中，但能迅速溶解于 HNO_3 中，常以稀 HNO_3 溶解，也可溶于 $HNO_3 + HCl$ 中。V 的碳化物很稳定，用 H_2SO_4 和 HCl 处理时几乎完全不溶解，只有 HNO_3（或 H_2O_2）氧化并经 H_2SO_4 冒烟处理才能溶解。

一般含钒的钢样常以热的 H_2SO_4 或硫磷混合酸溶解，加 HNO_3 破坏碳化物，或以王水溶解以 H_2SO_4 冒烟；如果还有碳化物不溶，这时滴数滴 HNO_3，并继续冒烟 $1 \sim 2min$，但时间不能太长，否则生成难溶的硫酸盐析出，结果偏低。

（9）Cu 的测定　铜不易溶于稀 HCl、冷 H_2SO_4 中，但溶于 HNO_3、热的 H_2SO_4、王水或 HCl＋H_2O_2 中。为了把分析方法和试样溶解结合考虑，通常用 HNO_3 或 HCl＋H_2O_2 来分解试样，采用 HCl＋H_2O_2 比较多。

（10）Al 的测定　Al 在钢铁中主要以金属固熔体状态存在。在化学分析中所讲的酸溶性铝包括金属铝和铝盐；酸不溶性铝为氧化铝，但都是相对的。氧化铝不是绝对不溶于酸，而铝盐也不是全部溶于酸。全铝指的是酸溶性铝和酸不溶性铝之和。

铝易溶于稀 HCl 和稀 H_2SO_4 中，铝及铝合金试样通常用 NaOH 溶解到不反应时，再用 HNO_3 分解。铝在化学分析中应该注意，在 HCl 介质中，$AlCl_3$ 过热状态易逸出。铝与铁、铬、钛等元素常伴随，又因铝具有两性，分离测铝时至今仍有一定的困难。

2. 不同类型的钢铁试样分解方法

① 对于生铁和碳素钢，用稀硝酸分解，常用（1＋1）～（1＋5）的稀硝酸，也有用稀盐酸（1＋1）加氧化剂分解的。

② 合金钢和铁合金，针对不同对象须用不同的分解方法。

硅钢、含镍钢、钒铁、钼铁、钨铁、硅铁、硼铁、硅钙合金、稀土硅铁、硅锰铁合金，可以在塑料器皿中，先用浓硝酸分解，待剧烈反应停止后再加氢氟酸继续分解。或用过氧化钠（或过氧化钠和碳酸钠的混合熔剂）于高温炉中熔融分解，然后以酸提取。

铬铁、高铬钢、耐热钢、不锈钢，为了防止生成氧化膜而钝化，不宜用硝酸分解，而应在塑料器皿中用浓盐酸加过氧化氢分解。

高碳铬铁、含钨铸铁由于所含游离碳较高，且不为酸所溶解，因此试样应于塑料器皿中用硝酸加氢氟酸分解，并用脱脂过滤除去游离碳。

钛铁宜用硫酸（1＋1）溶解，并冒白烟 1min，冷却后用盐酸（1＋1）溶解盐类。

高碳铬铁宜用 Na_2O_2 熔融分解，酸提取。

③ 燃烧法。于高温炉中用燃烧法将钢铁试样中的碳和硫转化为 CO_2 和 SO_2，是钢铁中碳和硫含量测定的常用分解法。

第一节　钢铁中总碳的测定（ 燃烧-气体容量法 ）

一、钢铁中碳的存在形式

碳是区别铁与钢，决定钢号、品质的主要标志，对钢铁的性能影响很大。因为碳的存在，才能用热处理的方法来调节和改善其力学性能。随着碳含量的增加，钢铁的硬度和强度相应提高，而韧性和塑性却变差。在冶炼过程中了解和掌握碳含量的变化，对冶炼的控制有着重要的指导意义。

碳在钢铁中一种是游离碳，如铁碳固熔体、无定形碳、褪火碳、石墨碳等，可直接用"C"表示；另一种是化合碳，即铁或合金元素的碳化物，如 Fe_2C、Mn_3C、Cr_5C_2、VC、MoC、TiC……可用"MC"表示。前者一般不与酸作用，后者一般能溶解于酸而被破坏，这是将两者分离与测定的依据。在钢中一般是以化合碳为主，游离碳只存于铁及经褪火处理的高碳钢中。

一般在成分分析中，通常是测定碳的总量。化合碳的含量是总碳量和游离碳量之差求得的。因为游离碳不与稀硝酸反应，可以用稀硝酸分解试样，将试样中的不溶物（包含游离碳）与化合碳分离后，再用测定总碳的方法测不溶物中的碳即为游离碳含量。

二、钢铁中碳的测定

总碳量的测定方法虽然很多，但都是将试样置于高温氧气流中燃烧，转化为二氧化碳再用适当方法测定。如气体容量法、吸收重量法、电导法、电量法、滴定法等。

1. 燃烧-气体容量法

燃烧-气体容量法自 1939 年应用以来，由于它操作迅速、手续简单，分析准确度高，因而迄今仍广泛应用，所用仪器装置如图3-1所示。

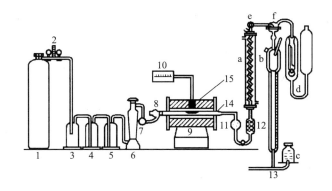

图 3-1　卧式炉气体容量法定碳装置

1—氧气瓶；2—氧气表；3—缓冲瓶；4，5—洗气瓶；6—干燥塔；7—供氧活塞；

8—玻璃磨口塞；9—管式炉；10—温度自动控制器（或调压器）；11—球形干燥管；

12—除硫管；13—容量定碳仪（包括蛇形管 a、量气管 b、水准瓶 c、吸收器 d、小活塞 e、三通活塞 f）；

14—瓷管；15—热电偶

蛇形管 a：套内装冷却水，用以冷却混合气体。

量气管 b：用以测量气体体积。

水准瓶 c：内盛酸性氯化钠溶液。

吸收器 d：内盛 40％氢氧化钾溶液。

小活塞 e：它可以通过 f 使 a 和 b 接通，也可分别使 a 或 b 通大气。

三通活塞 f：它可以使 a 与 b 接通，也可使 b 与 d 接通。

将钢铁试样置于 1150～1250℃高温炉中加热，并通氧气燃烧，使钢铁中的碳和硫被定量氧化成 CO_2 和 SO_2，混合气体经除硫剂（活性 MnO_2）后收集于量气管中，以氢氧化钾溶液吸收其中的 CO_2，前后体积之差即为生成 CO_2 的体积，由此计算碳含量。

本方法适用于生铁、铁粉、碳钢、高温合金及精密合金中碳量的测定。测定范围为 $0.10％～2.0％$。

定量氧化：
$$C + O_2 \xrightarrow{\quad\quad} CO_2 \uparrow$$
$$4Fe_3C + 13O_2 \xrightarrow{\quad\quad} 4CO_2 \uparrow + 6Fe_2O_3$$
$$Mn_3C + 3O_2 \xrightarrow{\quad\quad} CO_2 \uparrow + Mn_3O_4$$

$$4Cr_3C_2 + 17O_2 =\!=\!= 8CO_2\uparrow + 6Cr_2O_3$$
$$4FeS + 7O_2 =\!=\!= 4SO_2\uparrow + 2Fe_2O_3$$
$$3MnS + 5O_2 =\!=\!= 3SO_2\uparrow + Mn_3O_4$$

吸收 SO_2 和 CO_2：

$$MnO_2 + SO_2 =\!=\!= MnSO_4$$
$$2KOH + CO_2 =\!=\!= K_2CO_3 + H_2O$$

钢铁定碳仪量气管的刻度，通常是在 101.3kPa 和 16℃时按每毫升滴定剂相当于每克试样含碳 0.05% 刻制的。在实际测定中，当测量气体体积的温度、压力和量气管刻度规定的温度、压力不同时，需加以校正，即将读出的数值乘以压力温度校正系数 f。f 值可自压力温度校正表系数表中查出，也可根据气态方程式算出。

这种计算可化为一个通用公式（3-1），对任意的一个压力 p，任意一个温度 T 的体积 V_T，换算为 101.3kPa 和 16℃时的体积 V_{16}。通常把 101.3kPa、16℃时的体积 V_{16} 与任意温度、压力下所占体积之比作为碳的校正系数 f。

$$f = \frac{V_{16}}{V_T} = 0.3872 \times \frac{p}{T} \tag{3-1}$$

式中　f——校正系数；

　　　p——测量条件下的大气压（扣除饱和水蒸气的压力）；

　　　T——测量时的热力学温度。

按式（3-2）计算碳的含量（标尺刻度单位是毫升）。

$$w(C) = \frac{AVf}{m} \times 100\% \tag{3-2}$$

式中　A——温度 16℃、气压 101.3kPa 时，每毫升二氧化碳中含碳质量，g，用酸性水溶液作封闭液时 A 值为 0.0005000g，用氯化钠酸性溶液作封闭液时 A 值为 0.0005022g；

　　　V——吸收前与吸收后气体的体积差，即二氧化碳体积，mL；

　　　f——温度、气压校正系数，采用不同封闭液时其值不同；

　　　m——试样质量，g。

关键技术：

① 气体容量法通过测定二氧化碳的体积来求出碳的含量。在测定过程中，必须避免温差所产生的影响，即测量过程中冷凝管、量气管和吸收管三者之间温度上的差异。

② 适当选择定碳仪的安放地点及位置，使定碳仪远离高温炉（距离高温炉 300～500mm），避免阳光的直接照射和其他形式的热辐射，并尽可能改善定碳室的通风条件等。

③ 新更换水准瓶所盛溶液、玻璃棉、除硫剂、氢氧化钾溶液后，应作几次高碳试样，使用二氧化碳饱和后，方能进行操作。观察试样是否完全燃烧，如燃烧不完全，需重新分析。判断燃烧是否完全的方法是观察试样燃烧后的表面是否光滑平整，如表面有坑状等不光滑之处则表明燃烧不完全。

④ 新的燃烧管要进行通氧灼烧，以除去燃烧管中有机物，瓷舟要进行高温灼烧后再使用。助熔剂中含碳量一般不超过 0.005%，使用前应做空白试验，并从分析结果中扣除。

⑤ 用标准样品检查仪器各部分是否正常以及操作条件是否合格等。

2. 燃烧-非水滴定法

非水滴定法是发展较晚的定碳方法，具有快速、简便、准确的特点。该法不需要特殊的玻璃器皿，具有较宽的分析范围，对低碳测定有较高的准确度。

根据酸碱质子理论，酸碱的强度不再取决于本身解离常数的大小，而与该物质的本质、反应物的性质和酸碱强度及反应所处的环境介质（溶剂）有关。其中以环境的影响最为显著，因此要想使弱酸得到强化，可通过变换溶剂来实现。非水滴定正是利用了这一原理。

当二氧化碳进入甲醇或乙醇介质后，由于甲醇、乙醇的质子自递常数均比水小，接受质子的能力比水大，故二氧化碳进入醇中后酸性得到增强。同样，醇钾（甲醇钾、乙醇钾）在醇中的碱性较氢氧化钾在水中的碱性强。这两种增强，使醇钾滴定二氧化碳时的突跃比在水中大。

甲醇和乙醇的极性均比水小，根据相似相溶原理，二氧化碳在醇中的溶解度比在水中大，有利于二氧化碳的直接滴定。丙酮是一种惰性溶剂，介电常数更小，几乎不具极性，对二氧化碳有更大的溶解能力。在甲醇体系中，加入等体积的丙酮，对改善滴定终点有明显的效果。电弧炉非水滴定法定碳装置如图 3-2 所示。

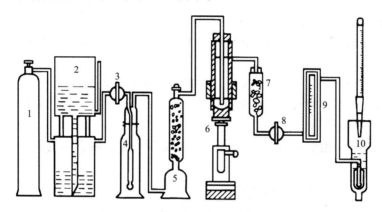

图 3-2　电弧炉非水滴定法定碳装置

1—氧气瓶；2—贮气筒；3—第一道活塞；4—洗气瓶；5—干燥塔；

6—电弧炉；7—除尘除硫管；8—第二道活塞；9—流量计；10—吸收杯

主要反应：

$$KOH + C_2H_5OH = C_2H_5OK + H_2O$$
$$RNH_2 + CO_2 = RNHCOOH$$
$$C_2H_5OK + RNHCOOH = C_2H_5OCOOK + RNH_2$$

本方法碳量的测定范围为 $0.02\% \sim 5.00\%$。

按式（3-3）计算碳的含量。

$$w(C) = \frac{TV}{m} \times 100\% \tag{3-3}$$

式中　T——标准溶液的滴定度，每毫升标准溶液相当于碳的质量，g/mL；

　　　　V——滴定消耗标准溶液的体积，mL；

　　　　m——试样质量，g。

关键技术：

① 分析含铬 2% 以上的试样，应把锡粒与铝硅热剂加于试样的底部，否则因锡粒有延缓铬氧化的趋势而使燃烧速度降低，测定结果显著偏低。

② 间隔测定时，如间隔时间较长，吸收液有返黄现象，测定之前需重新调至蓝紫色。

③ 当氢氧化钾试剂瓶密封不严时，会吸收空气中的二氧化碳生成碳酸钾，对测定结果有一定的影响。

④ 有机胺在溶液中具有一定的缓冲能力，使滴定终点的敏锐性有所降低。所以用量必须适当，一般为 $2\%\sim3\%$，不超过 5%。

⑤ 为了避免滴定过程中发生的沉淀现象，常采用加入稳定剂的方法。由于体系的极性增强，终点敏锐程度急剧下降，通常以加入 $2\%\sim3\%$ 为宜。

⑥ 为了改善滴定终点的敏锐程度，常采用混合指示剂。比较典型的有百里酚酞-百里酚蓝、酚酞-溴甲酚绿-甲基红混合指示剂等。

三、燃烧-气体容量法测定钢铁中总碳

1. 仪器准备

（1）气压计一台

（2）氧气表　附有流量计及缓冲阀。

（3）洗气瓶 4（图 3-1）　内盛氢氧化钾-高锰酸钾溶液（1.5g 氢氧化钾溶解于 35mL 4% 的高锰酸钾溶液中），其高度约为瓶高度的 1/3。

（4）洗气瓶 5（图 3-1）　内盛浓硫酸，其高度约为瓶高度的 1/3。

（5）干燥塔　上层装碱石灰（或碱石棉），下装无水氯化钙，中间隔以玻璃棉，底部与顶部也铺以玻璃棉。

（6）管式炉　使用温度最高可达 1350℃，常温 1300℃。附有热电偶或选用其他类似的高温燃烧装置。

（7）球形干燥管　内装干燥脱脂棉。

（8）除硫管　直径 10～15mm、长 100mm 玻璃管，内装 4g 活性二氧化锰（粒状）或钒酸银，两端塞有脱脂棉，除硫剂失效应重新更换。

（9）气体容量法定碳装置　如图 3-1 所示。

（10）瓷管　长 600mm，内径 23mm（亦可采用相近规格的瓷管），使用时先检查是否漏气，然后分段灼烧。瓷管两端露出炉外部分长度不小于 175mm，以便燃烧时管端仍是冷却的。粗口端连接玻璃磨口塞，锥形口端用橡皮管连接于球形干燥管上。

（11）瓷舟　长 88mm 或 97mm，使用前需在 1200℃管氏炉中通氧灼烧 2～4min，也可于 1000℃高温炉中灼烧 1h 以上，冷却后贮于盛有碱石棉或碱石灰及氯化钙的未涂油脂的干燥器中备用。

（12）长钩　用低磷镍铬丝、耐热合金丝制成，用以推、拉瓷舟（自动送样装置的高温炉不使用长钩）。

2. 试剂准备

（1）高锰酸钾溶液　4%。

（2）氢氧化钾溶液　40%。

（3）甲基红指示剂　0.2%。

（4）除硫剂　活性二氧化锰（粒状）或钒酸银。

活性氧化锰制备方法：硫酸锰 20g 溶解于 500mL 水中，加入浓氨水 10mL，摇匀，加 90mL 过硫酸铵溶液（25％），边加边搅拌，煮沸 10min，再加 1～2 滴氨水，静置至澄清（如果不澄清则再加过硫酸铵适量）。抽滤，用氨水洗 10 次，热水洗 2～3 次，再用硫酸（5＋95）洗 12 次，最后用热水洗至无硫酸反应。于 110℃ 烘箱中烘干 3～4h，取其 20～40 目，在干燥器中保存。

（5）酸性水溶液　稀硫酸溶液（5＋995），加几滴甲基橙或甲基红，使之呈稳定的浅红色（或按各仪器说明书配制）。

（6）助熔剂　锡粒（或锡片）、铜、氧化铜、五氧化二钒或纯铁粉。

3. 样品测定

① 将炉温升至 1200～1300℃，检查管路及活塞是否漏气，装置是否正常，燃烧标准样，检查仪器及操作。

② 称取试样（含碳 1.5％ 以下称取 0.5000～2.000g，1.5％ 以上称 0.2000～0.5000g）置于瓷舟中，覆盖适量助熔剂，启开玻璃磨口塞，将瓷舟放入瓷管内，用长钩推至高温处，立即塞紧磨口塞。预热 1min，根据定碳仪操作规程操作，测定其读数（体积或含量）。启开磨口塞，用长钩将瓷舟拉出，即可进行下一试样分析。

第二节　钢铁中硫的测定

一、钢铁中硫的存在形式

硫在钢铁中是有害元素之一。当硫含量超过规定范围时，在生产中要降低硫的含量称为"脱硫"。硫在钢中固溶量极小，但硫在钢铁中能形成多种硫化物，如 FeS、MnS、VS、TiS、NbS、CrS 以及复杂硫化物 $Zr_4(CN)_2S_2$、$Ti(CN)_2S_2$ 等。钢中有大量锰存在时，主要以 MnS 存在，当锰含量不足时，则以 FeS 存在。硫在钢铁中易产生偏析现象，硫对钢铁性能的影响是产生"热脆"，即在热变形时工件产生裂纹。硫还能降低钢的力学性能，还会造成焊接困难和耐腐蚀性下降等不良影响。

由于硫在钢铁中易产生偏析现象，因此取样时必须保证试样对母体材料的代表性。钢铁中的硫化物一般易溶于酸中，在非氧化性酸中生成硫化氢逸出，在氧化性酸中转化成硫酸盐。硫化物在高温下（1250～1350℃）通氧气燃烧大部分生成二氧化硫，但转化的不完全，操作时应严格控制条件。

二、钢铁中硫的测定方法

钢铁中硫的测定试样分解分为燃烧法、酸溶解法两类。燃烧法分解后试样中的硫转化为 SO_2，SO_2 浓度可用红外光谱直接测定，也可使它被水或多种不同组成的溶液所吸收，然后用滴定法（酸碱滴定或氧化还原滴定）、分光光度法、电导法、库仑法测定，最终依 SO_2 量计算样品中的硫含量。酸溶解法可用氧化性酸（硝酸加盐酸）分解，试样中的硫转化为 H_2SO_4，用 $BaSO_4$ 重量法测定，或用还原剂将 H_2SO_4 还原为 H_2S，然后用分光光度法测定。若用非氧化性酸（盐酸加磷酸）分解，硫则转变为 H_2S，可直接用分光光度法测定。在多种分析方法中，燃烧-碘酸钾滴定法是一种经典的分析方法，被列为标准方法。

1. 燃烧-碘酸钾滴定法

将钢铁试样置于 1250～1350℃ 的高温下通氧气燃烧，其试样中的硫化物被氧化为二氧化硫。

$$3MnS + 5O_2 \longrightarrow Mn_3O_4 + 3SO_2 \uparrow$$
$$3FeS + 5O_2 \longrightarrow Fe_3O_4 + 3SO_2 \uparrow$$
$$SO_2 + H_2O \longrightarrow H_2SO_3$$

在酸性条件下，以淀粉为指示剂，用碘酸钾-碘化钾标准滴定溶液滴定至蓝色不消失为终点。然后根据浓度和消耗体积，计算出钢铁中硫的含量。卧式炉燃烧法测硫装置如图 3-3 所示。

图 3-3　卧式炉燃烧法测硫装置

1—氧气瓶；2—贮气筒；3—第一道活塞；4—洗气瓶；5—干燥塔；

6—温控仪；7—卧式高温炉；8—除尘管；9—第二道活塞；10—吸收杯

$$IO_3^- + 5I^- + 6H^+ \longrightarrow 3I_2 + 3H_2O$$
$$I_2 + SO_3^{2-} + H_2O \longrightarrow 2I^- + SO_4^{2-} + 2H^+$$

燃烧-碘酸钾滴定法适用于钢铁及合金中 0.005% 以上硫的测定。

按式（3-4）计算硫的含量。

$$w(S) = \frac{T(V - V_0)}{m} \times 100\% \tag{3-4}$$

式中　T——每毫升标准溶液相当于硫的质量分数；

　　　V——滴定试样消耗标准溶液的体积，mL；

　　　V_0——空白消耗的标准溶液体积，mL；

　　　m——试样质量，g。

$$T = \frac{w(S)_0 \times m}{(V - V_0) \times 100} \tag{3-5}$$

式中　T——每毫升标准溶液相当于硫的质量分数；

　　$w(S)_0$——标准样品中硫的含量；

　　　m——标准试样质量，g；

V——滴定标准样品消耗标准溶液的体积，mL；

V_0——空白消耗的标准溶液体积，mL。

关键技术：

① 硫的燃烧反应一般很难进行完全，存在一定的系统误差，应选择和试样同类型的标准钢铁试样标定标准溶液，消除该方法的系统误差。

② 滴定速度要控制适当，当观察到吸收杯上方有较大的二氧化碳白烟时，应准备滴定，防止二氧化硫逸出，造成误差。

③ 测定硫含量时，一般要进行二次通氧。即在通氧燃烧后并滴定至终点后，应停止通氧，数分钟后，再次按规定方法通氧，观察吸收杯中溶液的蓝色是否消退，若褪色则要继续滴定至浅蓝色。

④ 试样不得沾有油污，炉管与吸收杯之间的管路不宜过长，除尘管内的粉尘应经常清扫，以减少对测定结果的影响。

2. 燃烧-酸碱滴定法

经燃烧生成的二氧化硫，以含有少量过氧化氢的水溶液吸收，使生成的亚硫酸立即被氧化为硫酸，然后生成的硫酸用氢氧化钠标准溶液滴定。采用甲基红-溴甲酚绿混合指示剂，终点由红变绿变化较明显。不存在亚硫酸分解而造成二氧化硫逸出的问题，适合于碳、硫联合测定，若燃烧过程中有三氧化硫生成，也能被滴定。

$$3MnS + 5O_2 \Longrightarrow Mn_3O_4 + 3SO_2 \uparrow$$
$$3FeS + 5O_2 \Longrightarrow Fe_3O_4 + 3SO_2 \uparrow$$
$$SO_2 + H_2O \Longrightarrow H_2SO_3$$
$$H_2SO_3 + H_2O_2 \Longrightarrow H_2SO_4 + H_2O$$
$$H_2SO_4 + 2NaOH \Longrightarrow Na_2SO_4 + 2H_2O$$

关键技术：

① 氢氧化钠标准溶液易吸收空气中的二氧化碳，需加保护装置。配制时也应采用经煮沸数分钟并冷却后的蒸馏水，以除去水中的二氧化碳。

② 吸收液必须在冷至室温后，再加入过氧化氢，以免过氧化氢受热分解。含碳量较高的试样，不宜立即滴定，应在变色30s后进行，否则会使二氧化碳被滴定，造成测定结果的误差。

3. 碳硫快速分析联合测定

将钢铁试样置于1150～1250℃高温炉中加热，并通氧气燃烧，使钢铁中的碳和硫被定量氧化成CO_2和SO_2，以氢氧化钾乙醇溶液吸收其中的CO_2，SO_2用KIO_3氧化定硫。

$$w(C) = T_C \times V_C \tag{3-6}$$
$$w(S) = T_S \times V_S \tag{3-7}$$

式中　$w(C)$——试样中 C 的质量分数，%；

$w(S)$——试样中 S 的质量分数，%；

T_C——每毫升滴定剂相当于碳的质量分数，%/mL；

T_S——每毫升滴定剂相当于硫的质量分数，%/mL；

V_C——测定碳时消耗的定碳滴定剂的体积，mL；

V_S——测定硫时消耗的定硫滴定剂的体积，mL。

关键技术：

① 称样量根据钢铁中 C 含量的多少，以及非水碱液中碱的浓度的大小而定。

② 本法乙醇胺 3％为宜，若 C＜0.05％，可采用 1％，若含碳量为 0.06％～0.3％，可采用 2％。乙醇胺量不可过多，否者反应迟缓，终点不好判断。

③ 非水定碳不需预置，等到溶液泛黄时开始滴，其吸收率近 100％，滴定度在 C 0.07％～1.2％钢样范围内基本不变。

④ 滴定硫要预滴，其吸收率最好时也不会达到 100％，在 70％左右，故不能按照理论值计算，需标样换算，分析样品的操作要控制一致。

⑤ 选 95％的乙醇液比无水乙醇更合适，5％的水可起稳定剂作用，使终点更清楚。

三、燃烧-碘酸钾滴定法

1. 仪器准备

（1）仪器装置　如图 3-3 所示。

（2）洗气瓶　内装浓硫酸，装入量约为洗气瓶体积的 1/3。

（3）干燥塔　上层装碱石棉，下层装无水氯化钙，中间隔玻璃棉，底部及顶端也铺以玻璃棉。

（4）管式炉　附有热电偶高温计或其他类似的燃烧装置。

（5）球形干燥管　内装干燥脱脂棉。

（6）吸收杯　低硫吸收杯或高硫吸收杯。

（7）自动滴定管　25mL。

（8）燃烧管　普通瓷管或高铝瓷管。

（9）瓷舟　根据样品量选用大、中、小等型号。

（10）长钩　紫铜质或低碳合金质，采用自动进样高温炉则不需要长钩。

2. 试剂准备

（1）浓硫酸

（2）无水氯化钙　固体。

（3）碱石棉

（4）淀粉吸收液　称可溶性淀粉 10g，用少量水调成糊状，然后加入 500mL 沸水，搅拌，煮沸 1min，冷却，加入 3g 碘化钾、500mL 水及 2 滴浓盐酸，搅拌均匀后，静置。使用时取 25mL 上层澄清液，加 15mL 浓盐酸，用水稀释至 1L。

（5）助熔剂　二氧化锡和还原铁粉以 3＋4 混匀；五氧化二钒和还原铁粉以 3＋1 混匀。

（6）碘标准溶液　称取碘 2.8g，溶于含有 25g 碘化钾的少量溶液中，以水稀释至 5L，放置数日后使用。

（7）碘酸钾标准溶液　称碘酸钾 0.178g，用水溶解后，加 1g 碘化钾，以水稀释至 1L。

标定方法：称取与待测样品类型相同、硫含量相近的标准样品 3 份，按分析方法操作，每毫升标准溶液相当于硫的含量（T）按式（3-8）计算。

$$T = \frac{w(S)_0 \times m}{(V - V_0) \times 100}$$

（3-8）

式中　T——每毫升标准滴定溶液相当于硫的质量分数；

　　$w(S)_0$——标准样品中硫的含量；

　　　m——标准样品的质量，g；

　　　V——滴定标准样品消耗标准溶液的体积，mL；

　　　V_0——空白消耗的标准溶液体积，mL。

3. 样品测定

① 将炉温升至 1250～1300℃（普通燃烧管）用于测定生铁、碳钢及低合金钢。炉温升至 1300℃ 以上（高铝瓷管）用于测定中、高合金及高温合金、精密合金。

② 淀粉吸收液的准备。硫小于 0.01% 用低硫吸收杯，加入 20mL 淀粉吸收液；硫大于 0.01% 用高硫吸收杯，加入 60mL 淀粉吸收液。通氧（流速为 1500～2000mL/min），用碘酸钾标准滴定溶液滴定至浅蓝色不褪，作为终点色泽，关闭氧气。

③ 检查瓷管及仪器装置是否漏气，若不漏气，则可进行实验。按分析步骤分析两个非标准试样。

④ 称取试样 1g（高、低硫适当增减），于瓷舟底部加入适量助熔剂，启开燃烧管进口的橡皮塞，将瓷舟放入燃烧管内，用长钩推至高温处，立即塞紧橡皮塞，预热 0.5～1.5min，随即通氧（流速为 1500～2000mL/min），燃烧后的混合气体导入吸收杯中，使淀粉吸收液蓝色消退，立即用碘酸钾（或碘）标准滴定溶液滴定并使液面保持蓝色，当吸收液褪色缓慢时，滴定速度也相应减慢，直至吸收液的色泽与原来的终点色泽相同，间歇通氧后，色泽不变即为终点，关闭氧气，打开橡皮塞，用长钩拉出瓷舟。读取滴定管所消耗碘酸钾标准滴定溶液的体积。

第三节　钢铁中磷的测定

一、钢铁中磷的存在形式

磷通常由钢铁冶炼原料带入，也有为达到某些特殊性能而由人工加入的。磷在钢铁中主要以固溶体、磷化铁（Fe_2P、Fe_3P）及其他合金元素的磷化物和少量磷酸盐夹杂物的形式存在，常呈析离状态。

磷通常为钢铁中的有害元素，Fe_3P 质硬，影响塑性和韧性，易发生"冷脆"。磷在凝结过程中易产生偏析现象，取样时必须保证试样对母体材料的代表性。磷的偏析现象降低力学性能，在铸造工艺上，可加大铸件缩孔、缩松的不利影响。在某些情况下，磷的加入能提高钢铁的拉伸强度，尤其是与锰、硫联合作用时，能改善钢材的切削性能，磷能提高钢材的抗腐蚀性，磷和铜联合作用时，效果更加显著。利用磷的脆性，可冶炼炮弹钢，提高爆炸威力。

钢中绝大部分磷化物是能溶于酸的，用非氧化性酸溶解时会以 PH_3 形态逸出。在氧化性酸中，大部分生成正磷酸，也有一部分生成偏磷酸或次磷酸。分析磷时，氧化性酸溶解试样，用强氧化剂氧化，使之全部转化为正磷酸，才能进行测定。

二、钢铁中磷的测定方法

钢铁中磷的测定方法有多种，一般都是使磷转化为磷酸，再与钼酸铵作用生成磷钼酸，用重量法（沉淀形式为 $MgNH_4PO_4 \cdot 6H_2O$）、滴定法（酸碱滴定）、磷钒钼酸分光光度法、磷钼蓝分光光度法等进行测定。磷钼蓝分光光度法不仅可测定钢铁中的磷，还应用于测定有色金属和矿物中的微量磷，该法已列为标准方法。

1. 二安替比林甲烷-磷钼酸重量法（GB/T 223.3—1988）

试样加酸溶解、加热溶解及一系列处理后，在 $0.24 \sim 0.60 mol/L$ 盐酸溶液中加二安替比林甲烷-钼酸钠混合沉淀剂，形成二安替比林甲烷磷钼酸沉淀（$C_{23}H_{24}N_4O_2$）$_3 \cdot H_3PO_4 \cdot 12MoO_3 \cdot 2H_2O$。过滤洗涤后烘至恒重，用丙酮-氨水溶解沉淀，再烘至恒重，由失重求得磷量。

按式（3-9）计算磷的含量。

$$w(P) = \frac{[(m_1 - m_2) - (m_3 - m_4)] \times 0.01023}{m} \times 100\% \tag{3-9}$$

式中　m_1——沉淀加坩埚的质量，g；

　　　m_2——残渣加坩埚的质量，g；

　　　m_3——空白沉淀加坩埚的质量，g；

　　　m_4——空白残渣加坩埚的质量，g；

　　　m——试样质量，g。

关键技术：

① 铬及大量的铁、钒存在时，可在 EDTA 存在下用硫酸铍作载体，氨水沉淀将磷载出，含钨试样以草酸配合物析出，并用上述方法分离两次。

② 含锰大于 2% 的试样，高氯酸应增加，除硅、砷后蒸发至冒高氯酸烟，并维持烧杯内部透明 $20 \sim 30min$。

③ 试液含钛在 5mg 以上时，加氨水沉淀之前，需滴加过氧化氢（1+1），加氨水煮沸后，稍冷，再补加过氧化氢溶液（1+1），放置 10min 后再冷却 30min 以上过滤。

④ 含铌及钛量大于 5mg 时，用硫酸铍作载体，氨水分离后所得沉淀转入原烧杯中，加硫酸（1+1）、高氯酸、硫酸铵、硝酸，蒸发至冒硫酸烟，冷却，以少量水洗涤杯壁，加氢氟酸（1+2），用水稀释至约 100mL，滴加铜铁试剂至沉淀不再增多并过量，放置 $50 \sim 60min$，过滤。以稀盐酸（4+96）洗涤，于滤液中加硝酸、蒸发至冒硫酸烟。以水洗涤杯壁，重复冒烟，加草酸，以水溶解盐类，用水稀释至约 80mL，以氨水中和至 $pH = 3 \sim 4$，煮沸，加氨水，煮沸，冷却，过滤。

2. 磷钼蓝分光光度法

磷在钢铁中主要以金属磷化物的形式存在，经硝酸分解后生成正磷酸和亚磷酸，用高锰酸钾或过硫酸铵氧化处理后，全部转化为正磷酸。

$$3Fe_3P + 41HNO_3 \Longrightarrow 9Fe(NO_3)_3 + 3H_3PO_4 + 14NO\uparrow + 16H_2O$$

$$Fe_3P + 13HNO_3 \Longrightarrow 3Fe(NO_3)_3 + H_3PO_4 + 4NO\uparrow + 5H_2O$$

$$5H_3PO_3 + 2KMnO_4 + 6HNO_3 \Longrightarrow 5H_3PO_4 + 2KNO_3 + 2Mn(NO_3)_2 + 3H_2O$$

在酸性溶液中，磷酸与钼酸生成黄色的磷钼杂多酸，可被硫酸亚铁、氯化亚锡、抗坏血酸等还原为蓝色的磷钼蓝。

$$H_3PO_4 + 12H_2MoO_4 \Longrightarrow H_7[P(Mo_2O_7)_6] + 10H_2O$$

$$H_7[P(Mo_2O_7)_6] + 4FeSO_4 + 2H_2SO_4 \Longrightarrow H_7\left[P\begin{array}{c}(Mo_2O_5)\\ \\(Mo_2O_7)_5\end{array}\right] + 2Fe_2(SO_4)_3 + 2H_2O$$

磷钼蓝杂多酸的吸收峰在905nm处，$\varepsilon_{905} = 5.34 \times 10^4$；通常在690nm波长处测量吸光度，这时 $\varepsilon_{690} = 1.30 \times 10^4$。吸光度为纵坐标对浓度作标准工作曲线，可查出不同吸光度下的磷含量。

按式（3-10）计算磷的含量。

$$w(P) = \frac{m_1 \times 10^{-6}}{m} \times 100\% \tag{3-10}$$

式中　m_1——由标准工作曲线上查出的磷量，μg；

　　　m——试样质量，g。

关键技术：

① 在室温下反应，硝酸酸度一般在 $0.7 \sim 1.6$ mol/L 范围。溶解钢铁试样时，不可单独使用盐酸或硫酸，否则磷会生成气态磷化氢而挥发损失。加热温度不宜过高，时间不宜过长，以免溶液蒸发过多而影响酸度。

② 加入高锰酸钾溶液后，试样的煮沸时间和其他操作应与标样的测定保持一致性，以免影响测定结果。

③ 虽然控制较高的酸度，可避免硅钼酸的形成，但当硅含量高时，仍有可能形成少量的硅钼酸，并被还原为硅钼蓝。可加入酒石酸钾钠，使其生成较稳定的配合物而不致生成硅钼杂多酸，从而消除干扰。

④ 铁对测定有干扰，一是含铁与不含铁所形成的吸收曲线不同。一是铁的存在要消耗氯化亚锡。加入氟化钠可使铁形成稳定的配合物，既抑制铁与氯化亚锡反应，氟离子又可与反应生成的四价锡配合，增加氯化亚锡的还原能力。

⑤ 还原剂的选择。还原剂选 $SnCl_2$，但某些条件下因 $SnCl_2$ 还原能力太强重现性和稳定性就较差。有些选较弱的还原剂维生素C、硫脲、硫酸联氨。大多情况下 $SnCl_2$ 还原磷钼杂多酸速度快，灵敏度高，只要还原酸度适当，能保证其重现性和稳定性。$SnCl_2$ 浓度不宜过高，否则显色 A 值随时间增大而增大。当达到最高值时又逐渐降低。

当 $SnCl_2$ 浓度太低时钼黄还原不完全，造成生成的钼蓝不稳定，而且 $SnCl_2$ 量要准确称量。

⑥ 酸度的控制。酸度影响磷钼配离子的形成。当显色酸度 < 1.5 mol/L，还原酸度 < 0.7 mol/L时，将导致硅钼配离子的形成。过量的钼酸铵可能部分被还原，使测定结果偏高，同时又会抑制磷的显色。一般显色酸度为 $1.6 \sim 2.7$ mol/L，还原酸度为 $0.8 \sim 1.1$ mol/L，也有的以 $0.75 \sim 1.25$ mol/L 为宜。

同时溶液酸度和钼酸铵的加入量是相互制约的，所以酸度较高（或加入钼酸铵量多），显色酸度和钼酸铵加入量的允许范围就窄。因此选择磷钼杂多酸的显色条件时，应把两者有机地结合起来。钼酸铵加入量发生变化，所得 A 也随之变化，因此钼酸铵应准确加入。

对于各种酸只要控制相同的氢离子浓度，其显色行为便一致。如 1.0mol/L HNO_3，1.0mol/L $HClO_4$，0.25mol/L $HClO_4$，0.375mol/L H_2SO_4，0.8mol/L HNO_3，0.1mol/L

H_2SO_4 等还原酸度都与 1.0mol/L HNO_3 介质中的显色行为一致。

对于 1.0mol/L H_2SO_4 和 1.0mol/L HNO_3 加 0.5mol/L H_2SO_4，1.0mol/L $HClO_4$ 加 0.5mol/L H_2SO_4，其显色行为与 1.0mol/L H_2SO_4 一致，其色泽稳定，以 1.0mol/L H_2SO_4 和 H_2SO_4 加 $HClO_4$ 最好。但盐酸使钼酸蓝色泽极不稳定，所以盐酸存在是有害的。在 NaF-$SnCl_2$ 还原成钼蓝光度法中是不允许有盐酸的存在的，有时 $SnCl_2$ 不好溶解，应尽量避免使用盐酸。

⑦ 温度控制。磷钼杂多酸还原成钼蓝，放置过程中色泽逐渐由纯蓝变为天蓝色，吸光度会逐渐降低，由于 HNO_3 溶样时产生的 NO 影响后面色泽的稳定，它转变的速度随温度的高低而不同。如果加 NaF-$SnCl_2$ 后不立即冷却，是随它的温度（55～75℃）放置，转变 1～2min 就完全。如果冷却在 14℃ 条件下放置，这种转变很慢，但转变后的色泽可以稳定 2h 以上，20h 后 A 值才略有下降。在 HNO_3 介质中，室温高于 30℃ 时，显色不稳定，1h 约降低 A 值的 4%，遇此情况应在半小时内迅速测定 A 值。因此显色后应立即冷却，可得到稳定色泽，还可以成批显色。若显色液中加入少量的 H_2SO_4 和尿素，可使显色稳定在半小时以上。尿素的存在起破坏氮氧化物，稳定色泽的作用。

⑧ 氧化剂（$KMnO_4$）加入的影响。$KMnO_4$ 不能太多，也不能太少，太多易产生大量的 MnO_2 沉淀，使还原 P 的 $SnCl_2$ 不够，导致结果偏低。加入太少时，氧化不完全，一般 2% 加 4 滴左右。$KMnO_4$ 加入太多时，可加入 2% $NaNO_2$ 数滴，先还原高价锰至 Mn^{2+}，然后煮沸，破坏 $NaNO_2$，按方法重新操作，不会影响测定。

⑨ 还原剂（$SnCl_2$）加入量的控制。$SnCl_2$ 加入量应严格控制，要称准确，一般要求配 0.3%。浓度不宜过高，否则显色后的 A 值随浓度时间延长而增加，当达到最高值时又逐渐下降，色泽不稳定。

⑩ NaF 加入的作用与控制。消除 F 干扰，生成的 FeF_6^{3-} 与 $SnCl_2$ 作用生成锡氟配离子，使 Sn^{2+} 还原能力增强。NaF 的用量是使 Fe 配合后稍过量一些，过多会破坏磷钼蓝，过少则因 Fe 配合不完全使 A 值不稳定。一般控制在 2% 左右。NaF 还能阻止 HNO_3 电离。

⑪ 干扰元素的控制。

Si：当 Si>0.8% 时，在滴加 $KMnO_4$ 后，应加 8% 酒石酸钾钠 10 滴，然后再加钼酸铵-酒石酸钾钠-尿素液消除掩蔽。一般 Si<0.6% 时不干扰测定。大部分生铁中存在此情况。测定硅钢中的 P 时 Si>1% 可用 $HClO_4$ 冒烟脱水除 Si。As≤0.05% 时不干扰。

Mn：不干扰，但测锰钢时，试样必须加 $HClO_4$ 冒烟 10min 以上。冒烟不能太激烈，以免酸蒸发，影响显色酸度。冒烟至有明显 MnO_2 沉淀即可。否则结果偏低。

V：有干扰，以 Na_2SO_3 将其还原消除，V(Ⅴ)→V(Ⅳ)，但煮沸过程中 V(Ⅳ) 又会被 HNO_3 氧化。因此当 V>2% 时不易在 HNO_3 介质中进行。

Cr：Cr(Ⅵ) 干扰测定，一般量不太高时，以 Na_2SO_3 将 Cr(Ⅵ) 还原成 Cr^{3+} 可消除影响。Cr^{3+} 和 Ni^{2+} 由于本身颜色的影响需制备空白清除。若 Cr 量特别高，可在溶样时以 $HClO_4$ 冒烟时滴加 HCl 生成 CrO_2Cl_2 挥发除去。

Fe：大量 Fe 以 F^- 配合。多余 F^- 存在，少量的铌、锆、钛不干扰。过量 F^- 加硼酸配合。

W：W 的影响一般可以钨酸的形式沉淀除去。W(Ⅵ) 可加柠檬酸掩蔽。

3. 磷铋钼蓝分光光度法

试样用氧化性酸溶解，磷在酸性介质中与铋、钼酸铵作用生成磷铋钼三元配合物，可被较弱的还原剂如抗坏血酸在室温下迅速还原成磷铋钼蓝，测量其吸光度。$\lambda_{max}=720\ nm$，$\varepsilon_{720}=1.47\times10^4$。吸光度为纵坐标，对磷含量作标准工作曲线，可查出不同吸光度下的磷含量。本方法磷量的测定范围为 $0.0050\%\sim0.050\%$。

从工作曲线上直接查出磷的质量分数（P_1）。或按式（3-11）计算磷的含量。

$$w(P)=\frac{P_1}{A_1-A_0}\times(A_2-A_0)\times100 \tag{3-11}$$

式中　$w(P)$ ——标准样品磷质量分数，%；

　　　A_1——标准样品吸光度；

　　　A_0——试剂空白吸光度；

　　　A_2——待测试样的吸光度。

关键技术：

① 形成磷铋钼三元配合物的最佳酸度是在 0.51mol/L 硝酸介质中。砷、硅均能生成钼蓝，方法中用硫代硫酸钠掩蔽砷，由于硅的室温显色酸度在 0.08～0.4mol/L 硝酸介质中，方法是在 0.51mol/L 硝酸介质中显色，因此硅钼蓝的形成非常缓慢。

② 各种试剂用量较严格，用定量加液器加入。抗坏血酸可直接用水配制，但使用时间较短，乙醇的存在不但可延缓抗坏血酸被氧化，而且可防止硫代硫酸钠的歧化反应。

③ 硫代硫酸钠中加少量碳酸钠碱化，可防止硫代硫酸钠受空气中的氧气影响而析出硫。为防止磷酸污染，磷的测定器皿专用。

4. 磷钒钼黄分光光度法

在硝酸介质中钼酸铵和钒酸铵形成可溶性磷钒钼黄色配合物，在波长为 $\lambda=315nm$ 处有最大吸收，一般选可见光 420nm。磷钒钼黄分光光度法常用于碳素钢、低合金钢中 P 快速分析，以及测高磷时使用。

显色酸度 5%～8% 为宜，超过 10% 显色缓慢；显色温度 20～40℃ 为宜。20℃ 以上 5min 后颜色可达最深。在室温较低时约 20min 才能显色完全。

关键技术：

① $W(Ⅵ)$ 存在时，在 8% 的酸度下 WO_3 量小于 15mg 不干扰，大于 20mg 以钨酸形式沉淀，干扰测定。当 $As(Ⅴ)$、$Si(Ⅳ)$、$W(Ⅵ)$ 同时存在时，As<0.5mg，Si<1mg，WO_3<1mg 时均不干扰。超过此量，可在碱性溶液中以 Ca^{2+}、Be^{2+} 作载体进行分离。

② 硅酸的影响与溶液的酸度和放置时间有关。酸度低、温度高或放置时间长会增加硅酸的影响。$Si(Ⅳ)$ 与钼酸铵形成黄色配合物干扰测定。干扰随酸度增加而减弱。5%HNO_3 条件下，允量为 10mg 以下；HNO_3>10% 时，可允许存在 20mg。若采用 15%HNO_3 溶液显色，可消除大量 Si 干扰。含 Si 高的试样，可预先以 HF 除 Si。

③ 大量 $As(Ⅴ)$ 存在使发色缓慢，结果偏低，干扰随酸度增加减弱。溶液中只有 As 存在时，5%HNO_3 条件下可允许 0.5mg As 存在。酸度 8%～10% 时允许砷量为 5mg。当 As 含量高时，可在 HCl 溶液中加 HBr 加热使 As 挥发除去。

④ Cu^{2+}、Co^{2+}、Ni^{2+}、Cr^{3+} 本身有色，干扰测定，可用 Fe^{3+} 或 Be^{2+} 作载体，用 $NH_3\cdot H_2O$ 沉淀 $P(Ⅴ)$ 分离。Cr^{3+} 可在 H_2SO_4 溶液中用过量硫酸铵-Ag 盐氧化成 $Cr(Ⅵ)$，再在氨性介质中用 Fe^{3+} 或 Be^{2+} 作载体使 $P(Ⅴ)$ 分离。

⑤ F^- 延缓发色，大于 10mg 结果偏低。应在 H_2SO_4 酸性溶液中加热蒸发除去。Cl^- 能使吸光度降低，必须用 HNO_3 反复蒸干。

⑥ H_2O_2 能将显色剂中的 V（Ⅳ）氧化，使比色液呈红色，干扰测定，应用高锰酸钾破坏双氧水，过量的高锰酸钾以亚硝酸钠除去。过量的亚硝酸钠加热煮沸分解。

⑦ 磷钒钼黄光度法适用于各种含量的测定，特别是高含量 P。微量用正丁醇、异戊醇或乙酸乙酯等萃取磷钒钼黄光度法测定，萃取法适用于测定含有大量 Fe 和有色离子溶液中的磷。

三、磷钼蓝分光光度法测定钢铁中的磷

1. 试剂准备

（1）硝酸　2＋3。

（2）高锰酸钾溶液　40g/L。

（3）钼酸铵-酒石酸钾钠混合溶液　每升中含钼酸铵、酒石酸钾钠各 100g。

（4）氟化钠-二氯化锡混合溶液　称取氟化钠 2.4g 加水溶解后稀至溶液 100mL，此溶液为 24g/L。称取 0.4g 二氯化锡，用少量盐酸微热溶解。将上述两种溶液混合均匀，此溶液即为 100mL 24g/L 的氟化钠溶液中含有 0.4g 二氯化锡的氟化钠-二氯化锡混合溶液，用前混合。

（5）亚硝酸钠溶液　100g/L。

2. 样品测定

（1）工作曲线的绘制　根据试样预测定得到的含磷量范围，称取一定量与试样同类的标准钢样，按测定试样的操作配制标准系列，并测定其吸光度。以浓度为横坐标，吸光度为纵坐标绘制工作曲线。

（2）试样的测定　称取试样 0.1000g 置于 125mL 高型烧杯中，加 10mL 硝酸（2＋3），加热溶解后，滴加 5 滴高锰酸钾溶液 40g/L，再加热至有棕色沉淀析出，滴加 100g/L 亚硝酸钠溶液至沉淀恰好溶解，加热驱除氧化物，趁热立即加入 5mL 钼酸铵-酒石酸钾钠混合溶液，摇动 5s 后，立即加入 40mL 氟化钠-二氯化锡混合溶液，摇匀，流水冷却至室温，转移入 50mL 容量瓶中，用水稀释至刻度。立即以蒸馏水作为参比溶液，用 2cm 比色皿，在分光光度计上于波长 690nm 处测定其吸光度（显色一个，测定一个）。然后在工作曲线上查出试样中的磷含量。

第四节　钢铁中硅的测定

一、钢铁中硅的存在形式

硅是钢铁中常见元素之一，主要以固溶体、FeSi、Fe_2Si、MnSi 或 FeMnSi 的形式存在，以及少量的硅酸盐和游离 SiO_2 形式。除高碳钢外，一般不存在碳化硅（SiC）。硅与氧的亲和力仅次于铝和钛，而强于锰、铬、钒，是炼钢过程中常用的脱氧剂。

硅能提高钢的强度和硬度，硅的这种作用仅次于磷，而较锰、镍、铬、钨、钼、钒等强。硅能显著提高钢的弹性极限、屈服强度、屈服比、疲劳强度和疲劳比。

硅能提高钢的抗氧性、耐蚀性和耐热性，又能增大钢的电阻系数。故钢中含硅量一般不小于 0.10%。作为一种合金元素，一般含量低于 0.40%。不锈耐酸钢、耐热不起皮钢种便是以硅作为主要的合金元素之一。耐磨石墨钢是制造轴承、模具等的重要材料。硅含量过高，钢的塑性、韧性降低，并影响焊接性能。在铸铁中，硅是重要的石墨化元素，承担着维持碳当量的重要任务。

单质硅只能与氢氟酸作用，与其他无机酸不起作用，但能溶解于强碱溶液中。钢中大多数硅化物只能溶于酸中。当试样中硅含量较高时，在酸性溶液中容易产生硅酸沉淀。在测定其他元素时，为了消除硅酸的影响，一是加氢氟酸生成 SiF_4 气体逸出；二是脱水后生成 SiO_2 沉淀滤出。

二、钢铁中硅的测定方法

硅的测定方法一般为二氧化硅重量法、氟硅酸钾滴定法、硅钼蓝光度法等。钢铁中硅的测定采用草酸-硫酸亚铁硅钼蓝分光光度法较多，该法不仅快速，而且有较高的准确度。

1. 高氯酸脱水重量法

热的高氯酸既是强氧化剂，亦是脱水剂。溅失现象少，脱水速度快。常见元素中，除钾、铷、铯以及铵盐外，其余的高氯酸盐均易溶于水，故对沉淀的污染很小，是最常用的脱水介质。

钢铁试样用酸分解，或用碱熔后酸化，在高氯酸介质中蒸发冒烟使硅酸脱水，经过滤洗涤后，将沉淀灼烧成二氧化硅，在硫酸存在下加氢氟酸使硅成四氟化硅挥发除去，由氢氟酸处理前后的重量差计算硅含量。

本方法硅量的测定范围为 0.10%～6.00%。

$$3FeSi + 16HNO_3 = 3H_4SiO_4 + 3Fe(NO_3)_3 + 2H_2O + 7NO\uparrow$$

$$FeSi + 2HCl + 4H_2O = FeCl_2 + H_4SiO_4 + 3H_2\uparrow$$

$$H_4SiO_4 \xrightarrow{HClO_4} H_2SiO_3\downarrow + H_2O$$

$$H_2SiO_3 \xrightarrow{1000\sim1050℃} SiO_2 + H_2O$$

$$SiO_2 + 4HF = SiF_4\uparrow + 2H_2O$$

按式（3-12）计算硅的含量。

$$w(Si) = \frac{(m_1 - m_2) \times 0.4672}{m} \times 100\% \tag{3-12}$$

式中　m_1——氢氟酸处理前坩埚与沉淀的质量，g；

　　　m_2——氢氟酸处理后坩埚与残渣的质量，g；

　　　m——钢铁试样质量，g；

　0.4672——二氧化硅换算为硅的换算因数。

关键技术：

① 氢氟酸处理之前，必须有适量硫酸存在，以防止四氟化硅水解而形成不挥发的化合物，使结果偏低。并防止铁、钛、铝等呈挥发性氟化物而损失，使结果偏高。

② 硼存在时，被带入沉淀，当用硫酸-氢氟酸处理时，硼以氟化硼（BF_3）的形式挥发

损失，使结果偏高。于脱水前加入甲醇，在酸性溶液中蒸发，则可使硼呈硼酸甲酯挥发除去。然后加硝酸，再加高氯酸，按原方法进行脱水处理。

③ 含钨试样，沉淀应先于 $1000\sim1050℃$ 灼烧约 1h，以挥发除去大部分三氧化钨，然后于 $800℃$ 恒重。氢氟酸处理后的残渣，亦应于 $800℃$ 恒重，以防止在此阶段三氧化钨的挥发损失。

2. 硅钼蓝分光光度法（GB/T 223.5—2008）

钢铁试样用稀硫酸溶解，使硅转化为可溶性硅酸。加高锰酸钾溶液氧化碳化物，并用亚硝酸钠溶液还原过量的高锰酸钾。在微酸性溶液中，硅酸与钼酸铵生成氧化型的硅钼酸盐（黄），在草酸存在下，用硫酸亚铁铵将其还原成硅钼蓝，于波长约 810nm 处测量其吸光度。以吸光度为纵坐标作标准工作曲线，在工作曲线上查出硅含量。

本标准适用于铁、碳钢、低合金钢中 $0.030\%\sim1.00\%$（质量分数）测定酸溶硅含量的测定。

$$FeSi+H_2SO_4+4H_2O =\!\!=\!\!= FeSO_4+H_4SiO_4+3H_2 \uparrow$$
$$H_4SiO_4+12H_2MoO_4 =\!\!=\!\!= H_8[Si(Mo_2O_7)_6]+10H_2O$$
$$H_8[Si(Mo_2O_7)_6]+4FeSO_4+2H_2SO_4 =\!\!=\!\!= H_8\left[Si\genfrac{}{}{0pt}{}{(Mo_2O_5)}{(Mo_2O_7)_5}\right]+2Fe_2(SO_4)_3+2H_2O$$

按式 (3-13) 计算硅的含量。

$$w(Si)=\frac{m_1V_0}{m_0V_1}\times100\% \tag{3-13}$$

式中　V_1——分取试液体积，mL；

　　　V_0——试液总体积，mL；

　　　m_1——从工作曲线上查得的硅量；g；

　　　m_0——试样质量，g。

关键技术：

① 试样溶解。溶解试样时温度不宜过高，如试样激烈沸腾则可暂离火源。以免硅酸凝聚结果偏低（当硅含量较高时宜出现此情况）。称样时应尽量选择细薄易溶的试样。溶样时氮氧化物要除尽，因它能使钼蓝带黄，使结果不稳，溶样时滴加高锰酸钾的目的是破坏碳化物。

$$2KMnO_4+2HNO_3 =\!\!=\!\!= 2KNO_3+2MnO_2+H_2O+3[O]$$
$$C+2[O] =\!\!=\!\!= CO_2$$

② 酸度控制。硅在溶液中可以聚合成多分子状态（硅胶），其聚合的程度与硅的浓度、酸度及钠盐等离子浓度有关。保持硅在溶液中以单分子硅酸状态存在，只有单分子才能形成硅钼黄。硅浓度越大，酸度越大，越易聚沉，因此溶液酸度应小于 2mol/L。一般每 100mL 2mol/L 溶液中硅含量<4mg。酸度过大或过小都会影响硅钼杂多酸的形成，都使结果偏低。酸度过大时钼酸铵与硅不起反应，酸度过小会使硅钼铵与铁形成大量沉淀。

酸度的适用范围随溶液的温度增加而增加，但随硅的含量增加而减小。在沸水浴上酸度范围为 $0.080\sim0.6mol/L$（HNO_3），而在常温下 20℃ 左右时则为 $0.080\sim0.4mol/L$

（HNO$_3$）。一般认为当加入适量的钼酸铵后如有适量的钼酸铁沉淀，溶液的酸度和温度较合适。如果酸度大，温度太低，钼酸铁不会形成，表示硅钼酸配离子形成不完全。铁含量较少或不含时，有很少的钼酸铁沉淀生成，则不能断定温度和酸度不适宜。

③ 加入高锰酸钾分解碳化物后，过量的高锰酸钾必须用亚硝酸钠除去，再煮沸分解过剩的亚硝酸钠，驱除氮的氧化物，以免影响显色反应。

④ P、As 干扰，加草酸消除。草酸除迅速破坏磷（砷）钼酸外，亦能逐渐分解硅钼酸，故加入草酸后，应于 1min 内加硫酸亚铁铵，否则结果偏低。快速分析时，亦可将草酸、硫酸亚铁铵在临用前等体积混合，一次加入。草酸还能降低铁电对的电位，提高亚铁离子的还原能力。

⑤ 钼酸铵的加入量会影响钼蓝色泽。钼酸铵与铁生成沉淀，加入钼酸铵必须过量。但不宜太多，影响硅的色泽。

⑥ 温度的影响。在光度分析中硅钼杂多酸一般选用 β 型（硅钼杂多酸形成 α 型和 β 型两种），采用 α 型配合酸度 pH＝3 左右。此时则会有 Fe(OH)$_3$ 沉淀析出。影响硅钼杂多酸形成。但 β 型与温度有关，温度高形成快，一般在室温放置 10min 可配合完全，如在沸水浴左右摇动 30s 即可。沸水加热后必须立刻冷却，否则结果偏低。

常用还原剂有 SnCl$_2$、维生素 C、Na$_2$SO$_3$、硫酸亚铁铵。

3. 氟硅酸钾滴定法

试样以硝酸和氢氟酸（或盐酸、过氧化氢）分解，使硅转化为氟硅酸，加入硝酸钾（或氯化钾）溶液生成氟硅酸钾沉淀。经过滤、洗涤游离酸，以沸水溶解沉淀，使其水解而释放出氢氟酸，用氢氧化钠标准滴定溶液滴定释放出氢氟酸。由消耗氢氧化钠标准滴定溶液的体积计算出硅的含量。

$$SiO_3^{2-} + 3H_2F_2 \rightleftharpoons SiF_6^{2-} + 3H_2O$$
$$SiF_6^{2-} + 2K^+ \rightleftharpoons K_2SiF_6 \downarrow$$
$$K_2SiF_6 + 3H_2O \rightleftharpoons H_2SiO_3 + 2KF + 2H_2F_2$$
$$2NaOH + H_2F_2 \rightleftharpoons 2NaF + 2H_2O$$

按式（3-14）计算硅的含量。

$$w(\text{Si}) = \frac{cV \times \dfrac{28.0855}{4}}{m \times 1000} \times 100\% \tag{3-14}$$

式中　c——氢氧化钠标准滴定溶液的浓度，mol/L；

　　　V——滴定消耗氢氧化钠标准滴定溶液的体积，mL；

　　　m——钢铁试样质量，g。

关键技术：

① 铝和钛对本法测定有干扰。当铝的含量小于 5%，钛的含量小于 0.3% 时无影响。消除铝干扰的措施有严格控制氟盐用量，于氯化钙存在下进行沉淀，使过量氟离子呈氟化钙沉淀，用氢氧化钾代替氢氧化钠进行熔样，提高硝酸介质的酸度，在 6～6.5mol/L 的酸度下，氟硅酸钾能定量沉淀，但由于氟离子的强质子化作用，不能形成 K$_3$AlF$_6$。

钛的干扰可加过氧化氢、草酸铵、草酸或钙盐消除。游离碳影响终点的观察，可以先过滤除去。

② 应平行做空白试验，计算时扣除空白值，并经常带标样校对。溶样温度控制在 60～

70℃。滴定过程中溶液温度应保持在 80～90℃。

③ 氟硅酸钾沉淀的酸度以 $c(H^+)=3\sim5mol/L$ 为宜，沉淀温度应在 25℃ 以下，正常条件下放置 10～15min 沉淀完全。

④ 洗涤是方法的关键，应采取少量多次的原则，以免造成沉淀溶解损失，使测定结果偏低。

⑤ 消除硼干扰是在确保氟硅酸钾定量沉淀的前提下，用尽可能低的 KCl 浓度（但必须过量12%）进行沉淀，如在含 12%KCl、1%NaF 溶液中沉淀，并用含 0.1%NaF、12%KCl 溶液洗涤，可消除高达 160mg B_2O_3 的干扰。

⑥ 溴百里酚蓝-酚酞以及溴百里酚蓝-酚红的混合溶液等，作为此滴定反应的指示剂，终点均不够敏锐。用硝嗪黄（2,4-二硝基苯偶氮-1-萘酚-3,6-二磺酸钠）作为该滴定的指示剂，终点极其敏锐。

三、硅钼蓝分光光度法测定钢铁中的硅（硅钼蓝光度法 GB/T 223.5—2008）

1. 仪器准备

（1）实验室分光光度法常用仪器

（2）规定的聚丙烯或聚四氟乙烯烧杯　200mL；500mL；1000mL。

2. 试剂准备

（1）纯铁　硅的含量小于 0.002%（质量分数）。

（2）硫酸　1+17。

（3）钼酸铵溶液　50g/L，贮于聚丙烯瓶中。

（4）草酸溶液　50g/L，将5g 二水合草酸（$C_2H_2O_4 \cdot 2H_2O$）溶于少量水中，稀释至 100mL 并混匀。

（5）硫酸亚铁铵溶液　60g/L，称取 6g 六水合硫酸亚铁铵，置于 250mL 烧杯中，用 1mL 硫酸（1+1）润湿，加约 60mL 水溶解，用水稀释至 100mL，混匀。

（6）高锰酸钾溶液　40g/L。

（7）亚硝酸钠溶液　100g/L。

（8）硅标准溶液

① 硅标准溶液 a。200μg/mL，称取 0.4279g（准确至 0.1mg）二氧化硅大于 99.9%（质量分数），用前于 1000℃ 灼烧 1h，置于干燥器中，冷却至室温，置于加有 3g 无水碳酸钠的铂坩埚中，上面再覆盖 1～2g 无水碳酸钠，先将铂坩埚于低温处加热，再置于 950℃ 高温处加热熔融至透明，继续加热熔融 3min，取出，冷却。置于盛有冷水的聚丙烯或聚四氟乙烯烧杯中浸取熔融物，至熔块完全溶解。取出坩埚，仔细洗净，冷却至室温，将溶液移入 1000mL 单刻度容量瓶中，用水稀释至刻度，混匀，贮于聚丙烯或聚四氟乙烯瓶中。

② 硅标准溶液 b。200μg/mL，称取 0.1000g（准确至 0.1mg）经磨细的单晶硅或多晶硅，置于聚丙烯或聚四氟乙烯烧杯中，加 10g 氢氧化钠，50mL 水，轻轻摇动，放入沸水浴中，加热至透明全溶，冷却至室温，移入 500mL 单刻度容量瓶中，用水稀释至刻度，混匀，贮于聚丙烯或聚四氟乙烯瓶中。

3. 样品测定

（1）试样量 称取试样 $0.1 \sim 0.4g$，准确至 $0.1mg$，控制其硅量为 $100 \sim 1000 \mu g$。

（2）测定

① 溶解试样。将试样置于 150mL 锥形瓶中，加入 30mL 硫酸，缓慢加热至试样完全溶解，不要煮沸，并不断补充蒸发失去的水分，以免溶液体积显著减少。

② 制备试液。煮沸，滴加高锰酸钾溶液至析出二氧化锰水合物沉淀。再煮沸约 1min，滴加亚硝酸钠溶液至试液清亮，继续煮沸 $1 \sim 2min$（如有沉淀或不溶残渣，趁热用中速滤纸过滤，用热水洗涤）。冷却至室温，将试液移入 100mL 容量瓶中，用水稀释至刻度，混匀。

③ 显色。移取 10.00mL 试液两份，分别置于 50mL 容量瓶中（一份作显色溶液用，一份作参比溶液用），按以下方法处理。

显色溶液：小心加入 5.0mL 钼酸铵溶液，混匀。于沸水浴中加热 30s，加入 10mL 草酸溶液，混匀。待沉淀溶解后 30s 内，加 5.0mL 硫酸亚铁铵溶液，用水稀释至刻度，摇匀。

参比溶液：加入 10.0mL 草酸溶液、5.0mL 钼酸铵溶液、5.0mL 硫酸亚铁铵溶液，用水稀释至刻度，摇匀。

显色时，如不在沸水浴中加热，也可以在室温放置 15min 后再加草酸溶液。

④ 测量吸光度。 将部分显色溶液移入 $1 \sim 3cm$ 比色皿中，以参比溶液作参比，于分光光度计波长 810nm 处测量各溶液的吸光度值。

工作曲线上查出相应的硅量。

（3）绘制工作曲线 称取数份与试样质量相同且其硅含量相近的纯铁，置于数个 150mL 锥形瓶中，移取 0.50mL、1.00mL、2.00mL、3.00mL、4.00mL、5.00mL 硅标准溶液（a 或 b），分别置于前述数个锥形瓶中，以下按测定步骤（2）②～④ 进行。以硅标准溶液中硅量和纯铁中硅量之和为横坐标，测得的吸光度值为纵坐标，绘制工作曲线。

第五节　钢铁中锰的测定

一、钢铁中锰的存在形式

锰为银白色金属，性坚而脆，锰几乎存在于一切钢铁中，是常见的五大元素之一，亦是重要的合金元素。锰在钢铁中主要以固溶体及 MnS 形态存在，也可形成 Mn_3C、MnSi、FeMnSi、MnO、$MnO \cdot SiO_2$ 等。锰对钢的性能具有多方面的影响。

锰和氧、硫有较强化合能力，故为良好的脱氧剂和脱硫剂。锰与硫形成熔点较高的 MnS，能降低钢的热脆性，同时还能使钢铁的硬度和强度增加，提高热加工性能。锰能提高钢的淬透性，因而加锰生产的弹簧钢、轴承钢、工具钢等，具有良好的热处理性能。

作为一种合金元素，锰的加入也有不利的一面，锰含量过高时，增加钢的回火脆敏感性，冶炼浇铸和锻轧后冷却不当时，易产生白点。在铸铁生产中，锰过高时，缩孔倾向加大，在强度、硬度、耐磨性提高的同时，塑性、韧性有所降低。

溶于稀酸中，生成锰（Ⅱ）。锰化物也很活泼，容易溶解和氧化。在化学反应中，由于条件的不同，金属锰可部分或全部失去外层价电子，而表现出不同的氧化数，分析上主要有锰（Ⅱ）、锰（Ⅲ）、锰（Ⅳ）、锰（Ⅶ），少数情况下亦有锰（Ⅵ），这就为测定锰提供了有利条件。

二、钢铁中锰的测定方法

锰的化学分析有重量法、滴定法、分光光度法等。重量法在钢铁分析中无实用价值，目前在钢铁分析上应用最广泛的是滴定法和分光光度法。

1. 硝酸铵氧化滴定法（GB/T 223.4—2008）

试样经酸溶解后，在磷酸微冒烟的状态下，用硝酸铵将锰（Ⅱ）定量氧化至锰（Ⅲ），生成稳定的 $Mn(PO_4)_2^{3-}$ 或 $Mn(H_2P_2O_7)_3^{3-}$ 配阴离子，以 N-苯代邻氨基苯甲酸为指示剂，用硫酸亚铁铵标准滴定溶液滴定至亮绿色为终点。钒、铈有干扰必须予以校正。

本标准适用于碳钢、合金钢、高温合金及精密合金中锰量的测定。锰量的测定范围为 $2.00\% \sim 30.00\%$。

将滴定重铬酸钾标准滴定溶液所消耗的硫酸亚铁铵标准滴定溶液的体积进行 N-苯代邻氨基苯甲酸指示剂校正后再计算。硫酸亚铁铵标准滴定溶液的浓度按式（3-15）计算。

$$c = \frac{(0.01500 \times 25.00)\frac{1}{6}K_2Cr_2O_7}{V} \tag{3-15}$$

式中　c——硫酸亚铁铵标准溶液物质的量浓度，mol/mL；

　　　V——标定所消耗硫酸亚铁铵标准溶液经校正后的平均体积，mL。

按式（3-16）计算锰的含量。

$$w(Mn) = \frac{cV_1 \times 0.05494}{m} \times 100\% \tag{3-16}$$

式中　c——硫酸亚铁铵标准溶液的量浓度，mol/mL；

　　　V_1——滴定试样消耗硫酸亚铁铵标准溶液经校正后的体积，mL；

　　　m——称样量，g；

0.05494——1.00mL 1.000mol/mL 硫酸亚铁铵标准溶液相当于锰的摩尔质量，g/mol。

关键技术：

① 测定结果中，钒含量 1% 相当于锰的 1.08%，铈含量 1% 相当于锰的 0.040%，必须进行扣除。

② 难溶试样可先加王水，溶解后加磷酸冒烟。高硅试样溶解时滴加几滴氢氟酸后，加磷酸冒烟，含锰量大于 5.00%，可酌减称样量。

③ 控制加入硝酸铵氧化时的最佳温度（220℃）是关键，一般控制磷酸蒸发至冒烟时的温度约为 250℃。如冒烟时间过长，则易析出焦磷酸盐，如果加入硝酸铵时的温度太低，则锰的氧化会不完全。视室温高低后冷却 20～30s，温度约为 220℃，同时必须将黄烟吹尽，否则会造成测定结果偏低。

④ 锰（Ⅲ）的配合物用水稀释时，会逐渐发生水解，应采用稀硫酸来进行稀释，冷却至室温后要立即进行滴定，否则会造成测定结果偏低。

2. 磷酸-三价锰容量法

在大量磷酸存在下，在 160～250℃内，固体硝酸铵能定量氧化 $Mn^{2+} \rightarrow Mn^{3+}$

$$MnHPO_4 + NH_4NO_3 + H_3PO_4 \longrightarrow NH_4MnH_2(PO_4)_2 + NH_4NO_2 + HNO_3 + H_2O$$

使反应中的亚硝酸盐完全分解。

过量的硝酸铵及硝酸对结果无妨碍，但加入时，温度要加以控制，不能太高，也不能太低，否则结果不稳定。且结果偏低，生成的亚硝酸及亚硝酸铵加热时完全分解。以 $HClO_4$ 代替硝酸铵，结果也一样，但氧化完全后必须除尽 $HClO_4$，否则生成 Cr^{6+} 对 Mn 测定有影响。

$HClO_4$ 除尽后，在大量磷酸存在下，Cr 仍是 3 价状态，所以加磷酸一般要过量，一般加 10～20mL 磷酸，以上两种氧化剂氧化的都是 Mn、V 的含量，必须校正，1% V 相当于 1.08% Mn。

适合高锰钢（Mn＞2％，V＜1.5％）、硅锰合金、锰铁、不锈钢等 Mn 的定量分析。

关键技术：

① 磷酸冒烟是关键，时间长有焦磷酸盐析出，不易溶解，结果偏低；但加 NH_4NO_3 时温度不能太低，太低氮氧化物除不尽，锰同样偏低。

② 氧化完毕后要将溶液冷却至 50～60℃，再稀释，否则结果偏低。Mn^{3+} 的配合物加 H_2O 稀释会逐渐分解，故用稀硫酸稀释。

③ 锰铁溶样时，20mL 磷酸，滴加 1mL 硝酸。

3. 过硫酸铵氧化滴定法

过硫酸铵氧化滴定法（亚砷酸钠-亚硝酸钠法），试样经过混酸（硝酸、硫酸、磷酸）溶解，锰呈现锰（Ⅱ）状态，在氧化性酸溶液中，以硝酸银作催化剂，用过硫酸铵氧化为锰（Ⅶ），然后用亚砷酸钠-亚硝酸钠标准溶液滴定。

$$3MnS + 14HNO_3 =\!=\!= 3Mn(NO_3)_2 + 3H_2SO_4 + 8NO\uparrow + 4H_2O$$

$$MnS + H_2SO_4 =\!=\!= MnSO_4 + H_2S\uparrow$$

$$3Mn_3C + 28HNO_3 =\!=\!= 9Mn(NO_3)_2 + 10NO\uparrow + 3CO_2\uparrow + 14H_2O$$

在催化剂 $AgNO_3$ 作用下，$(NH_4)_2S_2O_8$ 对 Mn^{2+} 的催化氧化过程为：

$$2Ag^+ + S_2O_8^{2-} + 2H_2O =\!=\!= Ag_2O_2 + 2H_2SO_4$$

$$5Ag_2O_2 + 2Mn^{2+} + 4H^+ =\!=\!= 10Ag^+ + 2MnO_4^- + 2H_2O$$

所产生的 MnO_4^- 用还原剂亚砷酸钠-亚硝酸钠标准溶液滴定高锰酸至红色消失为终点，发生定量反应：

$$5AsO_3^- + 2MnO_4^- + 6H^+ =\!=\!= 5AsO_4^- + 2Mn^{2+} + 3H_2O$$

$$5NO_2^- + 2MnO_4^- + 6H^+ =\!=\!= 5NO_3^- + 2Mn^{2+} + 3H_2O$$

此法的缺点是不能用理论值计算结果，必须以标样换算，不适用于高锰（2％以上）的分析。本方法锰量的测定范围为 0.10％～2.00％。

以与试样含锰量相近的标准钢样按试样的测定方法进行标定，按式（3-17）计算其滴定度。

$$T = \frac{w(\mathrm{Mn})m}{V} \tag{3-17}$$

式中　　V——标准溶液消耗的体积，mL；

　　　　T——标准溶液对锰的滴定度，g/mL；

　$w(\mathrm{Mn})$——标准钢样锰的质量分数；

m——试样质量，g。

锰的含量按式（3-18）计算。

$$w(\mathrm{Mn}) = \frac{TV}{m} \times 100\%$$（3-18）

式中　V——试样消耗标准溶液的体积，mL；

　　　T——标准溶液对锰的滴定度，g/mL；

　　　m——试样的质量，g。

关键技术：

① 混酸中的磷酸可以增加高锰酸的稳定性，防止二氧化锰的生成，并且磷酸与三价铁生成无色配合物，终点易于控制。当试样中含钨量高时，磷酸还可与钨配合生成易溶性磷钨酸，避免生成黄色的钨酸沉淀影响观察终点，硝酸可使碳化物氧化生成二氧化碳而逸出。

② 方法的关键在于使锰（Ⅱ）完全氧化为锰（Ⅶ），并且使生成的高锰酸切勿分解。酸度过高氧化不完全，过低则硝酸银失去催化活性，易形成锰（Ⅳ）沉淀。煮沸及放置可以保证氧化完全，还可使过剩的过硫酸铵分解。

③ 反应完毕后，加入氯化钠以除去硝酸银时，加入氯化钠稍过量即可。若加入过多，会使高锰酸还原，如加入的量过少，银会在滴定残余的过硫酸铵时影响观察终点。滴定前还应加入硫酸以增强酸度，可加快高锰酸与亚砷酸钠的反应。

④ 使用亚砷酸钠-亚硝酸钠标准溶液，单独使用任何一种，都不能达到滴定目的。使用亚砷酸钠，反应速率较缓慢接近终点时，溶液呈黄绿色，终点不便观察，反应结束时，锰的平均氧化数为+3.3。亚硝酸钠对高锰酸的还原虽是定量进行，但作用很缓慢，且本身不稳定，无单独应用价值。两者混合使用，可取长补短，但仍不能定量将锰全部还原，因此不能按理论值计算，必须用含量相近的标准钢样在相同的条件下测定，求得滴定度，再进行试样中锰含量的计算。

⑤ 试样中若铬的含量在2%以上，终点为橙黄色而影响观察，须加氧化锌水解生成氢氧化铬，过滤分离。若存在大量钴，可在氨性溶液中，用过硫酸铵使锰氧化生成二氧化锰沉淀，进行分离处理。

4. 过硫酸铵氧化分光光度法

试样经过硝酸、磷酸混合酸溶解，锰呈现锰（Ⅱ）状态，在氧化性酸溶液中，以硝酸银作催化剂，用过硫酸铵锰将（Ⅱ）氧化为锰（Ⅶ），然后进行吸光度的测定。高锰酸的$\varepsilon_{528} = 2.4 \times 10^3$，在530nm处测量其吸光度。

$$3\mathrm{MnS} + 14\mathrm{HNO_3} =\!\!=\!\!= 3\mathrm{Mn(NO_3)_2} + 3\mathrm{H_2SO_4} + 8\mathrm{NO}\uparrow + 4\mathrm{H_2O}$$

$$\mathrm{MnS} + \mathrm{H_2SO_4} =\!\!=\!\!= \mathrm{MnSO_4} + \mathrm{H_2S}\uparrow$$

$$3\mathrm{Mn_3C} + 28\mathrm{HNO_3} =\!\!=\!\!= 9\mathrm{Mn(NO_3)_2} + 10\mathrm{NO}\uparrow + 3\mathrm{CO_2}\uparrow + 14\mathrm{H_2O}$$

在催化剂$\mathrm{AgNO_3}$作用下，$(\mathrm{NH_4})_2\mathrm{S_2O_8}$对$\mathrm{Mn^{2+}}$的催化氧化过程为：

$$2\mathrm{Ag^+} + \mathrm{S_2O_8^{2-}} + 2\mathrm{H_2O} =\!\!=\!\!= \mathrm{Ag_2O_2} + 2\mathrm{H_2SO_4}$$

$$5\mathrm{Ag_2O_2} + 2\mathrm{Mn^{2+}} + 4\mathrm{H^+} =\!\!=\!\!= 10\mathrm{Ag^+} + 2\mathrm{MnO_4^-} + 2\mathrm{H_2O}$$

本法适用于碳钢和低合金钢中锰含量的测定。方法中锰量的测定范围为0.10%～1.00%。

从工作曲线上直接查出锰的质量分数。或按式（3-19）计算（不含铬普通钢）锰的含量。

$$w(\text{Mn}) = \frac{w(\text{Mn})_0}{A_0} \times A_1 \qquad (3\text{-}19)$$

式中　$w(\text{Mn})_0$——标准样中锰的质量分数，%；

　　　A_0——标准样的吸光度；

　　　A_1——测试样的吸光度。

关键技术：

① 如果不用 Mn、Cr 连续测定，可直接在 $0.4 \sim 0.8 \text{mol/mL}$ 的硝酸介质中，在室温下显色。

② 锰的氧化酸度在加热显色时应小于 4mol/mL 硝酸介质中的，超过此范围，酸度太大，氧化不完全，甚至不能氧化，或氧化后又褪色，过低会产生二氧化锰水合物。

③ 磷酸的存在可与铁生成无色配离子 $[\text{Fe}(\text{PO}_4)_2]^{3-}$，使工作曲线通过原点。但由于磷酸的存在使体系中铁的氧化还原电极电位降低，室温下氧化困难，故室温氧化时只在硝酸介质中进行。但工作曲线不通过零点，计算时必须扣除空白，可在比色剩余溶液中滴加 EDTA 溶液褪色为参比。同时还可定量消除铬、钴的干扰。

④ 测定时如锰含量过高，可减少吸取量或称样量，过低时（小于 0.1%）多称样或选择比色皿的规格，务必控制吸光度在 $A = 0.2 \sim 0.7$ 范围内。

5. 高碘酸钠（钾）氧化分光光度法（GB/T 223.63—88）

试样经酸溶解后，在硫酸、磷酸介质中，用高碘酸钠（钾）将锰（Ⅱ）氧化至锰（Ⅶ），以高锰酸特有的紫红色进行光度测定。高锰酸的 $\varepsilon_{528} = 2.4 \times 10^3$，在 548nm 处有一稍低吸收峰，$\varepsilon_{548} = 2.3 \times 10^3$。此法灵敏度虽不高，但选择性甚佳，操作手续简便。一直是测定锰的主要光度法。

本法适用于生铁、铁粉、碳钢、合金钢和精密合金中锰含量的测定。本方法锰量的测定范围为 $0.01\% \sim 2.00\%$。

$$2\text{Mn}^{2+} + 5\text{IO}_6^{5-} + 14\text{H}^+ = 2\text{MnO}_4^- + 5\text{IO}_3^- + 7\text{H}_2\text{O}$$

按式（3-20）计算锰的质量分数。

$$w(\text{Mn}) = \frac{m_1 \times 10^6}{m} \times 100\% \qquad (3\text{-}20)$$

式中　m_1——从工作曲线上查得的锰量，μg；

　　　m——试样质量，g。

测定时的称样量、锰标准溶液加入量及选用的比色皿见表 3-1。

表 3-1　称样量、锰标准溶液加入量及选用的比色皿

含量范围/%	0.01~0.1	0.1~0.5	0.5~1.0	1.0~2.0
称样量/g	0.5000	0.2000	0.2000	0.1000
锰标准溶液浓度/(g/mL)	100	100	500	500
移取锰标准溶液体积/mL	0.50	2.00	2.00	2.00
	2.00	4.00	2.50	2.50
	3.00	6.00	3.00	3.00
	4.00	8.00	3.50	3.50
	5.00	10.00	4.00	4.00
比色皿/cm	3	2	1	1

测量的允许差见表 3-2。

表 3-2   测量的允许差

含锰量/%	允许差/%	含锰量/%	允许差/%
0.0100~0.0250	0.0025	0.201~0.500	0.020
0.025~0.050	0.025	0.501~1.000	0.025
0.051~0.100	0.010	1.01~2.00	0.030
0.101~0.200	0.015		

关键技术：

① 酸度条件的选择。在氢离子浓度为 2mol/L 左右的 S-P-N 酸介质中过硫酸铵-银盐在加热条件下氧化。在氢离子浓度为 2mol/L 左右的硫酸或硝酸介质中，室温下用铋酸钠氧化。在低酸度下氢离子浓度为 0.25~0.5mol/L 的硫酸介质中，用高碘酸盐在加热条件下氧化。

高硅试样滴加 3~4 滴氢氟酸。生铁试样用硝酸（1+4）溶解时滴加 3~4 滴氢氟酸，试样溶解后，取下冷却，用快速滤纸过滤于另一 150mL 锥形瓶中，用热硝酸（2+98）洗涤原锥形瓶和滤纸 4 次，再向滤液中加 10mL 磷酸-高氯酸混合酸后，按步骤进行测定。

高钨（5%以上）试样或难溶试样，可加 15mL 磷酸-高氯酸混合酸，低温加热溶解，并加热蒸发至冒高氯酸烟。

② 含钴试样用亚硝酸钠溶液褪色时，钴的微红色不褪，可按下述方法处理：不断摇动容量瓶，慢慢滴加 1%的亚硝酸钠溶液，若试样微红色无变化，将试液置于比色皿中，测其吸光度，向剩余试液中再加 1 滴 1%的亚硝酸钠溶液，再次测其吸光度，直至两次吸光度无变化，即可以此溶液作为参比液进行测量。

③ 利用高碘酸盐的优点。即使溶液中有稍过量的高碘酸盐也不影响测定，尤其是高钴试样更方便，无需分离便可进行比色。试样中含 Cu、Co、Ni、V 等有色离子时，加亚硝酸钠或 EDTA 褪色参比。

④ 氧化反应。氧化反应以在硝酸或硫酸中进行快，但碘酸铁在硝酸中很难溶解，试液加些磷酸较好，也便于三价铁配合，除去三价铁干扰，并可阻止碘酸锰和高碘酸锰的沉淀生成。由于剩余的氧化剂不宜分解，但不影响测定，不用破坏残余的氧化剂，并且得到的高锰酸很稳定。

硝酸溶样时要不断摇动，驱尽氮氧化物，否则高锰酸有被破坏的可能，结果不稳定。溶样有盐酸还原参与时，一定要发烟除尽 Cl^-，否则发色慢且不完全。

本法对高 Cr 钢消除 Cr 干扰有效，因 Cr^{3+} 不被 KIO_4 氧化为 Cr（Ⅵ）（至少不明显），Cr^{3+} 显绿色，在 530nm 处吸收很少。一般不采用 $HClO_4$ 发烟，因完全将 $Cr^{3+} \rightarrow Cr$（Ⅵ）再测 Mn 时 Cr（Ⅵ）干扰。但对高 C、高 Cr 试样，为了破坏碳化物，加 $HClO_4$ 发烟。在加 KIO_4 前，应将 Cr^{6+} 还原至 Cr^{3+} 在氧化发色。

6. 火焰原子吸收分光光度法（GB/T 223.64—2008）

试样用盐酸和过氧化氢分解后，用水稀释至一定体积，喷入空气-乙炔火焰中，用锰空心阴极灯作光源，于原子吸收光谱仪波长 279.5nm 处，以空气-乙炔火焰，用水调零，测量其吸光度。根据试样溶液的吸光度和随同试样空白实验的吸光度，从校准曲线上查出锰的浓度（$\mu g/mL$）。

为消除基体的影响，绘制校准曲线时，应加入与试样溶液相近的铁量。校准曲线系列每一溶液的吸光度减去零浓度的吸光度，为锰校准曲线系列溶液的净吸光度，以锰浓度为横坐标，净吸光度为纵坐标，绘制校准曲线。

本标准适用于生铁、碳素钢及低合金钢中锰量的测定。测定范围为 $0.1\%\sim2.0\%$。

按式（3-21）计算锰的质量分数。

$$w(\mathrm{Mn})=\frac{(c_2-c_1)fV}{m_0\times10^6}\times100\% \qquad (3\text{-}21)$$

式中　c_1——自校准曲线上查得的随同试样空白溶液中锰的浓度，$\mu g/mL$；

　　　c_2——自校准曲线上查得的试样溶液中锰的浓度，$\mu g/mL$；

　　　f——稀释倍数；

　　　V——最终测量试样溶液的体积，mL；

　　　m_0——试样质量，g。

关键技术：

① 原子吸收光谱仪精密度的最低要求。用最高浓度的标准溶液，测量 10 次吸光度，并计算其吸光度平均值和标准偏差。该标准偏差不超过该吸光度平均值的 1.0%。用最低浓度的标准溶液（不是零校准溶液），测量 10 次吸光度，计算其标准偏差，该标准偏差不应超过最高校准溶液平均吸光度的 0.5%。

② 用盐酸易分解的试样。将试样置于烧杯中，加入盐酸，加热完全溶解后，加入过氧化氢使铁氧化（在试样未完全溶解时，不要加过氧化氢，否则会停止试样的分解）。加热煮沸片刻，分解过剩的过氧化氢，取下冷却，过滤，用温盐酸洗涤，滤液和洗液（如试液中碳化物、硅酸等沉淀物很少，不妨碍喷雾器的正常工作时，可免去过滤）。

③ 用盐酸分解有困难的试样。将试样置于烧杯中，盖上表皿，加入王水，加热分解蒸发至干。冷却，加入盐酸溶解可溶性盐类，过滤，用温盐酸洗涤滤纸。将滤液和洗液移入容量瓶中。

④ 生铁等试样。将试样置于烧杯中，盖上表皿，加入硝酸加热分解，然后加入高氯酸，加热至冒白烟，冷却后加少量水溶解盐类，移入容量瓶中。

⑤ 当锰浓度超出直线范围时，酌情稀释后测定。校准曲线的溶液与试样溶液同样稀释。另外，还可以通过旋转燃烧器、选用次灵敏线等方法降低灵敏度。

三、钢铁定性分析

用 50mL 水溶解盐类，有沉淀过滤，当 Si 高时，则会有白色沉淀，且有胶状颗粒，常附于杯壁或悬于溶液中，如果溶液无色透明，说明是碳钢。

1. Cr、W 的鉴别

称样约 0.5g 于 250mL 锥形瓶中，加（1+4）HCl 10mL 放置 10s，如果出现绿色，则说明有 5%Co 左右；若为蓝色，Co 达 10% 以上。

再滴加适量 30% H_2O_2，使之溶解呈绿色，则说明含有 Cr；若溶液黑浊，说明可能含有 C、Cr、W、Mo 等。接着加 10mL $HClO_4$，发烟 3~5min，取下，冷却，如果含有 Cr，则此时出现橙黄色结晶，色越深，Cr 含量越高。如果出现极浅的樱桃红，则 Cr$<0.05\%$，无 Cr 时则无色。有 W 时出现黄色钨酸沉淀，且不溶于水。

2. Ni 的鉴别

取 1mL 试液，加过硫酸铵、酒石酸钾钠、丁二酮肟碱性液，看是否有红色丁二肟-Ni。Cu 高时呈棕色，可用硫代硫酸钠还原褪色。Co 高时应多加丁二肟。

3. V 的鉴别

分取 2mL 于试管中，加 1mL 乙醚、10 滴 H_2O_2（1.5%）振荡，放置片刻，水相中有红褐色，说明 V 大于 0.02%，Cr(Ⅵ) 在乙醚中呈蓝色，不久消失。

4. Mo 的鉴别

取 1mL 试液加维生素 C 少许，振荡并使黄色褪去，加 30% NH_4CNS 1mL，摇匀。如有棕黄色配合物出现，则说明 Mo 大于 0.01%。

5. Co 的鉴别

取 1mL 试液于试管中，加 5%柠檬酸钠 2mL、1%亚硝基 R 盐 2mL、（1+1）H_2SO_4 2~3mL 摇动，如有红色，则含有 Co。

6. Mn 的鉴别

取 5mL 试液于 100mL 锥形瓶中，加 （1+1） HNO_3 100mL、4% $NaIO_4$ 5mL，煮沸 1~2min，如有紫红色说明含 Mn$>0.05\%$。

7. Al 的鉴别

取几滴试液于试管中，加 5%维生素 C 1mL、0.05%CAS （铬天青 S） 1mL、六亚甲基四胺缓冲溶液 3~5mL，与试剂空白比较，有紫红色再加几滴 HF （1+5），红色褪去，说明含 Al。

8. Ti 的鉴别

取 1mL 试液于 100mL 锥形瓶中，加 （1+1） H_2SO_4 2mL，发烟，取下冷却，加 10mL 水、5%维生素 C 5mL、4%DAM （二安替比林甲烷） 3~5mL，放置 20min 出现黄色则含 Ti。或直接取 1~2mL 试液，加维生素 C 还原［Fe^{3+}、Cr(Ⅵ)］，加 6%变色酸 3mL，有橙红色，则有 Ti^{4+}。

9. Cu 的鉴别

取 1mL 试液于试管中，加 50%柠檬酸铵 1mL、氨水 （1+1） 3mL，使 pH 在 8.5~6.5，加 10mL BCO （0.1%乙醇液），观察，有蓝色时含有 Cu，越深含量越大。

四、硝酸铵氧化还原滴定法测定钢铁中锰

1. 试剂准备

（1）硝酸铵　固体。

（2）尿素

（3）磷酸

（4）硝酸

（5）盐酸

（6）硫酸 1＋3。

（7）硫酸 5＋95。

（8）尿素溶液 5％。

（9）亚硝酸钠溶液 1％。

（10）亚砷酸钠溶液 2％。

（11）高锰酸钾溶液 0.16％。

（12）N-苯代邻氨基苯甲酸指示剂溶液 0.2％（称取 0.20g N-苯代邻氨基苯甲酸与 0.20g 无水 Na_2CO_3，用水稀释至 100mL）。

（13）重铬酸钾标准滴定溶液 $c\left(\dfrac{1}{6}K_2Cr_2O_7\right)=0.01500mol/L$，称取 0.7355g 基准重铬酸钾（预先在 140～150℃烘干 1h，置于干燥器中冷却至室温），溶于水后移入 1000mL 容量瓶中，用水稀释至刻度，混匀。

（14）硫酸亚铁铵标准滴定溶液 $c[(NH_4)_2Fe(SO_4)_2 \cdot 6H_2O]=0.015mol/L$，称取 5.88g 硫酸亚铁铵，用硫酸溶解并稀释至 1000mL，混匀。

移取 25.00mL 重铬酸钾标准滴定溶液四份，分别置于 250mL 锥形瓶中，加入 20mL 硫酸（1＋3）、5mL 磷酸，用硫酸亚铁铵标准滴定溶液滴定，接近终点时加 2 滴 N-苯代邻氨基苯甲酸指示剂溶液（0.2％），继续滴定溶液至紫红色消失为终点，四份溶液所消耗硫酸亚铁铵标准溶液毫升数的极差值不超过 0.05mL，取其平均值。

N-苯代邻氨基苯甲酸指示剂校正：移取 5.00mL 重铬酸钾标准滴定溶液三份，分别置于 250mL 锥形瓶中，加入 20mL 硫酸（1＋3）、5mL 磷酸，用硫酸亚铁铵标准溶液滴定，接近终点时，加 2 滴 N-苯代邻氨基苯甲酸指示剂溶液，继续滴定至终点亮绿色，记下所耗体积 V_1，在此溶液中，再加入 5.00mL 重铬酸钾标准溶液，再用硫酸亚铁铵标准溶液滴定至终点亮绿色，记下所耗体积 V_2。两者之差的三份溶液的平均值为 2 滴 N-苯代邻氨基苯甲酸指示剂溶液的校正值 B。

2 滴 N-苯代邻氨基苯甲酸指示剂的校正值 $B=V_2-V_1$。

将滴定重铬酸钾标准溶液所消耗硫酸亚铁铵标准溶液的体积进行 N-苯代邻氨基苯甲酸指示剂校正后再计算。硫酸亚铁铵标准溶液的浓度按式（3-22）计算。

$$c=\frac{0.01500\times 25.00}{V+B} \tag{3-22}$$

式中 c——硫酸亚铁铵标准溶液物质的量浓度，mol/L；

V——标定所消耗硫酸亚铁铵标准溶液的平均体积，mL。

2. 样品测定

（1）试样量 称取 0.1000～0.5000g 试样（锰量不小于 10mg）。

（2）测定步骤

① 不含钒、铈试样 将试样置于锥形瓶中，加入 15mL 磷酸（高合金钢、精密合金等可先用 15mL 适宜比例的盐酸-硝酸混合酸溶解），加热至完全溶解后，滴加硝酸破坏碳化物。继续加热，蒸发至液面平静刚出现微烟［温度控制在 200～240℃，以液面平静出现微烟（约 220℃）时最佳］取下，立即加 2g 硝酸铵，摇动锥形瓶并排除氮氧化物（氮氧化物

必须除尽，可以用洗耳球吹去黄烟或加 0.5～1.0g 尿素，摇匀），放置 1～2min。待温度降至 80～100℃时，加 60mL 硫酸，摇匀，冷至室温，用硫酸亚铁铵标准滴定溶液进行滴定，接近终点时微红色，加 2 滴 N-苯代邻氨基苯甲酸指示剂溶液，继续滴定至溶液至紫红色消失为终点。

② 含钒、铈试样　按上述方法进行，记下滴定所消耗硫酸亚铁铵标准滴定溶液的体积。此体积为锰、钒、铈合量。

将滴定锰、钒、铈合量之溶液加热蒸发冒硫酸烟 2min，取下冷却，加 60mL 硫酸，流水冷却至室温，滴加高锰酸钾溶液到出现稳定的淡红色并保持 2～3min，加 10mL 尿素溶液，在不断摇动下，滴加亚硝酸钠溶液至红色消失并过量 1～2 滴，加 10mL 亚砷酸钠溶液，再加 1～2 滴亚硝酸钠溶液，放置 5min，加 2 滴 N-苯代邻氨基苯甲酸指示剂溶液，用硫酸亚铁铵标准滴定溶液滴定至终点。滴定消耗的硫酸亚铁铵标准滴定溶液的体积从上述锰、钒、铈合量的体积中减去。

❉ 本章小结

本章的基本概念和基本知识包括黑色金属、有色金属、炼钢生铁、铸造生铁、铁合金、铸铁、熔炼分析、成品分析，钢铁产品牌号表示方法，钢铁试样的采取规则和制备方法。

钢铁试样主要采用酸分解法，常用盐酸、硫酸和硝酸，可单独或混合使用，有时还需加过氧化氢、氢氟酸或磷酸等。对于某些难溶的试样，采用碱熔分解法。

钢铁中碳的测定方法有燃烧-气体容量法、燃烧-非水滴定法、吸收重量法、电导法、电量法、滴定法等。

钢铁中硫的测定方法有红外光谱法、燃烧-碘酸钾滴定法、燃烧-酸碱滴定法、碳硫快速分析联合测定、分光光度法、电导法、库仑法，最终依 SO_2 量计算样品中硫含量。

钢铁中磷的测定方法有二安替比林甲烷-磷钼酸重量法、磷钼蓝分光光度法、磷铋钼蓝分光光度法、磷钒钼黄分光光度法。

钢铁中硅的测定有高氯酸脱水重量法、硅钼蓝分光光度法、氟硅酸钾滴定法。

钢铁中锰的测定有硝酸铵氧化滴定法、磷酸-三价锰容量法、过硫酸铵氧化滴定法、过硫酸铵氧化分光光度法、高碘酸钠（钾）氧化分光光度法、火焰原子吸收分光光度法。

钢铁定性分析元素有 Cr、W、Ni、V、Mo、Co、Mn、Al、Ti、Cu 的鉴别。

❉ 思考与练习题

1. 钢铁有哪些分类方法及类型？
2. 钢铁成品化学分析用的钢铁试样一般可采用哪些方法采取？
3. 钢铁样品的分解试剂一般有哪几种？各有什么特点？应注意哪些问题？
4. 钢铁中的碳一般以什么形式存在？对钢铁的性能产生何种影响？
5. 试述气体容量法测定钢铁中碳含量的测定原理，应注意哪些方面的问题？
6. 燃烧-气体容量法测定钢铁中总碳冷凝管、量气管和吸收管三者之间温度上产生差异的原因是什么？燃烧标准样的目的是什么？

7. 为什么可以采用燃烧-非水酸碱滴定法测定钢铁中的碳？在水溶液中为何不能测定？

8. 硫在钢铁中的存在形式是什么？硫对钢铁的性能有何影响？

9. 试述燃烧-碘量法和燃烧-酸碱滴定法的测定原理，各有哪些注意问题？

10. 钢铁中磷的存在形式是什么？磷的存在对钢铁的性能有什么影响？

11. 钢铁中锰的存在形式是什么？试述硝酸铵氧化还原滴定法测锰的原理。

12. 钢铁中硅的存在形式是什么？试述硅钼蓝法测定硅的原理。

13. 硅钼蓝光度法测定硅时，主要的干扰来自能形成类似杂多酸的元素，如磷、砷等，如何消除干扰？

14. 硝酸铵氧化还原滴定法测定锰的重要条件是什么？

15. 写出亚砷酸钠-亚硝酸钠法测定钢铁中锰的主要反应式，并说明锰氧化完全的条件是什么。

16. 称取钢样 1.000g，在 20℃、101.3kPa 时，测得二氧化碳的体积为 5.00mL，试问该试样中碳的质量分数是多少？（0.49%）

17. 今用标准钢样标定亚砷酸钠-亚硝酸钠标准滴定溶液的浓度。称样 0.5000g，其含锰量为 0.40%，滴定时消耗亚砷酸钠-亚硝酸钠标准滴定溶液 5.00mL，试计算亚砷酸钠-亚硝酸钠标准滴定溶液对锰的滴定度。（0.0004g/mL）

18. 用碘量法测定钢中的硫时，使硫燃烧成 SO_2，SO_2 被含有淀粉的水溶液吸收，再用碘标准滴定溶液滴定，若称取含硫 0.051% 的标准钢样和被测钢样各 500mg，滴定标准钢标中的硫用去碘溶液 11.60mL，滴定被测钢样中的硫去碘溶液 6.00mL，试用滴定度表示碘溶液的浓度，并计算被测钢样中硫的质量分数。（0.043g/mL，0.031%）

第四章

Chapter 04

水质分析技术

💡 **教学目的及要求**

1. 了解水样的采取方法，水样的预处理方法，以及水质分析项目；

2. 掌握工业用水中的 pH 值、硬度、溶解氧、硫酸盐、氯、总铁等的分析方法；

3. 掌握工业污水中的铅、铬、化学耗氧量、挥发酚、氰化物、氨氮等的分析方法；

4. 能根据要求对水质进行分析检验，完成分析报告。

一、水的分类

水在自然界中以气、液、固三种聚集状态存在，广泛分布于地面、地下和大气中（雨、雪等），故天然水分为地面水、地下水和大气水。水是良好的溶剂，与水接触的物质或多或少地被溶解其中，天然水中的杂质主要有悬浮物，指水中的细菌、藻类及原生动物、泥砂、黏土和其他不溶物；有机胶体指水中腐殖质，矿物胶体指水中铁、铅、硅等的化合物；溶解物指水中的盐类、气体或其他有机物，大都以离子状态或溶解气体状态存在，溶解的气体有氧气、二氧化碳、氮气、硫化氢和沼气。水的来源不同所含杂质不同，如地面水中含有少量可溶性盐类（海水除外）、悬浮物、腐殖质、微生物等；地下水中含有钙、镁、钾、钠的碳酸盐，氯化物，硫酸盐，硝酸盐和硅酸盐等可溶性盐类；雨水中主要含有氧、氮、二氧化碳、尘埃、微生物以及其他成分。

二、水质指标和水质标准

（一）水质指标

水的质量（水质）是指水和水中所含杂质共同表现出来的综合特征，描述水质量的参数称为水质指标，常用水中杂质的种类和数量来表示。水质指标可具体表征水的物理、化学和生物特征，说明水中组分的种类、数量、存在状态及其相互作用的程度，根据水质分析结果确定各种水质指标。水质指标一般分为物理指标，有水温、色度、浊度、臭、透明度等；化学指标，有各种无机物和有机物如 COD、BOD_5、pH 值、汞等；生物指标，有细菌总数、大肠菌群数等。从水的利用出发，各种用水都有一定的要求，这种要求体现在对各种水质指标的限制上。长期以来，人们在总结实践基础上，根据需要和可能，提出了一系列水质标准。

（二）水质标准

水质标准是表示生活用水、农业用水、工业用水、工业污水等各种用途的水中污染物质的最高允许浓度或限量阈值的具体限制和要求，即水的质量标准。为了更好地利用水和保护我们周围的水环境，规定了各类水质标准。如地表面水水质标准、工业锅炉水水质标准、饮用水水质标准及各种污水排放标准等。

（三）对用水的要求

不同用途的水对水质有不同的要求，生活用水主要考虑对人体健康的影响；农业用水主要考虑对作物的影响和对环境的影响；工业用水主要考虑是否影响产品质量或易于损害容器及管道；各种污水主要考虑对天然水和环境的污染情况。

工业用水指供工业生产使用的水，不同用途要求不同。

1. 原料用水

水作为工业产品的原料或原料的一部分，除要求与生活饮用水相同外还应符合它的特殊要求，如酿酒工业用水考虑对微生物发酵的影响，有钙、镁且不能过高等。

2. 生产用水

在生产过程中，水用来调制原料、浸泡制品等，水进入产品中直接影响产品质量，如纺织工业上要求低硬度水，铁和锰离子含量要低。生产辅助用水，只是与产品一般接触或清洗，水不进入产品中，多数情况下对产品质量影响较小，特殊产品要求也十分严格。

3. 锅炉用水

把水作为原料，要求悬浮物、溶解氧、二氧化碳、硬度等含量要低，防止结垢、腐蚀、产生泡沫。

各种污水指生活污水、医院污水和工业污水。工业污水是在工业生产中废弃　排放的废水，常含有害物质，会造成工业区和环境水质污染，因此必须对工业污水严格控制和监督。工业污水中的有害物质随工业生产的性质不同而不同，通常按其危害性分为一类能在动植物体或环境中积聚，对人体健康产生长远影响的有害无机化合物如汞、镉、铬、砷、铅等；另一类其长远影响小于第一类的有害物质如硫化物、氰化物、氟化物、有机磷、石油类、有机污染物及悬浮物、还原性物质等。

三、水质分析项目

水中所含物质的种类繁多，而且含量不均，测定时需运用化学方法和仪器分析方法中的各种分析方法。仪器分析方法由于灵敏度高、操作简便、易实现分析自动化，在水质分析中占有重要的地位，如原子吸收分光光度法多用于金属离子的分析；火焰光度法多用于碱金属元素分析，电位分析法测定 pH 值、溶解氧等；离子选择性电极法测定 F^-、CN^-、Br^-、I^-、NH_3-N 等；气相色谱法测定气体组分和有机化合物。其中滴定分析法和分光光度法因其操作简便、快速，不需要特殊仪器设备，适用于批量分析，在水质分析中最为常用。

在选择水质分析方法时依据分析方法的灵敏度满足定量要求，方法经过科学论证成熟、准确，操作简便、易于推广普及，选择性好。我国规定了相应的国家标准分析方法、统一分析方法以及与其灵敏度和准确度具有可比性的等效方法。在分析中采用的国家标准分析方法并经不断修订和改进。

水质全分析项目有：外观、碱度、硬度、Ca^{2+}、Mg^{2+}、Fe^{3+}、Fe^{2+}、Al^{3+}、CO_2、SO_4^{2-}、Cl^-、NH_4^+、O_2、NO_2^-、NO_3^-、H_2S、SiO_2、COD、BOD_5、腐殖酸盐、全固体、悬浮物、溶解固体、pH 值、灼烧残渣等。

锅炉用水分析项目有：硬度、碱度、浊度、pH、SO_4^{2-}、Cl^-、NO_2^-、NO_3^-、PO_4^{3-}、固体物质、全硅、全铝、O_2、发泡量、油、铁、钠、钾、铜等。

污水分析项目有 pH 值、悬浮物、硫化物、氟化物、氰化物、铬、镉、铜、锌、铅、汞、砷、COD、BOD_5、挥发酚、油、农药等，其分析项目视污染源的不同而确定。

水中溶解的气体和 pH 值易于变化，最好在现场进行测定或固定后回水质分析室测定。除测全固体、悬浮物等项目外被测水浑浊时，必须静置澄清，吸取上层清液进行测定。

四、水样的采取

（一）水样的采取

从水中取出的反映水质质量的水称为水样，将水样从水中分离出来的过程就是水样的采取即采样。采样首先进行现场调查、收集资料、制定采样计划、确定采样的方法、采样器、采样时间和频率、采样量，水样的运输、保存、预处理以及人员分工等。填好采样记录，粘贴水样标签，注明水样名称、采样地点、采样人员、采样方法、时间、温度、分析项目等，收样人与采样人、送样人认真核对。

1. 采样容器

用来存放水样的容器称水样容器（水样瓶）。通常使用的容器有聚乙烯塑料和硬质玻璃容器。选择合适材质的容器盛装水样可以避免引入干扰成分，因为容器材质与水样发生三种作用，即容器材质溶于水样中；容器材质吸附水样中的某些组分；容器材质与水样发生化学反应。

（1）分析无机物的水样用容器　使用塑料容器，其耐腐蚀性强，不含金属离子和无机化合物，且质量轻、抗冲击性强。对水中硅、钠、碱度、氯化物、电导率、pH 值和硬度等的分析能满足要求。

（2）分析有机物的水样用容器　使用硬质玻璃磨口瓶，其无色透明、耐腐蚀性强，易洗涤干净。硬质玻璃磨口瓶亦可用于生物和微生物分析用容器。

（3）特殊水样容器　对于有特殊要求和水样成分特别时要求使用特殊水样容器或惰性容器。对于光敏性物质，包括藻类，需防止光照，使用不透明的材料或无光化作用的玻璃容器，而且应放在透光的箱子里。收集和分析含有溶解性气体、锅炉用水分析中有些特定成分分析使用特定水样容器。

　　容器在使用前必须洗涤，一般程序是洗涤剂洗、自来水洗、稀酸浸泡、自来水冲洗、蒸馏水洗。

2. 采样器

　　用来采集水样的装置称采样器。采取水样时，根据分析目的、水样性质、周围条件选用合适的采样器。采样器通常有水桶、单层采水器、急流采水器、金属筒、水泵、连续自动定时采水器等。

　　采样器的设计、制造、安装以及采样点的布设以获得代表性的水样为目的。采样器根据工业装置、锅炉类型和参数以及化学监督要求或分析目的，设计制造、安装和布置水样采样器。采样器（包括采样器和阀门）的材质使用耐腐蚀的金属材料制造。除低压锅炉外，除氧水、给水的采样器外使用不锈钢制造。从高温、高压的管道或装置中采集水样时，必须安装减压装置和冷却器。采样冷却器应有足够冷却面积和冷却水源，使得水样流量约为 200mL/min 时，水样温度仍低于 40℃。

　　（1）采集天然水的采样器　将负重的采样器放入水中，在预定的深度处打开瓶塞待水样充满瓶子后提取出来。如图 4-1 所示单层采样器，如图 4-2 所示急流采样器。

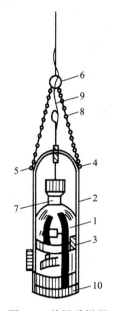

图 4-1　单层采样器

1—水样瓶；2，3—采水瓶架；4，5—平衡控制挂钩；
6—固定采水瓶的挂钩；7—瓶塞；8—采水瓶绳；
9—开瓶塞的软绳；10—铅锤

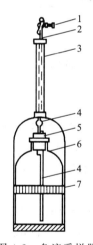

图 4-2　急流采样器

1—夹子；2—橡胶管；3—钢管；4—玻璃管；
5—橡胶塞；6—玻璃取样瓶；7—铁框

　　当采集分析水中溶解性气体的水样，用双层采样器（如图 4-3 所示）或用泵式采样器（如图 4-4 所示）。

　　（2）采集管道或工业设备中水样的采样器　从管道或工业设备中采样时，采样器都安装在管道或设备中，如锅炉用水分析的采样。工业设备中采样的采样器如图 4-5 所示；管道中采样的采样器如图 4-6 所示。

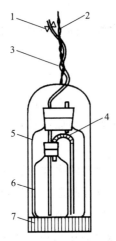

图 4-3 双层采样器

1—夹子；2—绳子；3—橡胶管；4—塑料管；

5—大瓶；6—小瓶；7—带重锤的夹子

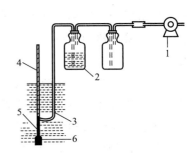

图 4-4 泵式采样器

1—真空泵；2—采样瓶；3—氯化尼龙管；

4—绳子；5—采样口；6—重物

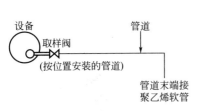

图 4-5 工业设备中采样的采样器

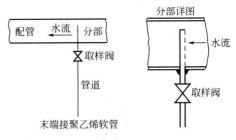

图 4-6 管道中采样的采样器

3. 采样方法

采样方法根据不同的水样而定。采样前，将采样器彻底清洗干净，采样时再用水样冲洗三次以上（或根据规定）才能采取水样。

（1）天然水的采样方法

① 采取江、河、湖、水库和泉等地面水样或普通井水水样时，根据河宽和水深，将采样器浸入水面下 0.5m、河底上 0.5m 处采样，并在不同地点采样混合成供分析用的水样。根据分析要求，使用不同的采样器采取不同深度的水样，对不同部位的水样分别采取。

② 采取管道或流动部位生水水样时，应充分冲洗采样管道后再采样。

③ 丰、平、枯水期，以及季节、气候条件等对地面水的采取影响较大，采样时应加以注明。

（2）工业用水采样方法

① 工业用给水采样方法。工业用给水一般以常规管道系统给水，其组成是均质的，然而水质随时间而变化，一般在泵的出口处采样。

② 从管道或水处理装置中采取处理水水样的方法。从管道或水处理装置中采样时，应选择有代表性的采样部位，安装采样器，需要时在采样管末端接一根聚乙烯软管或橡胶管。采样时，打开采样阀门，进行冲洗并将水样流速调至约 700mL/min 进行采样。

③ 从高温、高压装置或管道中采样的方法。如前所述，此时必须加装减压装置和良好的冷却器，水样温度不能高于40℃，再按②的方法采样。

④ 分析不稳定成分的水样采取方法　分析水样中不稳定成分，通常应在现场采样，随采随测。或采样后立即采取预处理措施，将不稳定成分转化为其稳定状态，然后再送到分析室分析。

（3）工业污水和生活污水的采样方法　不同工厂生产工艺不同，工业污水的成分经常变化，根据生产工艺及污水产生情况采取平均水样和平均比例混合水样。工业污水的排放量和污染组分的浓度比较恒定时，每隔相同时间采集等量污水混合而成即平均水样；在工业污水排放量和污染组分的浓度不恒定时，在不同时间依据流量大小按比例采取污水混合而成即平均比例混合水样。生活污水的采取与工业污水采取相似，根据分析目的，采取平均水样或平均比例混合水样或每一时间的单独分析水样。

4. 采样量

采取的水样的数量应满足分析和复核需要。供全分析的水样不得少于5L，若水样浑浊时应分装两瓶，供单项分析用的水样不得少于0.3L。

5. 水样的运输和保存

（1）水样的运输　水样运输过程中，为使水样不受污染、损坏和丢失，保证水样的完整性、代表性。

① 用塞子塞紧采样容器，塑料容器塞紧内、外塞子，有时用封口胶、石蜡封口（测油类水样除外）。

② 采样容器装箱，用泡沫塑料或纸条作衬里和隔板，防止碰撞损坏。

③ 需冷藏的水样，应配备专门的隔热容器，放入制冷剂，将水样置于其中；冬季应采取保温措施，防止冻裂样品容器；避免日光直接照射。

④ 根据采样记录和水样登记表运送人和接收人必须清点和检查水样，并在登记表上签字，写明日期和时间，送样单和采样记录应由双方各保存一份待查。

⑤ 水样运输允许的最长时间为24h。

（2）水样的保存　水样从采取到分析这段时间内，水样组分常易发生变化，引起水样变化的因素有：物理因素如挥发和吸附作用等，如水样中CO_2挥发可引起pH值、总硬度、酸（碱）度发生变化，水样中某些组分可被容器壁或悬浮颗粒物表面吸附而损失；化学因素如化合、配合、水解、聚合、氧化还原等，这些作用将会导致水样组成发生变化；生物因素如由于细菌等微生物的新陈代谢活动使水样中有机物的浓度和溶解氧浓度降低；水与盛样容器之间的相互作用等。

最常用的水样保存方法有：

① 将容器充满。对于分析物理、化学参数的水样，一种最简单的防护措施是将长颈瓶完全充满，并且将瓶盖盖紧，使水样上面没有空气存在。这样就限制了水样与气相之间的相互作用，避免了运送过程中的搅动（避免二氧化碳含量的改变，pH值不引起变化；碳酸氢盐不致转变为可沉淀的碳酸盐；减少了铁被氧化的倾向，控制颜色的变化）。注意在冰冻情况下水样容器不能完全充满。

② 使用适宜的容器。前面已介绍水样与容器材质的作用，根据分析项目和水样性质选择适当的容器盛装水样，使容器不能成为污染来源，不吸收或吸附待测物质，不与水样发生

化学反应。

③ 冷藏、冷冻。水样置冰箱或冰-水浴中于暗处，冷藏温度为 4℃左右；把水样置于冰柜或制冷剂中贮存，冷冻温度为 -20℃左右。注意冷冻时水的膨胀作用。冷藏和冷冻抑制生物活动，减缓物理挥发和化学反应速率，因不加化学试剂，对以后测定无影响。

④ 化学方法保存。加入化学保护剂，如加生物抑制剂（$HgCl_2$、$CuSO_4$、$CHCl_3$ 等）抑制微生物；如加入酸或碱，强酸（如 HNO_3）或强碱（如 $NaOH$）改变水样的 pH 值，从而使待测组分处于稳定状态；如加入氧化剂或还原剂防止被测物被氧化或被还原。

水样的存放时间受其性质、温度、保存条件以及分析要求等因素影响，有很大的差异，一般来说未受污染的水可存放 72h，受污染的水可存放 12~24h。

（二）水样的预处理

水样预处理的目的是去除共存的干扰组分，并把含量低、形态各异的组分处理到适合于分析的含量及形态。常用的水样预处理方法有消解、挥发、蒸馏、萃取、离子交换、过滤等方法。

1. 消解

水样的消解是将水样与酸、氧化剂、催化剂等共同置于回流装置或密闭装置中，加热分解并破坏有机物的一种方法，分析金属化合物时多采用。处理后消除有机物和悬浮物的干扰，以及将金属化合物转变成简单的稳定形态，并达浓缩目的。消化后的水样应清澈、透明、无沉淀。

湿法消解有硝酸消解法、硝酸-高氯酸消解法、硫酸-高锰酸钾消解法、硝酸-硫酸消解法、硫酸-磷酸消解法等。

干法消解又称干灰化法或高温分解法，水样于白瓷或石英蒸发皿中，置于水浴上蒸干，移入马弗炉内，于 450~550℃灼烧到残渣呈灰白色，使有机物完全分解除去。取出蒸发皿，冷却，用适量 2% HNO_3（或 HCl）溶解样品灰分，过滤，滤液定容后测定。本方法不适用于处理测定易挥发组分（如砷、汞、镉、硒、锡等）的水样。

此外还有多元消解方法、碱分解法等，根据水样的性质，适当选用。

2. 挥发、蒸馏

挥发分离法是利用某些污染组分挥发度大，或者将待测组分转变成易挥发物质，然后用惰性气体带出而达到分离的目的。

蒸馏法是利用水样中各组分具有不同的沸点而使其彼此分离的方法。测定水样中的挥发酚、氰化物、氟化物、氨氮时，均需在酸性介质中进行预蒸馏分离。蒸馏具有消解、富集和分离三种作用。

3. 萃取

溶剂萃取法的原理是物质在不同的溶剂相中分配系数不同，根据相似相溶原理，用一种与水不相溶的有机溶剂与水样一起混合振荡，然后放置分层，此时有一种或几种组分进入到有机溶剂中，另一些组分仍留在水样中，从而达到分离、富集的目的。常用于常量元素的分离，以及痕量元素的分离与富集。若萃取组分是有色化合物可直接比色（称萃取比色法）。主要适用于有机物的萃取，对于无机物的萃取需先加入一种试剂，使其与水相中的无机离子态组分相结合，生成一种不带电、易溶于有机溶剂的物质，从而被有机相萃取出来。

4. 离子交换

离子交换法是利用离子交换树脂与溶液中的离子发生交换作用而使离子分离的方法。离子交换分离操作程序为树脂的选择和处理、离子交换柱的填装、离子交换、洗脱。离子交换在富集和分离微量或痕量元素时应用较广泛。例如测定天然水中 K^+、Na^+、Ca^{2+}、Mg^{2+}、SO_4^{2-}、Cl^- 等组分，取数升水样，分别流过阳、阴离子交换柱，再用稀 HCl 洗脱阳离子，用稀氨水洗脱阴离子，这些组分的含量可增加数十倍至百倍。

水样浑浊或带有明显的颜色时，对分析结果有一定影响，常采用澄清、离心或过滤等方法来分离不可滤残渣，特别是用适当孔径的过滤器可有效地除去细菌和藻类。一般采用 $0.45\mu m$ 滤膜过滤，通过 $0.45\mu m$ 滤膜部分为可过滤态水样，通不过的称为不可过滤态水样。用滤膜过滤、离心、滤纸或砂芯漏斗过滤等方式处理水样，它们阻留不可过滤残渣的能力大小顺序是滤膜过滤＞离心＞滤纸过滤＞砂芯漏斗过滤。

第一节　工业用水分析

一、pH 值的测定

pH 值可间接地表示水的酸碱程度，当水体受到酸碱污染后，pH 值就会发生变化。天然水的 pH 值多在 6～9 之间，饮用水 pH 值要求在 6.5～8.5 之间，某些工业用水的 pH 值必须保持在 7.0～8.5 之间，pH 值可随水温的变化而变化。pH 值的测定方法有比色法和电位法等。

1. 比色法

酸碱指示剂在其特定 pH 值范围的水溶液中产生不同的颜色，向系列已知 pH 值的标准缓冲溶液中加入适当指示剂，生成的颜色制成标准比色管或封装在小安瓿瓶内，测定时取与缓冲溶液同量的水样加入同一种指示剂，进行目视比色，可测出水样的 pH 值。

水样有色、浑浊或含较高游离氯、氧化剂、还原剂时干扰测定结果。

2. 电位法

以玻璃电极为指示电极，饱和甘汞电极为参比电极（现在多使用复合电极）组成原电池，如图 4-7 所示。用已知 pH 值的标准溶液定位、校准，用 pH 计直接测出水样的 pH 值。该方

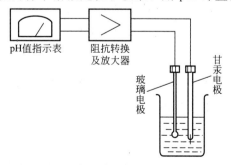

图 4-7　电位法测定 pH 值

法测定准确、快速，受水体色度、浊度、胶体物质、氧化剂和还原剂以及高含盐量的干扰少。

常用的 pH 值标准缓冲溶液有邻苯二甲酸氢钾、磷酸二氢钾和磷酸氢二钠、硼砂溶液，其准确度决定测定结果。把电极插入水体中可直接测定。注意温度补偿器的调节，玻璃电极在使用前浸泡 24h 激活。

二、硬度的测定

工业上将含有较多钙、镁等盐类的水称为硬水。盐类主要以酸式碳酸盐、碳酸盐、硫酸盐、氯化物和硝酸盐形式存在。水的硬度通常根据不同物质产生的硬度性质不同分为碳酸盐硬度和非碳酸盐硬度。碳酸盐硬度主要是由钙和镁的酸式碳酸盐形成，也可能含有少量的碳酸盐，此类化合物受热分解生成沉淀即能除去，称为暂时硬度；非碳酸盐硬度主要是由钙和镁的硫酸盐、硝酸盐、氯化物等形成，此类化合物受热不分解即不能除去，称为永久硬度。

硬度在实际测定时常测定总硬度、钙硬度、镁硬度和负硬度。总硬度是指碳酸盐硬度与非碳酸盐硬度之和（水中钙、镁离子总量）；钙硬度是指水中钙盐的含量；镁硬度是指水中镁盐的含量；负硬度是指水中 Na^+、K^+ 的氢氧化物、酸式碳酸盐、碳酸盐的含量，或称钠、钾硬度。一般水中无负硬度，只存在于深井水及处理过的水中。

硬度的表示方法有两种，一种是以 100 万份水中含有一份 $CaCO_3$（或 CaO）或含有与一份质量的 $CaCO_3$（或 CaO）相当质量的其他形成硬度的盐来表示，即 mg/L，亦可用 mmol/L 来表示；另一种是以度来表示，即每十万份的水中有一份的 CaO（或每升水中含有 10mg CaO）为 1 度，而其他物质应换算为 CaO 的相当量。

（一）EDTA 法

1. 总硬度的测定

在 pH＝10 的弱碱性条件下，以铬黑 T 为指示剂，用 EDTA 标准溶液滴定水中的钙、镁离子，溶液由红色转变成为纯蓝色即为终点。

关键技术：

① 一些离子干扰测定，含铜、锌离子时可加入硫化钠生成沉淀去除。

② 含微量锰离子时加入盐酸羟胺后可使之还原为低价锰。

③ 含铁、铝离子时加入三乙醇胺掩蔽来消除干扰。

2. 钙硬度

在 pH＝12～13 时，以钙-羧酸（或铬黑 T）为指示剂，用 EDTA 标准溶液滴定水中的钙离子，溶液由红色变为蓝色即为终点。

3. 镁硬度

在 pH＝10 时，以铬黑 T 为指示剂，用 EDTA 标准溶液滴定水中的钙、镁离子总量（总硬度），溶液由红色变为纯蓝色即为终点。由总硬度减去钙硬度即为镁硬度。

（二）原子吸收分光光度法

1. 钙硬度

取一定量的水样，经雾化喷入火焰，钙离子被热解原子化为基态钙原子，以钙共振线422.7nm 为分析线，以空气-乙炔火焰测定钙原子的吸光度，用标准曲线法进行定量，求出水中钙离子含量即钙硬度。

2. 镁硬度

取一定量的水样，经雾化喷入火焰，镁离子被热解原子化为基态镁离子，以镁的共振线285.2nm 为分析线，以空气-乙炔火焰测定镁原子的吸光度，用标准曲线进行定量，求出水中镁离子含量即镁硬度。

关键技术：原子吸收分光光度法测定时水处理药剂和水中各种共存元素干扰测定，加入氯化锶或氧化镧可抑制干扰。

三、溶解氧的测定

溶解在水中的分子态氧称为溶解氧，用 DO 表示。溶解氧与大气中氧的平衡、温度、气压、盐分有关。清洁地表水溶解氧一般接近饱和；有藻类生长的水体，溶解氧可能过饱和。水体受有机、无机还原性物质（如硫化物、亚硝酸根、亚铁离子等）污染后，溶解氧下降，可趋近于零。

（一）碘量法

水样中加入硫酸锰和碱性碘化钾，水中的溶解氧将二价锰氧化成四价锰，生成氢氧化物棕色沉淀。加硫酸后，氢氧化物沉淀溶解并与碘离子反应而释放出与溶解氧量相当的游离碘。以淀粉为指示剂，用硫代硫酸钠滴定释出的碘，可计算出溶解氧含量。

$$MnSO_4 + 2NaOH = Na_2SO_4 + Mn(OH)_2 \downarrow$$
$$2Mn(OH)_2 + O_2 = 2MnO(OH)_2 \downarrow （棕色）$$
$$MnO(OH)_2 + 2H_2SO_4 = Mn(SO_4)_2 + 3H_2O$$
$$Mn(SO_4)_2 + 2KI = MnSO_4 + K_2SO_4 + I_2$$
$$2Na_2S_2O_3 + I_2 = Na_2S_4O_6 + 2NaI$$

溶解氧含量按式（4-1）计算。

$$DO(O_2, mg/L) = \frac{8cV}{V_水} \times 1000 \tag{4-1}$$

式中　c——硫代硫酸钠标准溶液浓度，mol/L；

V——滴定消耗硫代硫酸钠标准溶液体积，mL；

$V_水$——水样的体积，mL；

8——氧换算值，g。

在没有干扰的情况下，此方法适用于各种溶解氧浓度大于 0.2mg/L 和小于氧的饱和浓度两倍（约 20mg/L）的水样。若试样中含有氧化性物质和还原性物质时，采用修正碘量法进行测定。若试样中存在能固定或消耗碘的悬浮物，需按改进后的方法进行测定。

若测定时产生的干扰无法消除时，宜采用电化学探头法。

关键技术：

① 水样有色或含有氧化性及还原性物质、藻类、悬浮物等干扰测定，氧化性物质可使碘化物游离出碘，产生正干扰。

② 还原性物质可把碘还原成碘化物，产生负干扰；有机物如腐殖酸、鞣酸、木质素等可能被氧化产生负干扰。

③ 如果水样呈强酸性或强碱性，可用氢氧化钠或硫酸溶液调至中性后测定。

④ 如果水样中含有游离氯大于 0.1mg/L 时，应预先于水样中加入 $Na_2S_2O_3$ 去除，即用两个溶解氧瓶各取一瓶水样，在其中一瓶加入 5mL（1+5）硫酸和 1g 碘化钾，摇匀，此时游离出碘。以淀粉作指示剂，用 $Na_2S_2O_3$ 溶液滴定至蓝色刚褪，记下用量（相当于去除游离氯的量）。于另一瓶水样中，加入同样量的 $Na_2S_2O_3$，摇匀后，按操作步骤测定。

⑤ 通常在采样现场加入硫酸锰和碱性碘化钾溶液。

⑥ 水样中含有亚硝酸盐干扰测定，用叠氮化钠将亚硝酸盐分解后再测定，称为叠氮化钠修正法。做法是在加硫酸锰和碱性碘化钾溶液的同时加入 NaN_3 溶液（或配成碱性碘化钾-叠氮化钠溶液加入水样中）。Fe^{3+} 含量高时，加入 KF 掩蔽，其他同碘量法。NaN_3 是一种剧毒、易爆试剂，不能将碱性碘化钾-叠氮化钠直接酸化，否则产生有毒的叠氮酸雾。

⑦ 试样中含大量亚铁离子而无其他还原剂和有机物时，用 $KMnO_4$ 去除后再测定，称为 $KMnO_4$ 修正法。做法是以 $KMnO_4$ 氧化 $Fe^{2+} \rightarrow Fe^{3+}$，$Fe^{3+}$ 用 KF 掩蔽，过量的 $KMnO_4$ 用 $Na_2C_2O_4$ 除去。加入 $Na_2C_2O_4$ 过量 0.5mL 以下对测定无影响，否则使结果偏低。其他同碘量法。

⑧ 若直接在细口瓶内进行滴定，小心地虹吸出上部分相应于所加酸溶液容积的澄清液，而不扰动底部沉淀物。

（二）碘量法测定水中溶解氧

1. 仪器准备

（1）实验室常用仪器设备。

（2）细口玻璃瓶 容量在 250～300mL 之间，校准至 1mL，具塞温克勒瓶或任何其他适合的细口瓶，瓶肩最好是直的，每一个瓶和盖要有相同的号码。用称量法来测定每个细口瓶的体积。

2. 试剂准备

（1）硫酸溶液 $\rho = 1.84g/mL$，1+1；或磷酸 $\rho = 1.70g/mL$。

（2）硫酸溶液 $c\left(\dfrac{1}{2}H_2SO_4\right) = 2mol/L$。

（3）碱性碘化物-叠氮化物试剂 将 35g 的氢氧化钠（NaOH）［或 50g 的氢氧化钾（KOH）］和 30g 碘化钾（KI）［或 27g 碘化钠（NaI）］溶解在大约 50mL 水中。单独将 1g 的叠氮化钠（NaN_3）溶于儿毫升水中。将上述两种溶液混合并稀释至 100mL，溶液贮存在塞紧的细口棕色瓶里。经稀释和酸化后，加入淀粉指示剂溶液应无色。

（4）无水二价硫酸锰溶液 340g/L（或一水硫酸锰 380g/L 溶液），或用 450g/L 四水二价氯化锰溶液代替。

（5）碘酸钾标准溶液　$c\left(\dfrac{1}{6}KIO_3\right)=10\ mmol/L$，在 $180℃$ 干燥数克碘酸钾（KIO_3），称量 $3.567g\pm0.003g$ 溶解在水中并稀释到 $1000mL$。吸取 $100mL$ 溶液移入 $1000mL$ 容量瓶中，用水稀释至标线。

（6）硫代硫酸钠标准滴定液　$c(Na_2S_2O_3)\approx10\ mmol/L$，将 $2.5g$ 五水硫代硫酸钠溶解于新煮沸并冷却的水中，再加 $0.4g$ 的氢氧化钠（$NaOH$），并稀释至 $1000mL$，溶液贮存于深色玻璃瓶中。

在锥形瓶中用 $100\sim150mL$ 的水溶解约 $0.5g$ 的碘化钾或碘化钠（KI 或 NaI），加入 $5mL\ 2mol/L$ 的硫酸溶液，混合均匀，加 $20.00mL\ 10\ mmol/L$ 标准碘酸钾溶液，稀释至约 $200mL$，立即用硫代硫酸钠溶液滴定释放出的碘，当接近滴定终点时，溶液呈浅黄色，加淀粉指示剂，再滴定至完全无色。

硫代硫酸钠浓度（mmol/L）为

$$c=\frac{6\times20\times1.66}{V}$$

式中　V——硫代硫酸钠溶液滴定体积，mL。

（7）淀粉溶液　$10g/L$，新配制。

（8）酚酞乙醇溶液　$1g/L$。

（9）碘溶液　约 $0.005mol/L$；溶解 $4\sim5g$ 碘化钾或碘化钠于少量水中，加约 $130mg$ 的碘，待碘溶解后稀释至 $100mL$。

（10）碘化钾或碘化钠。

（11）次氯酸钠溶液　约含游离氯 $4g/L$，用稀释市售浓次氯酸钠溶液配制，用碘量法测定溶液的浓度。

（12）十二水硫酸铝钾 $[KAl(SO_4)_2\cdot12H_2O]$ 溶液　10%（质量分数）。

（13）氨溶液　$13mol/L$，$\rho=0.91g/mL$。

3. 样品测定

（1）地表水采样　充满细口瓶至溢流，小心避免溶解氧浓度的改变。在消除附着在玻璃瓶上的气泡之后，立即固定溶解氧。

（2）从管路中采样　将一惰性材料管的入口与管道连接，将管子出口插入细口瓶的底部，用溢流冲洗的方式充入大约 10 倍细口瓶体积的水，最后注满瓶子，在消除附着在玻璃瓶上的空气泡之后，立即固定溶解氧。

（3）不同深度采样　用一种特别的取样器，内盛细口瓶，瓶上装有橡胶入口管并插入到细口瓶的底部。当溶液充满细口瓶时将瓶中空气排出，避免溢流。某些类型的取样器可以同时充满几个细口瓶。

除非还要作其他处理，试样应采集在细口瓶中，充满全部细口瓶，测定在瓶内进行。

（4）检验是否存在氧化或还原物质　如果预计氧化或还原剂可能干扰结果时，取 $50mL$ 待测水，加 2 滴酚酞溶液后，中和水样。加 $0.5mL\ 2mol/L$ 硫酸溶液、几粒碘化钾或碘化钠（质量约 $0.5g$）和几滴淀粉指示剂溶液，如果溶液呈蓝色，则有氧化物质存在，如果溶液保持无色，加 $0.2mL\ 0.005mol/L$ 碘溶液、振荡，放置 30s，如果没有呈蓝色，则存在还原物质。

（5）溶解氧的固定　采样之后，最好在现场立即向盛有样品的细口瓶中加 1mL 二价硫酸锰溶液和 2mL 碱性试剂（碱性碘化物-叠氮化物试剂）。使用细尖头的移液管，将试剂加到液面以下，小心盖上塞子，避免带入空气泡。

将细口瓶上下颠倒转动几次，使瓶内的成分充分混合，静置沉淀最少 5min，然后再重新颠倒混合，保证混合均匀。

若避光保存，试样最长贮藏 24h。

（6）游离碘　确保所形成的沉淀物已沉降在细口瓶下 1/3 部分。慢速加入 1.5mL（1+1）硫酸溶液（或相应体积的磷酸溶液），盖上细口瓶盖，然后摇动瓶子，要求瓶中沉淀物完全溶解，并且碘已均匀分布。

（7）滴定　将细口瓶内的组分或其部分体积 V_1 转移到锥形瓶内。用 10mmol/L 硫代硫酸钠滴定，在接近滴定终点时，加淀粉溶液。

4. 若试样中有氧化性物质存在

① 取两个试样，通过滴定第二个试样来测定除溶解氧以外的氧化性物质的含量，以修正测定的结果。

② 按照规定的步骤测定第一个试样中的溶解氧。

③ 将第二个试样定量转移至大小适宜的锥形瓶内，加 1.5mL（1+1）硫酸溶液（或相应体积的磷酸溶液）然后再加 2mL 碱性试剂和 1mL 硫酸锰（二价）溶液，放置 5min。用硫代硫酸钠滴定，在滴定快到终点时，加淀粉指示剂。

5. 若试样中有还原性物质存在

① 按规定采取两个试样。

② 向这两个试样中各加入 1.00mL（若需要可加入更多的准确体积）次氯酸钠溶液，盖好细口瓶盖，混合均匀。

一个试样按前面溶解氧的测定中的规定进行处理，测定溶解氧含量。另一个按照试样中有氧化性物质存在的溶解氧测定的步骤③中的规定进行处理，测定过剩的次氯酸钠量。

6. 若试样中有能固定或消耗碘的悬浮物或怀疑有这类物质存在

用明矾将悬浮物絮凝，然后分离并排除这种干扰。

将待测水充入容积约 1000mL 的具玻璃塞细口瓶中，直至溢出，操作时需遵照试样的采集中的有关注意事项。用移液管在液面下加 20mL 10%（质量分数）硫酸铝钾溶液和 4mL 13mol/L 氨溶液，盖上细口瓶盖，将瓶子颠倒摇动几次使充分混合。待沉淀物沉降，将顶部清液虹吸至两个细口瓶内，检验氧化还原物质的存在，再按相应步骤进行测定。

（三）电极法

氧电极按其工作原理分为极谱型和原电池型两种。极谱型氧电极由金阴极、银-氯化银阳极、聚四氟乙烯薄膜、壳体等部分组成，如图 4-8 所示。电极腔内充有氯化钾溶液，聚四氟乙烯薄膜将内电解液和被测水样隔开，只允许溶解氧透过，水和可溶性物质不能透过。当两电极间加上 0.5~0.8V 固定极化电压时，则水样中的溶解氧透过薄膜在阴极上还原，产生了该温度下与氧浓度成正比的还原电流。故在一定条件下只要测得还原电流就可以求出水样中溶解氧的浓度。

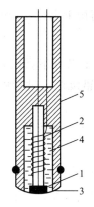

图 4-8　溶解氧电极
1—金阴极；2—银丝阳极；3—薄膜；
4—KCl 溶液；5—壳体

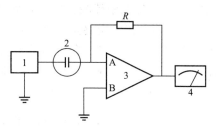

图 4-9　溶解氧测定仪示意
1—极化电压源；2—溶解氧电极测量池；
3—放大器；4—记录表

$$\text{阴极：} O_2 + 2H_2O + 4e^- == 4OH^-$$
$$\text{阳极：} \quad 4Ag + 4Cl^- == 4AgCl + 4e^-$$
$$i_{还} = kc \tag{4-2}$$

式中　k——比例常数；

　　　c——溶解氧的浓度。

（四）溶解氧测定仪

各种溶解氧测定仪均是采用氧电极工作原理，如图 4-9 所示。

测定时，首先用无氧水样校正零点，再用化学法测得溶解氧的浓度的水样校准仪器刻度值，最后测定水样，便可直接显示其溶解氧浓度。仪器设有手动或自动温度补偿装置，补偿温度变化造成的测量误差。适用溶解氧大于 0.1mg/L 的水样以及有色、含有可与碘反应的有机物的水样，常用于现场自动连续测量。

水样中含有氯、二氧化硫、碘、溴的气体或蒸气，可能干扰测定，需经常更换薄膜或校准电极；水样中含有藻类、硫化物、碳酸盐、油等物质时，长期与电极接触会使薄膜堵塞或损坏；更换电解质和膜后，或膜干燥时，要使膜湿润、待读数稳定后再进行校准。

四、硫酸盐的测定

硫酸盐是组成各种盐类的阴离子，水中有硫酸盐存在时，污染产品，形成永久硬水，其是工业用水控制指标之一。测定方法有称量法、铬酸钡分光光度法、电位滴定法、EDTA法、硫酸钡比浊法等。

1. 称量法

称量法即硫酸钡沉淀称量法。在酸性条件下，用氯化钡溶液使水中的硫酸盐以硫酸钡的形式沉淀。经过滤、洗涤、灼烧至质量恒定，用称量法求水样中硫酸盐的含量。

2. 铬酸钡分光光度法

水样中的硫酸盐与过量的铬酸钡酸性悬浊液作用生成硫酸钡沉淀，过滤后的滤液为黄色铬酸根离子，用标准曲线法定量出铬酸根离子的含量，从而间接求出硫酸盐的含量。

3. 电位滴定法

以铅电极为指示电极，甘汞电极为参比电极，在 pH＝4 的条件下，以高氯酸铅标准溶液滴定 75％乙醇体系中硫酸根离子，此时能定量地生成硫酸铅沉淀，过量的铅离子使电位产生突跃，从而求出滴定终点，进而确定硫酸盐的含量。

水样中的重金属、钙、镁等离子干扰，用氢型强酸性阳离子交换树脂除去；磷酸盐和聚磷酸盐干扰，用稀释法或二氧化锰共沉淀法消除。

4. EDTA 法

在水样中加入过量的氯化钡和氯化镁混合溶液，生成硫酸钡沉淀，在 pH＝10 的缓冲溶液中，以铬黑 T 为指示剂，用 EDTA 标准溶液滴定过量的 Ba^{2+} 和 Mg^{2+}，当溶液由红色转变为蓝色即为终点，根据 EDTA 的消耗量可计算出硫酸盐的含量。

镁离子的加入使滴定终点清晰、准确，提高滴定的灵敏度。水样中的钙、镁离子也消耗 EDTA，因此水样总硬度应计入加入的钡镁混合盐之中加以校正。其他干扰参照总硬度测定予以消除。

五、氯的测定

在水中氯离子是组成各种盐类的主要阴离子，一般饮用水中氯化物含量在 $2\sim100mg/L$ 之间，超过 250mg/L（以 NaCl 形式）则水具有明显咸味。氯化物含量高的水对金属管道、锅炉有腐蚀作用。氯的测定方法有莫尔法、汞盐滴定法、电位滴定法和共沉淀富集分光光度法。

1. 莫尔法

在中性或弱碱性溶液中，以 K_2CrO_4 为指示剂，用 $AgNO_3$ 标准溶液进行滴定 Cl^-，硝酸银与氯离子作用生成白色氯化银沉淀，过量的硝酸银与铬酸钾作用生成砖红色铬酸银沉淀指示终点，根据消耗的硝酸银的量计算出氯的含量。本法适用于氯离子含量在 $5\sim100mg/L$ 之间的工业用水。

2. 汞盐滴定法

在 $pH＝2.3\sim2.8$ 的水样中，以二苯卡巴腙（二苯偶氮碳酰肼）为指示剂，用汞盐（Hg^{2+}）标准溶液滴定 Cl^-。氯离子与汞离子反应生成氯化汞，过量的汞离子与二苯卡巴腙形成紫色配合物指示终点，根据消耗的汞盐的量计算出氯的含量。

本法适用于氯含量在 $1\sim100mg/L$ 之间的小样，超过 100mg/L 时，可取水样进行稀释后测定。

关键技术：

① 指示剂中加溴酚蓝、二甲苯蓝-FF 混合液作背景色，可提高指示剂的灵敏度。

② 铁（Ⅲ）、铬酸银、亚硫酸根、联氨等对测定有一定的干扰，加适量的对苯二酚或过氧化氢消除。

3. 电位滴定法

以银电极为指示电极，双液型饱和甘汞电极为参比电极，用硝酸银标准溶液进行滴定，终点电位即氯离子与银离子浓度相等时两极的电位差，设定好后自动停止滴定，根据消耗硝酸银的量计算出氯的含量。溴、碘、硫等存在时干扰测定。本法适用于氯离子含量在 5～100mg/L 之间的水样。

4. 共沉淀富集分光光度法

水样中的氯离子用磷酸铅沉淀作载体，经高速离心分离后，用硝酸铁-高氯酸溶液溶解沉淀，加显色剂硫氰酸汞-甲醇，用分光光度法的工作曲线法定量间接测定水中氯的含量。此法适用于氯离子在 10～100μg/L 之间的水样。

六、总铁的测定

水中含有铁盐，工业用水经过输水管道后铁含量增加，地下水因缺氧主要是亚铁盐，地面水因被空气氧化主要是铁盐。水中的铁盐使产品质量下降，有特殊气味不宜食用。天然水中含铁量很低，一般选用分光光度法测定，常用硫氰酸盐分光光度法和邻菲罗啉分光光度法。

1. 硫氰酸盐分光光度法

在酸性溶液中，Fe^{3+} 与硫氰酸盐反应生成红色配合物。反应式 $Fe^{3+} + nSCN^- \longrightarrow [Fe(SCN)_n]^{3-n}$，其中 $n=1$～6，n 不同时配合物的颜色不同，n 值的大小取决于溶液的酸度和硫氰酸根离子浓度。溶液酸度过大，则配合物稳定性降低，配位数减小，配合物颜色不稳定；溶液酸度过小，则会使 Fe^{3+} 发生水解反应，不利于测定，通常控制在 pH＝0.5 左右。硫氰酸根浓度足够大时能抑制配合物的离解，有利于形成稳定的高配位数配合物，因此常加入过量的硫氰酸盐，而且在水样和标准溶液中加入的硫氰酸根离子的浓度一致。用标准曲线法进行定量，求出铁的含量。

关键技术：

① 水样中的 F^-、PO_4^{3-} 能与 Fe^{3+} 生成稳定的无色配合物，干扰测定，少量时可忽略，大量时通过控制酸度和增加硫氰酸根离子浓度来排除。

② 水中强氧化性或还原性物质能氧化 SCN^- 或还原 Fe^{3+}，干扰测定。

③ 水中有色物质和悬浮物质干扰测定，加 HNO_3 消化和过滤预先除去。

④ Fe^{2+} 不与 SCN^- 发生显色反应，因此测定总铁含量时加入氧化剂将 Fe^{2+} 氧化成 Fe^{3+}，再进行测定。

⑤ 当铁含量过低时，显色后用异戊醇或乙醚萃取后定量测定。

2. 邻菲罗啉分光光度法

在 pH＝2～9 时，用盐酸羟胺（或抗坏血酸）将水样中的三价铁离子还原成二价铁离子，二价铁离子与邻菲罗啉生成橙红色配合物，在波长 510nm 处，采用工作曲线法定量求出铁的含量。

Fe^{3+} 与邻菲罗啉生成淡蓝色配合物，在加入显色剂之前用还原剂（盐酸羟胺或抗坏血酸）将三价铁离子还原成二价铁离子。此方法选择性高，相当于铁量 40 倍的 Sn^{2+}、Al^{3+}、Ca^{2+}、Mg^{2+}、Zn^{2+}；20 倍的 $Cr(Ⅵ)$、$V(Ⅴ)$、$P(Ⅴ)$；5 倍的 Co^{2+}、Ni^{2+}、Cu^{2+} 等不干扰测定。

关键技术：

① 大量的磷酸盐存在对测定产生干扰，可加柠檬酸盐和对苯二酚加以消除。

② 用溶剂萃取法可消除所有金属离子或可能与铁配合的阴离子产生的干扰。

第二节　工业污水分析

一、铅的测定

铅是可在人体和动植物组织中蓄积的有毒金属。主要毒性效应是贫血症、神经机能失调和肾损伤。铅对水生生物的安全浓度为 0.16mg/L。世界范围内，淡水中含铅 0.06～120μg/L，中值 3μg/L；海水含铅 0.03～13μg/L，中值 0.03μg/L。铅的主要污染源有蓄电池、五金、冶金、机械、涂料和电镀工业等排放的污水。

铅的测定方法有双硫腙分光光度法、原子吸收分光光度法和阳极溶出伏安法或示波极谱法。

（一）双硫腙分光光度法

双硫腙分光光度法是在 pH＝8.5～9.5 的氨性柠檬酸盐-氰化钠的还原介质中，铅离子与双硫腙反应生成红色螯合物，用三氯甲烷（或四氯化碳）萃取后，于 510nm 处测定吸光度，求出水样中铅含量。适用于地表水和污水中痕量铅。方法的最低检出浓度（取 100mL 水样，10mm 比色皿时）为 0.01mg/L，测定上限为 0.3mg/L。

关键技术：

① 应注意使用的器皿、试剂、去离子水中不应含有痕量铅；

② 在 pH＝8～9 时 Bi^{3+}、Sn^{2+} 等干扰，一般先在 pH＝2～3 时用双硫腙三氯甲烷萃取除去，同时除去铜、汞、银等离子；

③ 水样中的氧化性物质（如 Fe^{3+}）易氧化双硫腙，在氨性介质中加入盐酸羟胺去除；

④ 氰化钾可掩蔽铜、锌、镍、钴等离子，柠檬酸盐配位掩蔽钙、镁、铝、铬、铁等，防止氢氧化物沉淀。

（二）原子吸收分光光度法

由空心阴极灯发射的特征谱线（锐线光源），穿越被测水样经原子化后产生的原子蒸气时，产生选择性吸收，使入射光强度与透射光强度产生差异，通过测定基态原子的吸光度，确定试样中铅的含量。

直接吸入火焰原子吸收分光光度法是将水样或消解处理好的水样直接吸入火焰中测定，适用于地下水、地表水、污水及受污染的水，适用范围 0.05～1mg/L，共存离子在常见浓度下不干扰测定，钙离子浓度高于 1000mg/L 时抑制镉吸收。萃取或离子交换火焰原子吸收分光光度法测定微量金属是将水样或消解处理好的水样，在酸性介质中与吡咯烷二硫代氨基甲酸铵（APDC）配位，用甲基异丁基甲酮（MIBK）萃取后吸入火焰进行测定，适用于地下水、清洁地表水，适用范围 1～50μg/L。铁含量低于 5mg/L 时不干扰测定，铁含量高时用碘化钾-甲基异丁基酮萃取体系效果好，萃取时避免日光直射及远离热源。样品中存在强氧化剂时，萃取前应除去，否则会破坏吡咯烷二硫代氨基甲酸铵。石墨炉原子吸收分光光度法测定微量金属是将水样直接注入石墨炉内进行测定，适用于地下水和清洁地表水，适用范围 $0.1 \sim 2\mu g/L$。氯化钠对测定有干扰，每 $20\mu g$ 水样加入 5％ 磷酸钠溶液 $10\mu L$ 消除基体效应的影响。水样用 HNO_3 和 $HClO_4$ 混合液消解。

原子吸收分光光度法测定铜、锌、铅、镉的特征谱线见表 4-1。

表 4-1 元素的特征谱线

元素	特征谱线/nm	非特征吸收谱线/nm	元素	特征谱线/nm	非特征吸收谱线/nm
铜	324.7	324（锆）	铅	283.3	283.7（锆）
锌	213.8	214（氘）	镉	228.8	229（氘）

关键技术：

① 当四元素浓度分别为铜 $1 \sim 50\mu g/L$、铅 $10 \sim 200\mu g/L$、镉 $1 \sim 50\mu g/L$ 时，常用螯合萃取法测定：用吡咯烷二硫代氨基甲酸铵在 pH＝3.0 时与被金属离子螯合后，萃取入甲基异丁基甲酮中，然后吸入火焰进行分析。

② 钙浓度高于 1000mg/L 时，对镉测定有干扰。铁浓度高于 100mg/L 时，对锌测定有干扰。

③ 采样用聚乙烯瓶，采样瓶应先酸洗，使用前用水洗净。

④ 为了检验是否存在基体干扰或背景吸收，可通过测定加入适量标液，测定标样的回收率判断基体干扰的程度；通过测定特征谱线附近 1nm 内的一条非特征吸收谱线处的吸收可判断背景吸收的大小。与特征谱线对应的非特征吸收谱线可根据表 4-1 选择。

⑤ 在测定过程中，要定期地复测空白和工作标准溶液，以检查基线的稳定性和仪器的灵敏度是否发生了变化。

根据检验结果，如果存在基体干扰，用标准加入法测定并计算结果。如果存在背景吸收，用自动背景校正装置或邻近非特征吸收法进行校正，后一种方法是从特征谱线处测得的吸收值中扣除邻近非特征吸收谱线处的吸收值，得到被测元素原子的真正吸收。此外，也可使用螯合萃取法或样品稀释法降低或排除产生基体干扰或背景吸收的组分。

⑥ 消解中使用的高氯酸有爆炸危险，整个消解在通风柜中进行。

（三）原子吸收分光光度法测定铜、锌、铅、镉

1. 仪器准备

（1）原子吸收分光光度计。

（2）空心阴极灯 铜、锌、铅、镉空心阴极灯。

2. 试剂准备

（1）硝酸 $\rho=1.42g/mL$，1＋1，1＋499，优级纯。

（2）高氯酸 $\rho=1.67g/mL$，优级纯。

（3）硝酸 $\rho=1.42g/mL$，分析纯。

（4）氧化剂、空气 进入燃烧器以前要过滤，以除去其中的水、油和其他杂质。

（5）乙炔 纯度不低于 99.6％。

（6）金属离子储备液 1.000g/L，称取 1.000g 光谱纯金属（精确到 0.001g），用优级

纯硝酸溶解，必要时加热，直至溶解完全，然后用水稀释定容至 1000mL。

（7）中间标准溶液 用 1＋499 硝酸溶液稀释金属离子储备液配制，此溶液中铜、锌、铅、镉的浓度分别为 50.00mg/L、10.00mg/L、100.0mg/L 和 10.00mg/L。

3. 样品测定

① 测定溶解的金属时，样品采集后立即通过 $0.45\mu m$ 滤膜过滤，滤液用硝酸酸化至 pH＝1～2（正常状态下 1000mL 样品 2mL 浓硝酸），按下述步骤测定。

② 测定金属总量时，如果样品不需要消解，用实验室样品，按下述步骤进行测定。如果需要硝酸消解，用实验室试份进行分析。

③ 加入 5mL 优级纯硝酸，在电热板上加热消解，确保样品不沸腾，蒸至 10mL 左右，加 5mL 优级纯硝酸和 2mL 高氯酸，继续消解，蒸至 1mL 左右。如果消解不完全，再加入 5mL 硝酸和 2mL 高氯酸，再蒸到 1mL 左右。取下冷却，加水溶解残渣，通过中速滤纸（预先用酸洗）滤入 100mL 容量瓶中，用水稀释至标线。

④ 开机。选择与待测元素相应的空心阴极灯，按表 4-1 的工作条件将仪器调试到工作状态（调试操作按仪器说明书进行）。

⑤ 标准曲线。参照表 4-2 在 100mL 容量瓶中，用 1＋499 硝酸溶液稀释中间标准溶液，每种元素至少配制 4 个工作标准溶液，其浓度范围应包括被测元素的浓度。

吸入 1＋499 硝酸溶液，将仪器调零。由稀释浓度分别吸入各标准工作溶液测出相应吸光度并记录。注意，每测一个标准工作液均要吸喷 1＋499 硝酸溶液将仪器调零后再吸喷下一个试液。

用测得的吸光度与相对应的浓度绘制标准曲线。

表 4-2　工作标准溶液

中间标准溶液加入体积/mL		0.50	1.00	5.00	10.0	中间标准溶液加入体积/mL		0.50	1.00	5.00	10.0
工作标准溶液浓度/(mg/L)	铜	0.25	0.50	1.50	5.00	工作标准溶液浓度/(mg/L)	铅	0.50	1.00	3.00	10.0
	锌	0.05	0.10	0.30	1.00		镉	0.05	0.10	0.30	1.00

（6）测定空白 取 100.0mL 1＋499 硝酸溶液代替样品，置于 200mL 烧杯中，用与试样相同处理后，以相应元素工作溶液的测定工作条件测出相应条件下的空白液的吸光度并记录。

（7）在与相应元素工作溶液相同的工作条件下，吸喷已处理过的试样试液，分别测出各相应元素工作条件下各元素的吸光度并记录。

4. 数据处理

以扣除相应空白吸光度的试样吸光度，在标准曲线上查出相应金属元素的浓度。

二、铬的测定

铬的毒性与其存在的价态有关，六价铬（以 CrO_4^{2-}、$HCrO_4^-$、$HCr_2O_7^-$、$Cr_2O_7^{2-}$ 形式存在）比三价铬毒性高 100 倍，三价铬和六价铬可以相互转化。天然水不含铬；海水中铬的平均浓度为 $0.05\mu g/L$；饮用水中更低。

铬的测定方法有分光光度法、硫酸亚铁铵滴定法等。

（一）六价铬的测定

在酸性介质中，六价铬与二苯碳酰二肼（DPC）反应，生成紫红色配合物，于 540nm 波长处测定吸光度，求出水样中六价铬的含量。

方法的最低检出浓度（取 50mL 水样，10mm 比色皿时）为 0.004mg/L，测定上限为 1mg/L。

六价铬含量（mg/L）按式（4-3）计算。

$$六价铬含量 = \frac{m}{V_{样}} \qquad (4-3)$$

式中　m——由标准曲线查得的试样含六价铬的质量，μg；

　　　$V_{样}$——水样的体积，mL。

六价铬含量以三位有效数字表示。

关键技术：

① 清洁试样可直接测定，采样后尽快测定，放置不超过 24h；

② 玻璃仪器不能用 $K_2Cr_2O_7$ 洗液洗涤，用 HNO_3 和 H_2SO_4 混合液洗涤；

③ 浑浊、色度较深的水样在 pH＝8～9 条件下，以氢氧化锌作共沉淀剂，此时 Cr^{3+}、Fe^{3+}、Cu^{2+} 均形成氢氧化物沉淀与水样中 $Cr(Ⅵ)$ 分离；

④ 次氯酸盐等氧化性物质干扰测定，用尿素和亚硝酸钠去除；

⑤ 显色酸度一般控制在 0.05～0.3mol/L$\left(\frac{1}{2}H_2SO_4\right)$，0.2mol/L 最好；

⑥ 水样中的有机物干扰测定，用酸性 $KMnO_4$ 氧化去除；

⑦ 二价铁、亚硫酸盐、硫代硫酸盐等还原性物质干扰测定，酸化后加显色剂显色。

（二）分光光度法测定水中六价铬

1. 仪器准备

（1）容量瓶　500mL，1000mL。

（2）分光光度计。

2. 试剂准备

（1）丙酮

（2）硫酸溶液　1+1。

（3）磷酸溶液　1+1，将磷酸（H_3PO_4，优级纯 $\rho＝1.69g/mL$）与水等体积混合。

（4）氢氧化钠溶液　4g/L。

（5）氢氧化锌共沉淀剂　使用时将 100mL 80g/L 硫酸锌（$ZnSO_4 \cdot 7H_2O$）溶液和 120mL 20g/L 氢氧化钠溶液混合。

（6）高锰酸钾溶液　40g/L。称取高锰酸钾（$KMnO_4$）4g，在加热和搅拌下溶于水，最后稀释至 100mL。

（7）铬标准储备液　六价铬 0.10mg/mL。称取于 110℃ 干燥 2h 的重铬酸钾（$K_2Cr_2O_7$，优级纯）(0.2829±0.0001)g，用水溶解后，移入 1000mL 容量瓶中，用水稀释至标线，摇匀。

（8）铬标准溶液 A 六价铬 $1.00\mu g/mL$。吸取 $5.00mL$ 铬标准储备液置于 $500mL$ 容量瓶中，用水稀释至标线，摇匀，使用时当天配制。

（9）铬标准溶液 B 六价铬 $5.00\mu g/mL$。吸取 $25.00mL$ 铬标准储备液置于 $500mL$ 容量瓶中，用水稀释至标线，摇匀，使用当天配制此溶液。

（10）尿素溶液 $200g/L$，将尿素 $[(NH_2)_2CO]$ $20g$ 溶于水并稀释至 $100mL$。

（11）亚硝酸钠溶液 $20g/L$，将亚硝酸钠（$NaNO_2$）$2g$ 溶于水并稀释至 $100mL$。

（12）显色剂 A 称取二苯碳酰二肼（$C_{13}N_{14}H_4O$）$0.2g$，溶于 $50mL$ 丙酮中，加水稀释到 $100mL$，摇匀，储于棕色瓶，置冰箱中（色变深后，不能使用）。

（13）显色剂 B 称取二苯碳酰二肼 $2g$，溶于 $50mL$ 丙酮中，加水稀释到 $100mL$，摇匀，储于棕色瓶，置冰箱中（色变深后，不能使用）。

3. 样品测定

（1）用玻璃瓶按采样方法采集具有代表性试样 采样时，加入氢氧化钠，调节 pH 值约为 8。样品中不含悬浮物、低色度的清洁地表水可直接测定，不需预处理。

（2）色度校正 当样品有色但不太深时，另取一份试样，以 $2mL$ 丙酮代替显色剂，其他步骤同（7）。试样测得的吸光度扣除此色度校正吸光度后，再行计算。

（3）对混浊、色度较深的样品可用锌盐沉淀分离法进行前处理 取适量试样（含六价铬少于 $100\mu g$）于 $150mL$ 烧杯中，加水至 $50mL$。滴加氢氧化钠溶液，调节溶液 pH 值为 $7\sim 8$。在不断搅拌下，滴加氢氧化锌共沉淀剂至溶液 pH 值为 $8\sim 9$。将此溶液转移至 $100mL$ 容量瓶中，用水稀释至标线。用慢速滤纸干过滤，弃去 $10\sim 20mL$ 初滤液，取其中 $50.0mL$ 滤液供测定。

（4）二价铁、亚硫酸盐、硫代硫酸盐等还原性物质的消除 取适量样品（含六价铬少于 $50\mu g$）于 $50mL$ 比色管中，用水稀释至标线，加入 $4mL$ 显色剂 B 混匀，放置 $5min$ 后，加入 $1mL$ 硫酸溶液摇匀。$5\sim 10min$ 后，在 $540nm$ 波长处，用 $10mm$ 或 $30mm$ 光程的比色皿，以水作参比，测定吸光度。扣除空白试验测得的吸光度后，从标准曲线查得六价铬含量。用同法做标准曲线。

（5）次氯酸盐等氧化性物质的消除 取适量样品（含六价铬少于 $50\mu g$）于 $50mL$ 比色管中，用水稀释至标线，加入 $0.5mL$ 硫酸溶液、$0.5mL$ 磷酸溶液、$1.0mL$ 尿素溶液，摇匀，逐滴加入 $1mL$ 亚硝酸钠溶液，边加边摇，以除去由过量的亚硝酸钠与尿素反应生成的气泡，待气泡除尽后，以下步骤同（7）（免去加硫酸溶液和磷酸溶液）。

（6）空白试验 按同水样完全相同的上述处理步骤进行空白试验，用 $50mL$ 蒸馏水代替试样。

（7）测定 取适量（含六价铬少于 $50\mu g$）无色透明试样，置于 $50mL$ 比色管中，用水稀释至标线。加入 $0.5mL$ 硫酸溶液和 $0.5mL$ 磷酸溶液，摇匀。加入 $2mL$ 显色剂 A，摇匀放置 $5\sim 10min$ 后，在 $540nm$ 波长处，用 $10mm$ 或 $30mm$ 的比色皿，以水作参比，测定吸光度，扣除空白试验测得的吸光度后，从标准曲线上查得六价铬含量（如经锌盐沉淀分离、高锰酸钾氧化法处理的样品，可直接加入显色剂测定）。

（8）标准曲线绘制 向一系列 $50mL$ 比色管中分别加入 0、$0.20mL$、$0.50mL$、$1.00mL$、$2.00mL$、$4.00mL$、$6.00mL$、$8.00mL$ 和 $10.00mL$ 铬标准溶液 A 或铬标准溶液 B（如经锌盐沉淀分离法前处理，则应加倍吸取），用水稀释至标线，然后按照测定步骤（7）进行处理。

从测得的吸光度减去空白试验的吸光度后，绘制以六价铬的量对吸光度的曲线。

（三）总铬的测定

在酸性溶液中，水样中的三价铬用高锰酸钾氧化成六价铬，六价铬与二苯碳酰二肼（DPC）反应，生成紫红色配合物，于 540nm 波长处测定吸光度，求出水样中六价铬的含量。

关键技术：

① 过量的高锰酸钾用亚硝酸钠分解，过量的亚硝酸钠用尿素分解，亚硝酸钠可用叠氮化钠代替；

② 水样中若含有大量有机物时，用硝酸-硫酸消解。

（四）原子吸收分光光度法

将试样喷入富燃性空气-乙炔火焰中，在火焰的高温下，形成铬基态原子。并对铬空心阴极灯发射的特征谱线 357.0nm 产生选择性吸收。在选择的最佳测定条件下，测定铬的吸光度。

三、化学耗氧量的测定

化学耗氧量（COD）是指在一定条件下，氧化 1L 水样中还原性物质所消耗的氧化剂的量，以氧的质量表示（mg/L）。

化学耗氧量反映了水体受还原性物质污染的程度。水中的还原性物质包括有机物、亚硝酸盐、亚铁盐、硫化物等。化学耗氧量是条件性指标，其随测定时所用氧化剂的种类、浓度、反应温度和时间、溶液的酸度、催化剂等变化而不同。我国规定用重铬酸钾法，也可以用与其测定结果一致的库仑滴定法。

（一）重铬酸钾法

在强酸性溶液中，用重铬酸钾氧化水样的还原性物质，过量的重铬酸钾以试亚铁灵作指示剂，用硫酸亚铁铵标准溶液回滴，同样条件做空白，根据标准溶液用量计算水样的化学耗氧量。

$$Cr_2O_7^{2-} + 14H^+ + 6e^- = 2Cr^{3+} + 7H_2O$$
$$Cr_2O_7^{2-} + 14H^+ + 6Fe^{2+} = 6Fe^{3+} + 2Cr^{3+} + 7H_2O$$

在水样中加硫酸汞和催化剂硫酸银，加热沸腾后回流 2h，如图 4-10 所示。用 $K_2Cr_2O_7$ 滴定分析法定量。

$K_2Cr_2O_7$ 氧化性很强，可将大部分有机物氧化，但吡啶不被氧化，芳香族有机物不易被氧化。挥发性直链脂肪族化合物、苯等有机物存在于蒸气相，不能与氧化剂液体接触，氧化不明显。

化学耗氧量 COD 含量（mg/L）按式（4-4）计算。

$$COD = \frac{c(V_0 - V) \times 8 \times 1000}{V_{样}}$$ （4-4）

式中　c——硫酸亚铁铵标准溶液的浓度，mol/L；

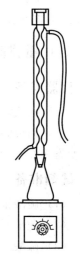
图 4-10　回流装置

V_0——空白实验所消耗的硫酸亚铁铵标准溶液的体积，mL；

V——水样测定所消耗的硫酸亚铁铵标准溶液的体积，mL；

$V_样$——水样的体积，mL；

8——O_2的摩尔质量，g/mol。

关键技术：

① 该方法对未经稀释的试样其化学耗氧量测定上限为700mg/L，超过此限时必须经稀释后测定。

② 在特殊情况下，需要测定的试样在10.0～50.0mL之间，试剂的体积或质量可按表4-3做相应的调整。

表4-3　试剂用量

水样体积 /mL	0.250mol/L 重铬酸钾溶液体积/mL	硫酸-硫酸银 溶液体积/mL	硫酸汞 /g	$[(NH_4)_2Fe(SO_4)_2 \cdot 6H_2O]$ /(mol/L)	滴定前体积 /mL
10.0	5.0	15	0.2	0.050	70
20.0	10.0	30	0.4	0.100	140
30.0	15.0	45	0.6	0.150	210
40.0	20.0	60	0.8	0.200	280
50.0	25.0	75	1.0	0.250	350

③ 对于化学耗氧量小于50mg/L的试样，应采用低浓度的重铬酸钾标准溶液（用本实验中所用的重铬酸钾标准溶液稀释10倍）氧化，加热回流以后，采用低浓度的硫酸亚铁铵溶液（用本实验中所用的硫酸亚铁铵溶液稀释10倍）回滴。对于污染严重的试样，可选取所需体积1/10的试样和1/10的试剂，放入10mm×150mm硬质玻璃管中，摇匀后，用酒精灯加热至沸数分钟观察，溶液是否变成蓝绿色。如呈蓝绿色，应再适当少加试样。重复以上实验，直至溶液不变蓝绿色为止，从而确定待测试样适当的稀释倍数。

④ 氯离子干扰测定，加入硫酸汞去除，加入0.4g硫酸汞配合氯离子40mg，若取20.00mL试样，0.4g硫酸汞可配合2000mg/L氯离子的试样。

⑤ 污水COD值大于50mg/L时，可用0.25mol/L的$K_2Cr_2O_7$；污水COD为5～50mg/L时可用0.025mol/L的$K_2Cr_2O_7$。

（二）重铬酸钾法测定水中化学耗氧量

1. 仪器准备

（1）酸式滴定管　25mL或50mL。

（2）回流装置　带有24号标准磨口的250mL锥形瓶的全玻璃回流装置。回流冷凝管的长度为300～500mm。若取样量在30mL上时，可采用500mL锥形瓶的全玻璃回流装置。

2. 试剂准备

（1）硫酸银　化学纯。

（2）硫酸汞　化学纯。

（3）硫酸　$\rho=1.84$g/mL，化学纯。

（4）硫酸银-硫酸溶液　向1L硫酸中加入10g硫酸银，放置1～2d使之溶解，并混匀，使用前小心摇动。

（5）重铬酸钾标准溶液 $c\left(\frac{1}{6}K_2Cr_2O_7\right)=0.250mol/L$，将 12.258g 在 105℃ 干燥 2h 后的重铬酸钾溶于水中，稀释至 1000mL。

（6）硫酸亚铁铵标准滴定溶液 $c\left[(NH_4)_2Fe(SO_4)_2 \cdot 6H_2O\right] \approx 0.10mol/L$，溶解 39g 硫酸亚铁铵于水中，加入 20mL 浓硫酸，待溶液冷却后稀释至 1000mL。

硫酸亚铁铵标准滴定溶液的标定：取 10.00mL 重铬酸钾标准溶液置于锥形瓶中，用水稀释至约 100mL，加入 30mL 硫酸混匀冷却后，加 3 滴（约 0.15mL）试亚铁灵指示剂，用硫酸亚铁铵滴定，溶液的颜色由黄色经蓝绿色变为红褐色，即为终点。记录下硫酸亚铁铵的消耗量 V（mL），并按下式计算硫酸亚铁铵标准滴定溶液浓度：

$$c\left[(NH_4)_2Fe(SO_4)_2 \cdot 6H_2O\right]=\frac{10.00 \times 0.250}{V}$$

（7）邻苯二甲酸氢钾标准溶液 $c(KC_8H_5O_4)=2.0824mmol/L$，称取 105℃、干燥 2h 的邻苯二甲酸氢钾 0.4251g 溶于水，并稀释至 1000mL，混匀。以重铬酸钾为氧化剂，将邻苯二甲酸氢钾完全氧化的 COD 值为 1.176（指 1g 邻苯二甲酸氢钾耗氧 1.176g），故该标准溶液的理论 COD 值为 500mg/L。

（8）1,10-邻菲罗啉指示液 溶解 0.7g 七水合硫酸亚铁（$FeSO_4 \cdot 7H_2O$）于 50mL 的水中，加入 1.5g 1,10-邻菲罗啉，搅拌至溶解，加水稀释至 100mL。

（9）防暴沸玻璃珠。

3. 样品测定

（1）试样的保存 采取不少于 100mL 具有代表性的试样，置于玻璃瓶中。如不能立即分析，则应加入硫酸调至 pH<2，置 4℃ 下保存。但保存时间不得超过 5d。

（2）回流 清洗所要使用的仪器，安装好回流装置，如图 4-10 所示。

将试样充分摇匀，取出 20.0mL 作为试样（或取试样适量加水稀释至 20.0mL），置于 250mL 锥形瓶内，准确加入 10.0mL 重铬酸钾标准溶液及数粒防暴沸玻璃珠。连接磨口回流冷凝管，从冷凝管上口慢慢加入 30mL H_2SO_4-Ag_2SO_4 溶液，轻轻摇动锥形瓶使溶液混匀，回流 2h。冷却后用 20～30mL 水自冷凝管上端冲洗冷凝管后取下锥形瓶，再用水稀释至 140mL 左右。

（3）测定 溶液冷却至室温后，加入 3 滴 1,10-邻菲罗啉指示液，用硫酸亚铁铵标准滴定液滴定至溶液由黄色经蓝绿色变为红褐色为终点。记下硫酸亚铁铵标准滴定溶液的消耗体积 V。

（4）空白试验 按相同步骤以 20.0mL 蒸馏水代替试样进行空白实验，记录空白滴定时消耗硫酸亚铁铵标准滴定溶液的消耗体积 V_0。

（5）校核试验 按测定试样同样的方法分析 20.0mL 邻苯二甲酸氢钾标准溶液的化学耗氧量值，用以检验操作技术及试剂纯度。该溶液的理论化学耗氧量值为 500mg/L，如果校核试验的结果大于该值的 96%，即可认为实验步骤基本上是适宜的，否则，必须寻找失败的原因，重复实验使之达到要求。

测定结果一般保留三位有效数字，对化学耗氧量值小的水样，当计算出化学耗氧量值小于 10mg/L 时，应表示为“化学耗氧量<10mg/L”。

（三）COD 测定仪法

COD 测定仪主要是用库仑仪，库仑滴定法采用 $K_2Cr_2O_7$ 氧化剂，在 $10.2mol/L$ 硫酸介质中回流 $15min$ 消解水样，加入硫酸铁溶液，电解产生的 Fe^{2+} 为库仑滴定剂，滴定剩余的 $K_2Cr_2O_7$，同时做空白。根据电解产生亚铁离子所消耗的电量，按法拉第电解定律计算。

化学耗氧量 COD 含量（O_2，mg/L）按式（4-5）计算。

$$COD = \frac{Q_s - Q_m}{96500} \times \frac{8000}{V_{样}} \tag{4-5}$$

式中　Q_s——标定重铬酸钾消耗的电量（空白），C；

　　　Q_m——测定剩余重铬酸钾所消耗的电量，C；

　　　$V_{样}$——水样体积，mL；

　　96500——法拉第常量，C/mol。

若仪器具有简单数据处理装置，直接显示 COD 数值。此法简便、快速、试剂用量少，无须标准溶液。缩短了消化时间，氧化率与重铬酸钾法基本一致。

四、挥发酚的测定

根据酚的沸点、挥发性和能否与水蒸气一起蒸出，分为挥发酚和不挥发酚。通常认为沸点在 $230℃$ 以下为挥发酚，一般为一元酚；沸点在 $230℃$ 以上为不挥发酚。酚的分析方法有溴量法、4-氨基安替比林分光光度法和色谱法等。

（一）溴量法

取一定量水样，加入溴量剂 $KBrO_3$ 和 KBr，再加入碘化钾溶液，以淀粉为指示剂，用 $Na_2S_2O_3$ 标准溶液滴定生成的碘，同时做空白。根据 $Na_2S_2O_3$ 标准溶液消耗的体积计算出以苯酚计的挥发酚含量。

$$KBrO_3 + 5KBr + 6HCl = 3Br_2 + 6KCl + 3H_2O$$

$$C_6H_5OH + 3Br_2 = C_6H_2Br_3OH + 3HBr$$

$$C_6H_2Br_3OH + Br_2 = C_6H_2Br_3OBr + HBr$$

$$Br_2 + 2KI = 2KBr + I_2$$

$$C_6H_2Br_3OBr + 2KI + 2HCl = C_6H_2Br_3OH + 2KCl + HBr + I_2$$

$$2Na_2S_2O_3 + I_2 = 2NaI + Na_2S_4O_6$$

关键技术：

① 水样中的干扰成分，在蒸馏前去除；氧化剂如游离氯加入过量亚硫酸铁去除；还原剂如硫化物用磷酸把水样 pH 值调至 4.0（用甲基橙或 pH 计指示）加入适量硫酸铜溶液生成硫化铜去除，当含量较高时用磷酸酸化水样，生成硫化氢逸出；油类用氢氧化钠颗粒调 pH 值为 $12\sim12.5$，用四氯化碳萃取去除。

② 甲醛、亚硫酸盐等有机或无机还原物质，可分取适量水样于分液漏斗中，加硫酸酸化，分别用 50mL、30mL、30mL 乙醚或二氯甲烷萃取酚，合并乙醚层于另一分液漏斗中，分别用 4mL、3mL、3mL 10%NaOH 溶液反萃取，使酚类转入 NaOH 溶液中。合并碱液于烧杯中，置水浴上加热，以除去残余萃取溶剂，然后用水将碱萃取液稀释至原分取水样的体

积。同时以水做空白试验。

③ 采样时常加入适量硫酸铜（1g/L）以抑制微生物对酚类的生物氧化作用；蒸馏时若发现甲基橙红色褪去，在蒸馏结束后，再加入1滴甲基橙指示剂，如显示蒸馏后残液不呈酸性，重新取样，增加磷酸用量，进行蒸馏。

（二）4-氨基安替比林分光光度法

酚类化合物在pH＝10±0.2和铁氰化钾的存在下，与4-氨基安替比林反应，生成橙红色的吲哚安替比林染料，于波长510nm处测定吸光度（若用氯仿萃取此染料，有色溶液可稳定3h，可于波长460nm处测定吸光度），求出水样中挥发酚的含量。

挥发酚含量（mg/L）按式（4-6）计算。

$$挥发酚含量 = \frac{m}{V} \times 1000 \tag{4-6}$$

式中　m——试样的校正吸光度，从标准曲线上查得的苯酚含量，mg；

　　　V——移取馏出液体积，mL。

此法测定的不是总酚，因显色反应受酚环上取代基的种类、位置、数目的影响，羟基对位的取代基可阻止反应的进行，但卤素、羧基、磺酸基、羟基和甲氧基除外；邻位的硝基阻止反应生成，而间位的硝基不完全地阻止反应；氨基安替比林与酚的偶合在对位较邻位多见；当对位被烷基、芳基、酯基、硝基、苯酰基、亚硝基或醛基取代，而邻位未被取代时，不呈现颜色反应。

关键技术：

① 加热蒸馏是实验的关键；

② 试样含挥发酚较高时，移取适量试样并加至250mL进行蒸馏，在数据处理时乘以稀释倍数；

③ 试样中含挥发性酸时，可使馏出液pH降低，此时应在馏出液中加入氨水呈中性后，再加入缓冲溶液。

（三）4-氨基安替比林分光光度法测定水中挥发酚

1. 仪器准备

（1）分光光度计；

（2）全玻璃蒸馏器　500mL。

2. 试剂准备

（1）无酚水　于1L水中加入0.2g经200℃活化0.5h的活性炭粉末，充分振摇后，放置过夜。用双层中速滤纸过滤，或加氢氧化钠使水呈强碱性，并滴加高锰酸钾溶液至紫红色，移入蒸馏瓶中加热蒸馏，收集馏出液备用。

无酚水应储于玻璃瓶中，取用时应避免与橡胶制品（橡胶塞或乳胶管）接触。

（2）硫酸铜溶液　100g/L。

（3）磷酸溶液　$\rho=1.69g/mL$，1+10。

（4）甲基橙指示液　0.5g/L水溶液。

（5）苯酚标准储备液　称取1.00g无色苯酚（C_6H_5OH）溶于水，移入1000mL容量瓶中稀释至标线，放入冰箱内保存。至少稳定一个月。加溴酸钾-溴化钾和碘化钾后，用硫代硫酸钠标准溶液标定苯酚浓度。

(6) 苯酚标准中间液   取适量苯酚储备液，用水稀释至每毫升含 0.010mg 苯酚。使用时当天配制。

(7) 溴酸钾-溴化钾标准溶液 $c\left(\dfrac{1}{6}KBrO_3\right)=0.1mol/L$，称取 2.784g 溴酸钾（$KBrO_3$）溶于水，加 10g 溴化钾（$KBr$）使其溶解，移入 1000mL 容量瓶中，稀释至标线。

(8) 碘酸钾标准溶液 $c\left(\dfrac{1}{6}KIO_3\right)=0.0125mol/L$，称取预先经 180℃ 烘干的碘酸钾 0.4458g 溶于水，移入 1000mL 容量瓶中，稀释至标线。

(9) 硫代硫酸钠标准溶液 $c(Na_2S_2O_3 \cdot 5H_2O)=0.0125mol/L$，称取 3.1g 硫代硫酸钠溶于煮沸放冷的水中，加 0.2g 碳酸钠，稀释至 1000mL，临用前，用碘酸钾溶液标定。

(10) 淀粉溶液   10g/L 水溶液，冷后，置冰箱内保存。

(11) 缓冲溶液   pH≈10，称取 20g 氯化铵（NH_4Cl）溶于 100mL 氨水中，加塞，置冰箱中保存。

(12) 4-氨基安替比林   20g/L，置于冰箱中保存可使用一周。

(13) 铁氰化钾溶液   80g/L，置于冰箱中保存可使用一周。

3. 样品测定

(1) 试样预处理   量取 250mL 试样置蒸馏瓶中，加数粒小玻璃珠以防暴沸，再加 2 滴甲基橙指示液，用磷酸溶液调节至 pH=4（溶液呈橙色），加 5.0mL 硫酸铜溶液（如采样时已加过硫酸铜，则补加适量）。

如加入硫酸铜溶液后产生较多的黑色硫化铜沉淀，则应摇匀后放置片刻，待沉淀后，再滴加硫酸铜溶液，至不再产生沉淀为止。

(2) 试样蒸馏   连接冷凝器，加热蒸馏，至蒸馏出约 225mL 时，停止加热，放冷。向蒸馏瓶中加入 25mL 水，继续蒸馏至馏出液为 250mL 为止。

蒸馏过程中，如发现甲基橙的红色褪去，应在蒸馏结束后，再加 1 滴甲基橙指示液。如发现蒸馏后残液不呈酸性，则应重新取样，增加磷酸加入量，进行蒸馏。

(3) 标准曲线的绘制   在 8 支 50mL 比色管中，分别加入 0、0.50mL、1.00mL、3.00mL、5.00mL、7.00mL、10.00mL、12.50mL 酚标准中间液，加水至 50mL 标线。加 0.5mL 缓冲溶液，混匀，此时 pH 值为 10.0±0.2，加 4-氨基安替比林溶液 1.0mL，混匀。再加 1.0mL 铁氰化钾溶液，充分混匀后，放置 10min 立即于 510nm 波长，用光程为 20mm 的比色皿，以水为参比，测量吸光度。经空白校正后，绘制吸光度对苯酚含量（mg）的标准曲线。

(4) 试样的测定   取适量的馏出液放入 50mL 比色管中，稀释至标线。按第（3）步相同方法测定吸光度，最后减去空白实验所得吸光度。

(5) 空白实验   以水代替试样，经蒸馏后，按试样测定相同步骤进行测定，其测定结果即为试样测定的空白校正值。

五、氰化物的测定

氰化物是分子结构中含有氰基（—CN）的一类物质的总称，包括无机氰和有机腈。其中无机氰化物分为简单氰化物和配合氰化物两种。常见的简单氰化物有 KCN、NaCN、NH$_4$CN 等，这类氰化物易溶于水，毒性很大，人一次误服 0.1g 左右就会死亡。配合氰化物如 [Zn(CN)$_4$]$^{2-}$、[Cd(CN)$_4$]$^{2-}$、[Fe(CN)$_6$]$^{3-}$、[Cu(CN)$_4$]$^{2-}$ 等，这类氰化物的毒性比简单氰化物小，但会受水体 pH 值、水温和光照等条件影响而离解为毒性强的简单氰化物，从而也会产生较大毒性。

测定氰化物时，一般都要将各种形式的氰化物转变为简单氰化物的形式测定其总量。但有时要分别测定简单氰化物和配合氰化物，以针对其毒性大小和结构特点分别予以处理。控制不同的 pH 值和配合剂条件，进行加热蒸馏，即可分别测定以简单氰化物为主的易释放氰化物和总氰化物。通过蒸馏，还可以将氰化物从许多干扰物质中分离出来。

（一）滴定法

取一定体积水样预蒸馏馏出液，调节溶液 pH 值至 11 以上，用硝酸银标准溶液滴定，以试银灵作指示剂，氰离子与硝酸银作用形成可溶性的银氰酸离子 Ag(CN)$_2^-$，过量的银离子与试银灵指示剂反应，溶液由黄色变为橙红色即为终点。同样条件做空白实验。

$$Ag^+ + 2CN^- \Longrightarrow Ag(CN)_2^-$$
$$Ag^+ + 试银灵 \longrightarrow Ag^+ 试银灵$$

用硝酸银标准溶液滴定水样前，应以 pH 试纸试验水样的 pH 值，用 NaOH 调节至溶液 pH>11。

（二）异烟酸-吡唑啉酮分光光度法

取一定体积预蒸馏馏出液，调节 pH 值至中性，加入氯胺 T 溶液与水样中的氰化物反应生成氯化氰（CNCl），再加入异烟酸-吡唑啉酮溶液，氯化氰与异烟酸作用，经水解后生成戊烯二醛，最后与吡唑啉酮进行缩合生成蓝色染料，其色度与氰化物含量成正比。于 638nm 波长处测定吸光度，求出水样中氰化物含量。

（三）吡啶-巴比妥酸分光光度法

取一定体积的预蒸馏馏出液，调节 pH 值为中性，水样中的氰离子与氯胺 T 反应生成氯化氰，氯化氰与吡啶反应生成戊烯二醛，戊烯二醛再与巴比妥酸发生缩合反应，生成红紫色染料，于 580nm 波长处测定吸光度，求出水样中氰化物的含量。

分光光度法应注意的是氰化物以 HCN 形式存在时易挥发，因此快速操作并盖严塞子；NaOH 吸收液浓度较高时，加缓冲溶液前应以酚酞为指示剂，滴加盐酸溶液至红色褪去；水样和标准曲线均应为相同浓度的 NaOH 溶液；实验温度低时，磷酸盐缓冲溶液会析出结晶，而改变溶液的 pH 值，因此需要在水浴中使结晶溶解，混匀后方可使用。

向水样中加入酒石酸和硝酸锌，调节 pH=4，加热蒸馏，则简单氰化物和部分配合氰化物 [如 Zn(CN)$_4^{2-}$] 以氰化氢形式被蒸馏出来，用氢氧化钠溶液吸收。取此蒸馏液，测得的氰化物为易释放的氰化物。

向水样中加入磷酸和 EDTA，在 pH<2 的条件下加热蒸馏，此时可将全部简单氰化物和除钴氰配合物外的绝大部分配合氰化物以氰化氢形式蒸馏出来，用氢氧化钠溶液吸收，取该蒸馏液，测得的结果为总氰化物。

六、氨氮的测定

氨氮以游离氨（NH_3）和铵盐（NH_4^+）的形式存在于水体中，当 pH 值偏高时，游离氨比例较高；当 pH 值偏低时，铵盐比例较高。氨氮的测定方法主要有滴定法、分光光度法等。

（一）滴定法

取一定体积的水样，调节 pH＝6.0～7.4 范围，加入氧化镁使呈微碱性。加热蒸馏，释出的氨被吸收入硼酸溶液中，以甲基红-亚甲蓝为指示剂，用酸标准溶液滴定。求出水样中氨氮的含量。

氨氮含量（mg/L）按式（4-7）计算。

$$氨氮含量 = \frac{c(V-V_0)\times 14.01\times 1000}{V_样} \tag{4-7}$$

式中 c——盐酸标准溶液的浓度，mol/L；

V——滴定试样时消耗盐酸溶液体积，mL；

V_0——空白试验时消耗盐酸溶液体积，mL；

$V_样$——试样的体积，mL；

14.01——氨氮摩尔质量，g/mol。

关键技术：

① 若试样中存在余氯，加入几粒结晶硫代硫酸钠或亚硫酸钠去除；

② 滴定由含铵量高的水样所得馏出液时，可用 0.02mol/L 盐酸标准溶液滴定；

③ 尿素、挥发性胺类、氯胺等干扰测定，产生正误差；

④ 氨只要被蒸馏至吸收瓶就可以滴定。如果氨的蒸出速度很慢，表明可能存在干扰物质，它仍在缓慢水解产生氨；

⑤ 在测定条件下，蒸发出的挥发性碱类物质使测定结果偏高；

⑥ 一般配成硼酸-指示剂溶液。

（二）滴定法测定水中氨氮

1. 仪器准备

（1）蒸馏装置   凯氏定氮蒸馏装置或水蒸气蒸馏装置；

（2）滴定分析装置。

2. 试剂准备

（1）无氨水。

（2）盐酸溶液 $\rho=1.18\text{g/mL}$；1%（体积分数）；0.10mol/L；0.02mol/L。

（3）氢氧化钠溶液   1mol/L。

（4）轻质氧化镁   在 500℃时灼烧除去其中碳酸盐。

（5）吸收液   硼酸-指示剂溶液，将 0.5g 水溶性甲基红溶于约 800mL 水中，稀释至 1000mL；将 1.5g 亚甲基蓝溶于约 800mL 水，稀释至 1000mL。将 20g 硼酸（H_3BO_3）溶于温水，冷至室温，加入 10mL 甲基红指示剂溶液和 2mL 亚甲基蓝指示剂溶液，稀释至 1000mL。

（6）溴百里酚蓝指示液　0.5g/L 水溶液。

（7）沸石和防沫剂（石蜡碎片等）。

3. 样品测定

（1）按采样要求采集具有代表性的试样于聚乙烯瓶或玻璃瓶中。采样后尽快分析，否则应在 2～5℃ 下存放，或用硫酸（$\rho = 1.84g/mL$）将样品酸化，使其 pH 值小于 2（应注意防止酸化样品吸收空气中的氨而被污染）。

（2）试样体积的选择，见表 4-4。

表 4-4　水样体积的选择

铵浓度 c_n/(mg/L)	试样体积/mL	铵浓度 c_n/(mg/L)	试样体积/mL
<10	250	20～50	50
10～20	100	50～100	25

（3）试样的制备　取 250mL 试样（如氨氮含量较高，可取适量水样并加水至 250mL，使氨氮含量不超过 2.5mg），移入凯氏烧瓶中，加数滴溴百里酚蓝指示液，用氢氧化钠溶液或盐酸溶液调节 pH 值至 7 左右。加入 0.25g 轻质氧化镁和数粒玻璃珠，立即连接氮球和冷凝管，导管下端插入 50mL 吸收液液面下。加热蒸馏，馏出液的收集速度约为 10mL/min。收集至馏出液达 200mL 时，停止蒸馏。定容至 250mL。

（4）测定　用 0.10mol/L 盐酸标准溶液滴定馏出液至紫色，即为终点。记录消耗盐酸溶液体积。同时做空白试验

（三）分光光度法

纳氏试剂分光光度法是在水样中加入碘化钾和碘化汞的强碱性溶液（纳氏试剂），与氨反应生成黄棕色胶态化合物，此颜色在较宽的波长范围内具有强烈吸收。通常于 410～425nm 波长处测吸光度，求出水样中氨氮含量。

$$2K_2[HgI_4] + 3KOH + NH_3 \longrightarrow NH_2Hg_2OI + 7KI + 2H_2O$$

方法的最低检出浓度为 0.025mg/L，测定上限为 2mg/L。采用目视比色法时最低检出浓度为 0.02mg/L。

由试样测得的吸光度减去空白试验的吸光度后，从标准曲线上查氨氮含量（mg）。

氨氮含量（mg/L）按式（4-8）计算。

$$氨氮含量 = \frac{m}{V_样} \times 1000 \tag{4-8}$$

式中　m——由标准曲线查得的氨氮含量，mg；

$V_样$——试样的体积，mL。

关键技术：

① 脂肪胺、芳香胺、醛类、丙酮、醇类和有机氯胺等有机化合物，以及铁、锰、镁和硫等无机离子，因产生异色或浑浊干扰测定，预处理去除。

② 易挥发的还原性物质，在酸性条件下加热去除。

③ 金属离子，加入适当掩蔽剂去除。

④ 碘化汞与碘化钾的比例，对显色反应灵敏度有影响。纳氏试剂有毒，操作时要小心。

⑤ 滤纸中常含有痕量的铵盐，使用时注意用无氨水洗涤。所用玻璃器皿应避免实验室空气中氨的沾污。

（四）分光光度法测定水中氨氮

1. 仪器准备

（1）分光光度计。

（2）蒸馏装置　凯氏定氮蒸馏装置或水蒸气蒸馏装置。

2. 试剂准备

（1）吸收液　20g/L 硼酸水溶液。

（2）纳氏试剂　称取 20g 碘化钾溶于约 25mL 水中，边搅拌边分次少量加入氯化汞（$HgCl_2$）结晶粉末约 10g，至出现朱红色沉淀不易溶解时，改为滴加饱和氯化汞溶液，并充分搅拌，当出现微量朱红色沉淀不再溶解时，停止滴加氯化汞溶液。另称取 60g 氢氧化钾溶于水，并稀释至 250mL，冷却至室温后，将上述溶液徐徐注入氢氧化钾溶液中，用水稀释至 400mL，混匀。静置过夜，将上清液移入聚乙烯瓶中，密封保存。

（3）酒石酸钾钠溶液　称取 50g 酒石酸钾钠（$KNaC_4H_4O_6 \cdot 4H_2O$）溶于 100mL 水中，加热煮沸以除去氨，放冷，定容至 100mL。

（4）铵标准储备液　1.0mg/mL，称取 3.819g 在 100℃ 干燥过的氯化铵（NH_4Cl）溶于水中，移入 1000mL 容量瓶中，稀释至标线。

（5）铵标准使用溶液　0.010mg/mL，移取 5.00mL 铵标准储备液于 500mL 容量瓶中，用水稀释至标线。

（6）硫酸锌溶液　10%。

（7）氢氧化钠溶液　25%。

（8）硫代硫酸钠溶液　0.35%。

（9）淀粉-碘化钾试纸。

3. 样品测定

（1）采样和样品保存同滴定法。

（2）试样的制备　采用絮凝沉淀法。取 100mL 试样，加入 1mL 10% 硫酸锌溶液和 0.1~0.2mL 氢氧化钠溶液，调节 pH 值至 10.5 左右，混匀。放置使之沉淀。用经无氨水充分洗涤过的中速滤纸过滤，弃去初滤液 20mL。若试样中含有余氯可在絮凝沉淀前加入适量（每 0.5mL 可除去 0.25mg 余氯）硫代硫酸钠溶液，用淀粉-碘化钾试纸检验。若絮凝沉淀法处理后仍浑浊和带色应采用蒸馏法处理水样，用硼酸水溶液吸收。

（3）标准曲线绘制　吸取 0、0.50mL、1.00mL、2.00mL、3.00mL、5.00mL、7.00mL、10.00mL 铵标准使用液于 50mL 比色管中，加水至标线，加 1.0mL 酒石酸钾钠，混匀。加 1.5mL 纳氏试剂，混匀。放置 10min 后，在波长 420nm 处，用 20mm 比色皿，以水为参比，测定吸光度，减去零浓度空白管的吸光度后，得到校正吸光度，绘制以氨氮含量（mg）对校正吸光度的标准曲线。

（4）测定　若取适量絮凝沉淀预处理后的试样（使氨氮含量不超过 0.1mg），加入 50mL 比色管中，稀释至标线；若取适量蒸馏预处理的馏出液，加入 50mL 比色管中，加一定量 1mol/L 氢氧化钠溶液以中和硼酸，稀释至标线。

　　向上述比色管中加入 1.0mL 酒石酸钾钠溶液，混匀。再加入 1.5mL 纳氏试剂，混匀，放置 10min 后，按标准曲线绘制测定条件测水样的吸光度。用 50mL 无氨水代替试样，同时做空白试验。

⊛ 本章小结

　　本章的基本概念和基本知识包括水的分类、水质指标、水质标准、水质分析项目，采样方法、采样容器、采样器、采样量，水样的运输和保存，水样预处理方法有消解、挥发、蒸馏、萃取、离子交换、过滤等方法。

　　pH 值的测定方法主要有电位法和比色法等。

　　硬度的测定方法 EDTA 法、原子吸收分光光度法等。

　　溶解氧的测定方法主要有碘量法、电极法、溶解氧测定仪等。

　　硫酸盐的测定测定方法主要有称量法、铬酸钡分光光度法、电位滴定法、EDTA 法、硫酸钡比浊法等。

　　氯含量的测定方法主要有莫尔法、汞盐滴定法、电位滴定法和共沉淀富集分光光度法等。

　　总铁含量的测定方法主要有硫氰酸盐分光光度法和邻菲罗啉分光光度法等。

　　铅的测定方法主要有原子吸收分光光度法、双硫腙分光光度法和阳极溶出伏安法或示波极谱法等。

　　铬的测定方法主要有分光光度法、硫酸亚铁铵滴定法、原子吸收分光光度法等。

　　化学耗氧量（COD）的测定方法主要有重铬酸钾法、COD 测定仪法等。

　　挥发酚的测定方法有溴量法、4-氨基安替比林分光光度法和色谱法等。

　　氰化物的测定方法有滴定法、异烟酸-吡唑啉酮分光光度法、吡啶-巴比妥酸分光光度法等。

　　氨氮的测定方法主要有滴定法、分光光度法等。

⊛ 思考与练习题

　　1. 水样的保存方法有哪些？

　　2. 如何选择水样的预处理方法？

　　3. 水质分析方法有哪些？简述方法原理。

　　4. 电位法测定 pH 值的原理是什么？测定过程如何？

　　5. 水质硬度的表示方法有几种？

　　6. 在何种情况下使用修正碘量法测定溶解氧？

　　7. 测定溶解氧时干扰物质有哪些？如何处理？

　　8. 硫酸盐的测定方法有哪些？试比较各方法的优缺点。

　　9. 分光光度法测定水中总铁含量时加入盐酸羟胺的目的是什么？磷酸盐的存在对测定有无影响？

　　10. 化学耗量测定时加入硫酸汞和硫酸银的目的是什么？回流时发现溶液颜色变绿，试分析原因，如何处理？

11. 若要改进化学耗氧量的测定，你是怎样考虑的？

12. 原子吸收分光光度法的定量方法有哪些？原子吸收分光光度计的组成部分有哪些？如何消除基体干扰？

13. 测定污水中六价铬需如何处理？简述测定过程。

14. 用 10mm 比色皿和 30mm 比色皿测出的吸光度数值是否一致？

15. 苯酚和硫代硫酸钠标准溶液如何标定？

16. 何谓挥发酚？采用溴量法测定时应注意的问题是什么？

17. 测定挥发酚时试样中加入硫酸铜的目的是什么？

18. 测定氨氮时的干扰物质有哪些？如何消除？

19. 絮凝沉淀和蒸馏法预处理各适用于何种试样？

20. 试比较蒸馏滴定法和纳氏试剂比色法特点及适用范围。

21. 某分析人员取 20.0mL 工业污水样，加入 10.0mL 0.025mol/L 重铬酸钾溶液，按国标操作步骤测定 COD，回流后用水稀释至 140mL，以 0.1033mol/L 硫酸亚铁铵标准溶液滴定，消耗 19.55mL。全程序空白测定消耗硫酸亚铁铵标准溶液 24.92mL。问这份工业污水的 COD（O_2，mg/L）值为多少？

第五章

Chapter 05

化学肥料分析技术

💡 教学目的及要求

1. 了解肥料的作用和分类；
2. 了解氮、磷、钾肥中氮、磷、钾的存在形式；
3. 掌握氮、磷、钾肥的测定原理和测定方法；
4. 掌握复混肥料中有效成分的测定；
5. 了解肥料中水分、氯离子、粒度及游离酸的测定原理和测定方法；
6. 会运用所学方法对尿素中总氮、磷肥中有效磷、钾肥中钾、复混肥料中钾含量进行测定。

一、化肥的用途

植物正常生长发育必须不断从外界吸取营养元素，其中必需的大量元素有碳、氢、氧、氮、磷、钾、硫、镁、钙；必需微量元素有铁、锰、锌、铜、硼、钼、氯。大量元素与微量元素在植物的生命活动中各有其独特的作用，不可缺少且彼此不能互相代替。如氮是植物叶和茎生长不可缺少的；磷对植物发芽、生根、开花、结果，使籽实饱满起重要作用；钾能使植物茎秆强壮，促进淀粉和糖类的形成，并增强对病害的抵抗力。氮、磷、钾被称为肥料三要素。

把凡施入土壤或通过其他途径能够为植物提供营养成分，或改良土壤理化性质，为植物提供良好生活环境的物质统称为肥料。按肥料的来源可分为农家肥和化肥两类。化学肥料简称化肥，指用化学方法制造的、含有农作物生长所需营养元素的一种肥料，与其他肥料相比较，具有养分含量高、肥效快、多种效能、贮运和施用方便的优点，但其养分不齐全，施用化肥要讲究方法等。化学肥料是促进植物生长和提高农作物产量的重要物质。它能为农作物的生长提供必需的营养元素，能调节养料的循环，改良土壤的物理、化学性质，促进农业增产。

二、化肥的分类

化肥的品种较多，按所含养分有如下分类。

1. 氮肥

化学氮肥主要是指工业生产的含氮肥料，包括氨态氮肥（NH_4^+ 和 NH_3），如硫酸铵、氯化铵、氨水、碳酸氢铵等；硝态氮肥（NO_3^-），如硝酸铵、硝酸钠、硝酸钙等；酰胺态氮肥（—$CONH_2$、=CN_2），如尿素、石灰氮等。

2. 磷肥

化学磷肥主要是以自然矿石为原料，经过化学加工处理的含磷肥料，可分为酸法磷肥，如过磷酸钙（又名普钙）、重过磷酸钙（又名重钙）、富过磷酸钙、沉淀磷酸钙等；热法磷肥，如钙镁磷肥、钙钠磷肥、脱氟磷肥、钢渣磷肥等。

根据磷肥中磷化合物溶解度的大小和作物吸收的难易，分为水溶性磷、有效磷、难溶性磷三类。能被植物吸收利用称之为有效磷；磷肥中所有磷化合物的磷量总和称为总磷，一种磷肥中各种磷化合物都不同程度地存在。

3. 钾肥

化学钾肥主要有氯化钾、硫酸钾、硫酸钾镁、磷酸氢钾和硝酸钾等。钾肥中一般含有水溶性钾盐（如硫酸钾 K_2SO_4）、弱酸溶性钾盐（如硅铝酸钾 K_2SiO_3-K_2AlO_3）及少量难溶性钾盐（如钾长石 K_2O-Al_2O_3-$6SiO_2$）。水溶性钾盐和弱酸溶性钾盐中含钾的和称为有效钾，三种钾盐之和称为总钾。钾肥中的含钾量以 K_2O 表示。

4. 复混肥料

复混肥料可以分为复混肥料、复合肥料和掺混肥料。

（1）复混肥料　氮、磷、钾三种养分中，至少有两种养分标明量由化学方法和（或）掺混方法制成的肥料。可根据土壤供肥特性和植物的营养特点用两种或两种以上的单质化肥，或用一种复合肥料与一两种单质化肥混合，还可将除草、抗病虫害的农药和激素或稀土元素、腐植酸、生物菌、磁性载体等科学地添加到复混肥料中，生产不同养分配比的肥料，以适应农业生产中的不同需求，尤其适合于生产专用肥料。

（2）复合肥料　氮、磷、钾三种养分中，至少有两种养分标明量仅由化学方法制成的肥料，是复混肥料的一种。复合肥料习惯上用 N-P_2O_5-K_2O 相应的质量百分数表示其成分。

（3）掺混肥料　氮、磷、钾三种养分中，至少由两种养分标明量由干混方法制成的肥料，也称 BB 肥，是复混肥料的一种。

5. 微量元素肥料

微量元素肥料是指含有 B、Mn、Mo、Zn、Cu、Fe 等微量元素的化学肥料，常用的微肥是这些微量元素的硫酸盐或氧化物或酸根。生产上常用的硼肥有硼砂、硼酸、含硼过磷酸钙、硼镁肥等；锌肥有硫酸锌、氯化锌、碳酸锌、螯合态锌、氧化锌等；锰肥有硫酸锰、氯化锰等；钼肥有钼酸铵、钼酸钠、三氧化钼、钼渣、含钼玻璃肥料等；铜肥有硫酸铜、炼铜矿渣、螯合态铜和氧化铜等。

① 按肥效快慢可分为速效肥料、缓效肥料、控释肥料。速效肥料施入土壤后，随即溶解于土壤溶液中而被作物吸收。大部分的氮肥品种，磷肥中的普通过磷酸钙等，钾肥中的硫酸钾、氯化钾都是速效化肥。缓效肥料，也称长效肥料，肥料养分能在一段时间内缓慢释放，供植物持续吸收和利用，肥效比较持久，如钙镁磷肥、磷酸二钙、偏磷酸钙等。控释肥料，属于缓效肥料，肥料的养分释放速率、数量和时间是由人为设计的，是一类专用型肥

料，其养分释放动力得到控制，使其与作物生长期内养分需求相匹配。

② 按酸碱性质可分为酸性化学肥料、碱性化学肥料和中性化学肥料（尿素）。

③ 按所含养分种类多少可分为单元化学肥料、多元化学肥料和完全化学肥料。

④ 按形态可分为固体化肥、液体化肥和气体肥料。

⑤ 按施肥时间可分为基肥、追肥和种肥。

其他还有按作物生育期分类，如苗肥、返青肥、拔节肥、穗肥等；按施肥部位分类，如根部肥、叶部肥等。

三、化学肥料的分析项目

1. 有效成分含量的测定

氮肥主要测定氨态氮、硝态氮、有机态氮（酰胺态氮、氰胺态氮）肥中氮的含量；磷肥主要测定水溶性磷、有效磷的含量；钾肥主要测定其有效钾的含量。

2. 水分含量的测定

肥料中水分含量高会使有些固体化肥易黏结成块，有的会水解而损失有效成分，其测定方法主要有真空烘箱法、烘箱干燥法、卡尔·费休法、电石法及蒸馏法等。

3. 其他成分的测定

主要测定各类化肥中影响植物生长的成分，如硫酸铵中的游离酸，钾肥中的氯化物含量，尿素中的缩二脲含量、碱度、粒度等的测定。

化学肥料分析抽样的抽查最低批量为 1t，最大批量为 500t。抽样数量根据标准有关规定抽样，每袋取样量不少于 0.1kg，每批抽取总试样量大于 2kg。将采取的样品迅速充分混匀，用分样器或四分法缩分至不少于 1kg，分装在两个清洁、干燥的 500mL 塑料瓶中，密封后粘贴标签和双方签字认可的封条。

第一节 尿素中总氮含量的测定

氮肥中氮元素以不同形态存在，其性质不同，分析方法也不同。

一、氨态氮的测定

1. 酸量法

试液与过量的硫酸标准滴定溶液作用，加热煮沸 5min，冷却后加 2 滴混合指示剂，用氢氧化钠标准溶液返滴定剩余硫酸，由硫酸标准溶液的量和消耗氢氧化钠标准溶液的量，求出氨态氮的含量。

$$2NH_4HCO_3 + H_2SO_4 \xrightarrow{\hspace{1cm}} (NH_4)_2SO_4 + 2CO_2\uparrow + 2H_2O$$
$$2NaOH + H_2SO_4（剩余）\xrightarrow{\hspace{1cm}} Na_2SO_4 + 2H_2O$$

此方法适用于碳酸氢铵、氨水中氮含量的测定。

试样中的氮含量以质量分数（%）表示，按式（5-1）计算。

$$w(N) = \frac{c \times (V - V_0) \times 14.01}{m \times 1000} \times 100 \qquad (5-1)$$

式中　c——氢氧化钠标准溶液的浓度，mol/L；

　　　V_0——空白实验时消耗氢氧化钠标准溶液的体积，mL；

　　　V——测定时消耗氢氧化钠标准溶液的体积，mL；

　　　m——试样质量，g；

　14.01——氮的摩尔质量，g/mol。

关键技术：迅速精确称量试样，立即将试样用水洗入已盛有已知浓度硫酸溶液的锥形瓶中，使试样完全溶解反应。

2. 蒸馏后滴定法

试样与过量强碱溶液作用，然后从碱性溶液中蒸馏出的氨用过量的硫酸标准溶液吸收，以甲基红或甲基红-亚甲基蓝乙醇溶液为指示剂，用氢氧化钠标准溶液返滴定至终点。由硫酸标准溶液的量和消耗的氢氧化钠标准溶液的量，求出氨态氮的含量。

$$NH_4^+ + OH^- = NH_3 \uparrow + H_2O$$
$$2NH_3 + H_2SO_4 = (NH_4)_2SO_4$$
$$2NaOH + H_2SO_4(剩余) = Na_2SO_4 + 2H_2O$$

按式（5-1）计算试样中的含氮量。

此方法适用于含铵盐的肥料和不含受热易分解的尿素或石灰氮之类的肥料的测定。蒸馏后滴定法操作过程相对烦琐，但测定结果准确，使用范围广，常用作仲裁分析。

3. 甲醛法

在中性溶液中，铵盐与甲醛作用生成六亚甲基四胺和相当于铵盐含量的酸。在指示剂存在下，用氢氧化钠标准滴定溶液进行滴定，根据消耗氢氧化钠标准溶液的体积及浓度，求出氨态氮的含量。

$$4NH_4^+ + 6HCOH = (CH_2)_6N_4 + 4H^+ + 6H_2O$$
$$H^+ + OH^- = H_2O$$

按式（5-1）计算试样中的含氮量。

此方法适用于强酸性的铵盐肥料，如硫酸铵、氯化铵中氮含量的测定。甲醛法操作简便，时间短，适用范围广，但准确度较低，用于产品的一般分析。

关键技术：

① 测定时，试样中的游离酸及甲醛中含有的甲醇对测定有干扰，应在测定前除去。

② 铵盐和甲醛的反应是多级反应，应控制反应温度在 30~45℃，时间 5~10min，并使用过量的甲醛，保证反应顺利完成。

二、硝态氮的测定

1. 氮试剂称量法

在酸性溶液中，硝酸根离子与氮试剂作用，生成复合物而形成沉淀，将沉淀过滤、干燥至恒重，称量沉淀的质量，根据沉淀的质量，求出硝态氮的含量。

此法适用于各种肥料中硝态氮含量的测定。

硝态氮含量以氮的质量分数（%）表示，按式（5-2）计算。

$$w(N) = \frac{(m_1 - m_0) \times \dfrac{14.01}{375.3}}{m \times \dfrac{V}{500}} \times 100 \tag{5-2}$$

式中　V——测定时吸取试样溶液的体积，mL；

　　　m——试样的质量，g；

　　　m_1——沉淀的质量，g；

　　　m_0——空白实验时所得沉淀的质量，g；

　　14.01——氮的摩尔质量的数值，g/mol；

　　375.3——氮试剂硝酸盐复合物的摩尔质量的数值，g/mol；

　　500——试样溶液总体积，mL。

关键技术：

① 氮试剂需用新配制的试剂，以免空白试验结果偏高。

② 可溶于水的试样，加水后用机械振荡器将烧瓶连续振荡 30min，稀释定容；含有可能保留有硝酸盐的水不溶的试样，需加水和乙酸于试样中，静置至二氧化碳释放完全，再加水连续振荡 30min，稀释定容。

③ 向滤液中加硫酸使 pH＝1～1.5，迅速加热至沸点，但不能使溶液沸腾，检查有无硫酸钙，一次加入氮试剂溶液后，在冰浴中放置 2h，中间不断搅拌，保证内容物的温度保持在 0～0.5℃。温度低于 0℃，将导致结果偏高，而温度高于 0.5℃，则导致结果偏低。

2. 蒸馏后滴定法（德瓦达合金还原法）

在碱性溶液中用定氮合金（铜 50%、锌 5%、铝 45%）或金属铬粉释放出新生态的氢，将硝酸盐和亚硝酸盐还原为铵。加入过量的氢氧化钠溶液，从碱性溶液中蒸馏出的氨，用过量的硫酸标准溶液吸收，在指示剂存在下，用氢氧化钠标准溶液返滴定至终点。

$$Cu + 2NaOH + 2H_2O = Na_2[Cu(OH)_4] + 2[H]$$

$$Al + NaOH + 3H_2O = Na[Al(OH)_4] + 3[H]$$

$$Zn + 2NaOH + 2H_2O = Na_2[Zn(OH)_4] + 2[H]$$

$$NO_3^- + 8[H] = NH_3 + OH^- + 2H_2O$$

$$NO_2^- + 6[H] = NH_3 + OH^- + H_2O$$

此方法适用于含硝酸盐的肥料，但对含有受热易分解出游离氨的尿素、石灰氮或有机物之类的肥料，不能采用此法。此法中定氮合金还原为仲裁法。

总氮含量以氮的质量分数计算，按公式（5-1）计算。

关键技术：

① 试样测试前需研磨至通过 1.00mm 孔径的试验筛，混匀后备用。

② 仅含硝态氮或硝态与铵态氮，不存在酰胺态氮、氰氨态氮和有机质氮的情况下，硝态氮的还原过程用定氮合金，简化操作并减少了环境污染。除上述情况外，样品需先用铬粉加盐酸将硝酸盐还原成铵盐。

3. 铁粉还原法

在酸性溶液中铁粉置换出的新生态氢使硝态氮还原为氨态氮，然后加入适量的水和过量的氢氧化钠，用蒸馏法测定。同时对试剂（特别是铁粉）做空白试验。

$$Fe + H_2SO_4 = FeSO_4 + 2[H]$$

$$NO_3^- + 8[H] + 2H^+ = NH_4^+ + 3H_2O$$

此方法适用于含硝酸盐的肥料，但是对含有受热分解出游离氨的尿素、石灰氮或有机物之类的肥料不适用。

三、酰胺态氮的测定

1. 尿素酶法

在一定酸度溶液中，用尿素酶将尿素态氮转化为氨，再用硫酸标准溶液滴定。

$$CO(NH_2)_2 + 2H_2O = (NH_4)_2CO_3$$

$$(NH_4)_2CO_3 + H_2SO_4 = (NH_4)_2SO_4 + CO_2\uparrow + H_2O$$

此法适用于测定尿素和含有尿素的复合肥料。

2. 硝酸银法

在碱性试液中加入过量的硝酸银标准溶液，使氰化银完全沉淀，过滤分离后，取一定体积的滤液，在酸性条件下，以硫酸高铁铵作指示剂，用硫氰酸钾标准溶液滴定剩余的硝酸银。根据硝酸银标准溶液的消耗量，求出氮的含量。

$$CaCN_2 + 2AgNO_3 = Ag_2CN_2\downarrow + Ca(NO_3)_2$$

$$AgNO_3 + KSCN = AgSCN\downarrow（白色） + KNO_3$$

$$Fe^{3+} + SCN^- = FeSCN^{2+}（红色）$$

此法适用于氰胺态氮的测定，试样溶液中含有能生成碳化物、硫化物等银盐沉淀的物质，不能使用此方法。

3. 蒸馏后滴定法

在硫酸铜的催化作用下，在浓硫酸中加热使试样中的酰胺态氮转化为氨态氮，加入过量碱液蒸馏出氨，吸收在过量的硫酸标准溶液中，在指示液存在下，用氢氧化钠标准溶液滴定剩余的酸。

转化　$CO(NH_2)_2 + H_2SO_4（浓） + H_2O = (NH_4)_2SO_4 + CO_2\uparrow$

蒸馏　$(NH_4)_2SO_4 + 2NaOH = Na_2SO_4 + 2NH_3\uparrow + 2H_2O$

吸收　$NH_3 + H_2SO_4 = (NH_4)_2SO_4$

滴定　$2NaOH + H_2SO_4（剩余） = Na_2SO_4 + 2H_2O$

此方法适用于由氨和二氧化碳合成制得的尿素总氮含量的测定，此法为仲裁分析。

试样中总氮含量以氮的质量分数（%）表示，按式（5-3）计算。

$$w(N) = \frac{c \times (V - V_0) \times 0.01401 \times 100}{\frac{50}{500} \times m \times \frac{100 - w(H_2O)}{100}} \times 100 \tag{5-3}$$

式中　　V——测定时消耗氢氧化钠标准溶液的体积，mL；

$\quad\quad\quad V_0$——空白实验时消耗氢氧化钠标准溶液的体积，mL；

$\quad\quad\quad m$——试样质量，g；

$\quad\quad\quad c$——氢氧化钠标准滴定溶液的浓度，mol/L；

$\quad$ 0.01401——与 1.00mL 氢氧化钠标准滴定溶液 $[c(NaOH)=1.000mol/L]$ 相当的氮的质量；

$w(H_2O)$——试样中的水分，％。

关键技术：

① 允许差：平行测定结果的绝对差值不大于 0.10％；不同实验室测定结果的绝对差值不大于 0.15％。

② 质量要求，农用尿素的技术指标应符合表 5-1 的要求。

表 5-1　农用尿素的技术指标

项　目		尿　素		
		优等品	一等品	合格品
总氮(N)/％	≥	46.4	46.2	46.0
水分(H₂O)/％	≤	0.4	0.5	1.0

四、蒸馏后滴定法测定尿素中总氮

1. 仪器准备

（1）梨形玻璃漏斗

（2）蒸馏仪器　带标准磨口的成套仪器或能保证定量蒸馏和吸收的任何仪器。蒸馏仪器的各部件用橡皮塞和橡皮管连接，或是采用球形磨砂玻璃接头，为保证系统密封，球形玻璃接头应用弹簧夹子夹紧。仪器如图 5-1 所示，包括以下各部分。

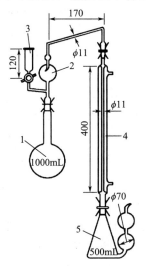

图 5-1　蒸馏装置图（单位：mm）

1—蒸馏瓶；2—防溅球管；3—滴液漏斗；4—冷凝管；5—带双连球锥形瓶

① 蒸馏烧瓶，容积为 1L 的圆底烧瓶。

② 单球防溅球管和顶端开口、容积约 50mL 与防溅球进出口平行的圆筒形滴液漏斗。

③ 直形冷凝管，有效长度约 400mm。

④ 接收器，容积 500mL 的锥形瓶，瓶侧连接双连球。

（3）防溅棒　一根长约 100mm，直径约 5m 的玻璃棒，一端套一根长约 25mm 的聚乙烯管。

2. 试剂准备

（1）五水硫酸铜（$CuSO_4 \cdot 5H_2O$）　分析纯。

（2）硫酸　分析纯。

（3）氢氧化钠溶液　450g/L，称量 45g 氢氧化钠溶于水中，稀释至 100mL。

（4）硫酸标准溶液　$c\left(\dfrac{1}{2}H_2SO_4\right)=0.5mol/L$。

（5）氢氧化钠标准溶液　$c(NaOH)=0.5mol/L$。

（6）95％乙醇。

（7）甲基红-亚甲基蓝混合指示液　甲基红-亚甲基蓝乙醇溶液，在约 50mL 95％乙醇中，加入 0.10g 甲基红、0.05g 亚甲基蓝，溶解后，用相同规格的乙醇稀释到 100mL，混匀。

（8）硅脂。

（9）尿素。

3. 样品测定

做两份试样的平行测定。

（1）试液制备　称取约 0.5g 试样（精确至 0.0002g）于蒸馏烧瓶中，加少量水冲洗蒸馏瓶瓶口内测，以使试样全部进入蒸馏瓶底部，再加 15mL 硫酸、0.2g 五水硫酸铜，插上梨形玻璃漏斗，在通风橱内缓慢加热，使二氧化碳逸尽，然后逐步提高加热温度，直至冒白烟，再继续加热 20min 后停止加热。

注：若为大颗粒尿素则应研细后称量，其方法是称取 100g 缩分后的试样，迅速研磨至全部通过 0.5mm 孔径筛，混合均匀。

（2）蒸馏　待蒸馏烧瓶中试液充分冷却后，小心加入 300mL 水，几滴混合指示液，放入一根防溅棒（聚乙烯管端向下）。用滴定管或移液管移取 0.5mol/L 硫酸标准溶液 40.00mL 于接收器中，加水使溶液能淹没接收器的双连球瓶颈，加 4～5 滴混合指示液。

用硅脂涂抹仪器接口，按图 5-1 所示装好蒸馏仪器，并保证仪器所有连接部分密封。通过滴液漏斗往蒸馏烧瓶中加入足够量的氢氧化钠溶液，以中和溶液并过量 25mL，加水冲洗滴液漏斗，应当注意，滴液漏斗内至少存留几毫升溶液。

加热蒸馏，直到接收器中的收集量达到 200mL 时，移开接收器，用 pH 试纸检查冷凝管出口的液滴，如无碱性，结束蒸馏。

（3）滴定　将接收器中的溶液混匀，用氢氧化钠标准溶液返滴定过量的酸，直至指示液呈灰绿色，滴定时要仔细搅拌，以保证溶液混匀。

（4）空白试验　按上述操作步骤进行空白试验，除不加试样外，操作手续和应用的试剂与测定时相同。

第二节　磷肥中磷的测定

一、磷肥

1. 磷肥中的磷化合物

磷肥包括自然磷肥和化学磷肥。磷肥的组成比较复杂，磷肥的主要成分是磷酸的钙盐，有的还含有游离磷酸。一种肥料中常同时含有不同形式的磷化合物，根据磷化合物的性质不同，大致可以分为以下三类。

(1) 水溶性磷　水溶性磷化合物是指可以溶解于水的含磷化合物，如磷酸、磷酸二氢钙 [又称磷酸一钙，$Ca(H_2PO_4)_2$]。过磷酸钙、重过磷酸钙中主要含水溶性磷化合物。

(2) 有效磷　有效磷化合物是指能被植物根部吸收利用的含磷化合物。在磷肥的分析检验中，是指能被 EDTA 溶液溶解的磷化合物，如结晶磷酸氢钙（又名磷酸二钙，$CaHPO_4 \cdot 2H_2O$）、磷酸四钙（$Ca_4P_2O_9$ 或 $4CaO \cdot P_2O_5$）。

(3) 难溶性磷化合物　难溶性磷化合物是指难溶于水也难溶于的 EDTA 溶液的磷化合物，如磷酸三钙 [$Ca_3(PO_4)_2$]、磷酸铁、磷酸铝等。磷矿石几乎全部是难溶性磷化合物。化学磷肥中也常含有未转化的难溶性磷化合物。

2. 磷肥中磷化合物的提取

称取约 100g 实验室样品，迅速研磨至全部通过 1.00mm 孔径的试验筛后混匀，置于洁净、干燥的瓶中备用。

(1) 水溶性磷的提取　称取含有 100～180mg 五氧化二磷的制备试样（精确至 0.0002g），置于 75mL 的瓷蒸发皿中，加少量水润湿，研磨，再加约 25mL 水研磨，将清液倾注滤于预先加入 5mL 硝酸溶液的容量瓶中。继续用水研磨三次，每次用水约 25mL，然后将水不溶物转移到中速定性滤纸上，并用水洗涤水不溶物，最后用水稀释到刻度，混匀，即为试液 A，供测定水溶性磷用。

用水作抽取剂时，在抽取操作中，水的用量与温度、抽取的时间与次数都将影响水溶性磷的抽取效果，要严格抽取过程中的操作，严格按规定进行。

(2) 有效磷的提取　另外称取试样（精确至 0.0002g），置于 250mL 容量瓶中，加入 150mL EDTA 溶液，塞紧瓶塞，摇动容量瓶使试样分散于溶液中，置于（60±2）℃的恒温水浴振荡器中，保温振荡 1h（振荡频率以容量瓶内试样能自由翻动为宜）。然后取出容量瓶，冷却至室温，用水稀释至刻度，混匀。干过滤，弃去最初部分的滤液，即得试液 B，供测定有效磷用。

二、磷肥中磷的测定方法

在磷肥分析中常测定水溶性磷和有效磷含量，其测定的结果以五氧化二磷（P_2O_5）计。常用的测定方法有磷钼酸喹啉重量法、磷钼酸铵容量法和钒钼酸铵分光光度法。磷钼酸喹啉重量法准确度高，是国家标准规定的仲裁分析方法。

1. 磷钼酸喹啉重量法

用水和 EDTA 溶液提取磷肥中的水溶性磷和有效磷，提取液（若有必要，先进行水解）中正磷酸根离子在酸性介质中与喹钼柠酮试剂生成黄色磷钼酸喹啉沉淀，用磷钼酸喹啉重量法测定磷的含量。

$$H_3PO_4 + 12MoO_4{}^{2-} + 24H^+ + 3C_9H_7N \Longrightarrow (C_9H_7N)_3H_3(PO_4 \cdot 12MoO_3) \cdot H_2O\downarrow + 11H_2O$$

磷钼酸喹啉（黄色）

水溶性磷的含量（w_1）以五氧化二磷（P_2O_5）的质量分数（%）表示，按式（5-4）计算。

$$w_1 = \frac{(m_1 - m_2) \times 0.03207}{\frac{25}{250} \times m} \times 100 = \frac{(m_1 - m_2) \times 32.07}{m_3} \tag{5-4}$$

有效磷的含量（w_2）以五氧化二磷（P_2O_5）的质量分数（%）表示，按式（5-5）计算：

$$\omega_2 = \frac{(m_4 - m_5) \times 0.03207}{\frac{25}{250} \times m_6} \times 100 = \frac{(m_4 - m_5) \times 32.07}{m_6} \tag{5-5}$$

式中　m_1——测定水溶性磷所得磷钼酸喹啉沉淀的质量，g；

m_2——测定水溶性磷时，空白试验所得磷钼酸喹啉沉淀的质量；g；

m_3——测定水溶性磷时，试样质量，g；

0.03207——磷钼酸喹啉质量换算为五氧化二磷质量的系数；

25——吸取试样溶液的体积，mL；

250——试样溶液的总体积，mL；

m_4——测定有效磷所得磷钼酸喹啉沉淀的质量，g；

m_5——测定有效磷时，空白试验所得磷钼酸喹啉沉淀的质量；g；

m_6——测定有效磷时，试样质量，g。

水溶性磷的测定，用移液管吸取 25mL 试液 A，移入 500mL 烧杯中，加入 10mL 硝酸溶液，用水稀释至 100mL。在电炉上加热至沸，取下，加入 35mL 喹钼柠酮试剂，盖上表面皿，在电热板上微沸 1min 或置于近沸水浴中保温至沉淀分层，取出烧杯，冷却至室温。冷却过程转动烧杯 3～4 次。

用预先在（180±2）℃干燥箱内干燥至恒重的玻璃坩埚式滤器过滤，先将上层清液滤完，然后用倾泻法洗涤沉淀 1～2 次，每次用 25mL 水，将沉淀移入滤器中，再用水洗涤，所用水共 125～150mL，将沉淀连同滤器置于（180±2）℃干燥箱中，待温度达到 180℃后，干燥 45min，取出移入干燥器中冷却至室温，称量。同时进行空白试验。

有效磷的测定，用移液管吸取 25mL 试液 B，移入 500mL 烧杯中，以下操作按水溶性磷的测定进行。同时进行空白试验。

关键技术：喹钼柠铜沉淀剂由柠檬酸、钼酸钠、喹啉和丙酮组成。丙酮的作用是消除 NH_4^+ 的干扰，改善沉淀的物理性能，使生成的沉淀颗粒粗大疏松，便于过滤与洗涤。柠檬酸的作用是与钼酸生成解离度较小的配合物，解离出的钼酸根仅能满足磷钼酸喹啉的沉淀条件，不使硅形成硅钼酸喹啉沉淀，从而排除硅的干扰。在柠檬酸溶液中，磷钼酸铵的溶解度比磷钼酸喹啉的大，柠檬酸可进一步排除 NH_4^+ 的干扰。还可阻止钼酸盐水解析出三氧化钼，导致结果偏高。

2. 磷钼酸喹啉容量法

用水和 EDTA 溶液提取磷肥中的水溶性磷和有效磷，提取液中正磷酸根离子在酸性介质中与喹钼柠酮试剂生成黄色磷钼酸喹啉沉淀，用过量的氢氧化钠标准滴定溶液溶解沉淀，再用盐酸标准溶液返滴定。

$$(C_9H_7N)_3H_3(PO_4 \cdot 12MoO_3) \cdot H_2O + 26NaOH \Longrightarrow Na_2HPO_4 + 12Na_2MoO_4 + 3C_9H_7N + 15H_2O$$

磷钼酸喹啉（黄色）

$$NaOH(剩余) + HCl \Longrightarrow NaCl + H_2O$$

水溶性磷的含量或有效磷的含量以五氧化二磷（P_2O_5）的质量分数（％）表示，按式（5-6）计算。

$$w(P_2O_5) = \frac{[c_1 \times (V_1 - V_3) - c_2 \times (V_2 - V_4)] \times 0.002730}{\dfrac{25}{250} \times m} \times 100$$

$$= \frac{[c_1 \times (V_1 - V_3) - c_2 \times (V_2 - V_4)] \times 2.730}{m} \tag{5-6}$$

式中　V_1——消耗氢氧化钠标准溶液的体积，mL；

V_2——消耗盐酸标准溶液的体积，mL；

V_3——空白试验消耗氢氧化钠标准溶液的体积，mL；

V_4——空白试验消耗盐酸标准溶液的体积，mL；

c_1——氢氧化钠标准溶液的浓度，mol/L；

c_2——盐酸标准溶液的浓度，mol/L；

m——试样质量，g；

0.002730——与 1.00mL 氢氧化钠标准溶液 [$c(NaOH) = 1.000mol/L$] 相当的五氧化二磷（P_2O_5）以克表示的质量。

按磷钼酸喹啉重量法中水溶性磷和有效磷的测定过程得到磷钼酸喹啉沉淀，分别过滤试液中的沉淀，用中速定性滤纸或脱脂棉花将上层清液滤完，然后用倾泻法洗涤沉淀 3~4 次，每次约 25mL 水，将沉淀转移到滤器上，继续用不含二氧化碳的水洗涤至滤液无酸性（取约 25mL 滤液，加 1 滴指示剂和 1 滴氢氧化钠溶液，所呈颜色与同处理体积蒸馏水所呈的颜色相近为止）。

将沉淀连同滤纸或脱脂棉转移到原烧杯中，用不含二氧化碳的水洗涤漏斗，将洗涤液全部转移至烧杯中，用滴定管或单标线吸管加入氢氧化钠标准溶液，充分搅拌至沉淀溶解，然后再过量约 10mL，加 100mL 不含二氧化碳的水，再加几滴混合指示液，用盐酸标准滴定溶液滴定至溶液由紫色经灰蓝色变为微黄色为终点。同时进行空白试验。

3. 分光光度法

用水、碱性柠檬酸铵溶液提取过磷酸钙中的有效磷，提取液中正磷酸根离子在酸性介质中与钼酸盐及偏钒酸盐反应，生成稳定的黄色配合物，于波长 420nm 处，用示差法测定其吸光度，从而算出五氧化二磷的含量。

$$2H_3PO_4 + 22(NH_4)_2MoO_4 + 2NH_4VO_3 + 46HNO_3 \Longrightarrow P_2O_5 \cdot V_2O_5 \cdot 22MoO_3 + 46NH_4NO_3 + 26H_2O$$

（黄色配合物）

以五氧化二磷（P_2O_5）的质量分数表示的有效磷含量，按式（5-7）计算。

$$w(P_2O_5) = \frac{S_1 + (S_2 - S_1) \times \dfrac{A}{A_2}}{m \times 10 \times \dfrac{1000}{1000}} \times 100\% \qquad (5\text{-}7)$$

式中　S_1——标准溶液 A 中五氧化二磷含量，mg；

　　　S_2——标准溶液 B 中五氧化二磷含量，mg；

　$S_2 - S_1$——等于 1mg；

　　　A——试样溶液的吸光度；

　　　A_2——标准溶液 B 的吸光度；

　　　m——试样质量，g。

关键技术：

① 此法适用于含有磷酸盐的肥料，特别适合于含磷在 10% 以下（以 P_2O_5 计，在 25% 以下）的试样。但含铁较多的试样或因有机物等使溶液带有颜色时，不宜采用此法。

② 在此条件下生成的黄色配合物不太稳定，需要在显色后的 30～120min 内进行测定。

③ 试液中硅（SiO_2）的含量大于磷（P_2O_5）的含量时，会产生干扰。

三、钒钼酸铵分光光度法测定磷肥中的有效磷

1. 试剂准备

（1）显色试剂

溶液 a　溶解 1.12g 偏钒酸铵于 150mL 约 50℃ 的热水中，加入 150mL 硝酸。

溶液 b　溶解 50.0g 钼酸铵于 300mL 约 50℃ 热水中。

边搅拌溶液 a，边缓慢加入溶液 b，再加水稀释至 1000mL，贮存在棕色瓶中。保存过程中如有沉淀生成就不能使用。

（2）五氧化二磷标准溶液　称取在 105℃ 干燥 2h 的磷酸二氢钾 19.175g，用少量水溶解，并定量移入 1000mL 容量瓶中，加入 2～3mL 硝酸，用水稀释至刻度，混匀（此溶液含有五氧化二磷 10mg/mL）。再分别取 5.00mL、10.00mL、15.00mL、20.00mL、25.00mL、30.00mL、35.00mL 此溶液分别置于 500mL 容量瓶中，用水稀释至刻度，混匀。配制成 10mL 溶液中分别含 1.00mg、2.00mg、3.00mg、4.00mg、5.00mg、6.00mg、7.00mg 五氧化二磷的标准溶液。

2. 样品测定

（1）试样制备　称取约 100g 实验室样品，迅速研磨至全部通过 1.00mm 孔径的试验筛后混匀，置于洁净、干燥的瓶中备用。

（2）有效磷的提取　称取 2～2.5g 试样（精确至 0.0001g）置于 75mL 蒸发皿中，用玻璃研棒将试样研碎，加 25mL 水重新研磨，将清液倾注过滤于预先加入 10mL 硝酸溶液的 500mL 容量瓶中。继续用水研磨 3 次，每次用 25mL 水，然后将水不溶物转移到滤纸上，并用水洗涤水不溶物至容量瓶中溶液体积约为 200mL 为止，用水稀释至刻度，混匀。此为溶液 A。

将含水不溶物的滤纸转移到另一个 500mL 容量瓶中，加入 100mL 碱性柠檬酸铵溶液，

盖上瓶塞，振荡到滤纸碎成纤维状态为止。将容量瓶置于（60±1）℃恒温水浴中保温 1h。开始时每隔 5min 振荡 1 次，振荡 3 次后再每隔 15min 振荡 1 次，取出容量瓶，冷却至室温，用水稀释至刻度，混匀。用干燥的器皿和滤纸过滤，弃去最初几毫升滤液，所得滤液为溶液 B。

（3）有效磷的测定　用单标线吸管吸取溶液 A 和溶液 B 各 5mL（含 P_2O_5 1.0～6.0mg）于 100mL 烧杯中，加入 1mL 碱性柠檬酸铵溶液、4mL 硝酸溶液和适量水，加热煮沸 5min，冷却，转移到 100mL 容量瓶中，用水稀释至 70mL 左右，准确加入 20.00mL 显色试剂，用水稀释至刻度，混匀，放置 30min 后，在波长 420nm 处，用下述方法测定。

准确吸取五氧化二磷标准溶液两份，其中一份 P_2O_5 含量低于试样溶液，另一份则高于试液溶液（两者浓度相差为 1mgP_2O_5），分别置于 100mL 容量瓶中，加 2mL 碱性柠檬酸铵溶液、4mL 硝酸溶液，与试样溶液同样操作显色，配得标准溶液 a 和标准溶液 b。以标准液 a 为对照溶液（以该溶液的吸光度为零），测定标准溶液 b 和试样溶液的吸光度。用比例关系算出试样溶液中五氧化二磷的含量。

第三节　钾肥中钾的测定

一、钾肥

钾肥分为自然钾肥和化学钾肥两大类。钾肥中水溶性钾盐和弱酸溶性钾盐所含钾之和，称为有效钾。有效钾与难溶性钾盐所含钾之和，称为总钾。钾肥的含钾量以 K_2O 表示。

测定有效钾时，通常用热水溶解制备试样溶液，如试样中含有弱酸溶性钾盐，则用加少量盐酸的热水溶解有效钾。测定总钾含量时，一般用强酸溶解或碱熔法制备试样溶液。

二、钾肥中钾的测定方法

钾肥中有效钾的测定方法有四苯硼酸钾重量法、四苯硼酸钾容量法和火焰光度法。四苯硼酸钾重量法和容量法简便、准确、快速，适用于含氧化钾量较高的钾肥测定。当试样中含氧化钾小于 2% 时，采用火焰光度法测定。

1. 四苯硼酸钾重量法

在碱性条件下加热消除试样溶液中铵离子的干扰，加入乙二胺四乙酸二钠（EDTA）螯合其他微量阳离子，以消除干扰分析结果的阳离子。在微碱性介质中，四苯硼酸钠与钾反应生成四苯硼酸钾沉淀，过滤、干燥沉淀并称量。

$$K^+ + NaB(C_6H_5)_4 \Longrightarrow KB(C_6H_5)_4 \downarrow （白色）+ Na^+$$

氧化钾（K_2O）的含量以质量分数表示，按式（5-8）计算。

$$w(K_2O) = \frac{(m_1 - m_0) \times 0.1314}{\dfrac{V}{500} \times m} \times 100\% \qquad (5-8)$$

式中　m_1——四苯硼酸钾沉淀的质量，g；

m_0——空白试验所得四苯硼酸钾沉淀的质量；g；

m——试样质量，g；

0.1314——四苯硼酸钾换算为氧化钾质量的系数；

V——吸取试样溶液的体积，mL；

500——试样溶液的总体积，mL。

称取试样（精确至 0.001g）加水溶解，在电炉上加热微沸 15min，冷却后定容，干过滤，弃去最初少量滤液，滤液供测定氧化钾含量。

移取一定量溶液，加入 EDTA 溶液及指示液，在搅拌下逐滴加入氢氧化钠溶液至红色出现并过量 1mL。加热微沸 15min（此时溶液应保持红色）。在搅拌下逐滴加入四苯硼钠溶液，在流水中迅速冷却至室温并放置 15min。先过滤上层清液，再用洗涤液转移沉淀至过滤器中，用洗涤液洗涤沉淀，干燥称量。

2. 四苯硼酸钾容量法

在碱性条件下加热消除试样溶液中铵离子的干扰，加入 EDTA 消除其他阳离子的干扰，在微碱性介质中，以过量的四苯硼酸钠与钾反应生成四苯硼酸钾沉淀，过滤，滤液中过量的四苯硼酸钠以达旦黄作指示剂，用季铵盐返滴至溶液由黄变成明显的粉红色。

$$B(C_6H_5)_4^- + K^+ === KB(C_6H_5)_4 \downarrow$$

$$Br[N(CH_3)_3 \cdot C_{16}H_{33}] + NaB(C_6H_5)_4 === B(C_6H_5)_4 \cdot N(CH_3)_3C_{16}H_{33} \downarrow + NaBr$$

以质量分数表示的氧化钾含量，按式（5-9）计算。

$$w(K_2O) = \frac{(V_1 - 2 \times V_2 \times R) \times F}{\dfrac{V}{500} \times m} \times 100\% \tag{5-9}$$

式中　V_1——所取四苯硼酸钠标准溶液的体积，mL；

V_2——滴定消耗十六烷三甲基溴化铵溶液的体积，mL；

2——沉淀时所用容量瓶的体积与所取滤液体积的比数；

R——每毫升十六烷三甲基溴化铵溶液相当于四苯硼酸钠溶液的体积，mL；

F——每毫升四苯硼酸钠标准溶液相当于氧化钾的质量，g；

m——试样质量，g。

关键技术：

① 四苯硼酸钠水溶液的稳定性较差，易变质产生浑浊，也可能是水中有痕量钾所致。加入氢氧化铝，可以吸附溶液中的浑浊物质，经过滤得澄清溶液。加氢氧化钠使四苯硼酸钠溶液具有一定的碱度，也可增加其稳定性。配制好的溶液，经放置 48h 以上，所标定的浓度在一周内变化不大。

② 加甲醛使铵盐与其反应生成六亚甲基四胺，从而消除铵盐的干扰。溶液中即使不存在铵盐，加入甲醛后亦可使终点明显。

③ 银、铷、铯等离子也产生沉淀反应，但一般钾肥中不含或极少含有这些离子，可不予考虑。钾肥中常见的杂质有钙、镁、铝、铁等硫酸盐和磷酸盐，虽与四苯硼酸钠不反应，但滴定是在碱性溶液中进行，可能会生成氢氧化物、磷酸盐或硫酸盐等沉淀，因吸附作用而影响滴定，故加 EDTA 掩蔽，以消除其影响。

④ 四苯硼酸钾的溶解度大于四苯硼酸季铵盐（CTAB 是一种季铵盐阳离子表面活性剂），故必须滤去，以免在用 CTAB 返滴定时产生干扰。

⑤ 四苯硼酸钠水溶液稳定性较差，在配制时加入氢氧化钠，使溶液具有一定的碱度而增强其稳定性。一般需要 48h 老化时间，这样可以使一周内的标定结果保持基本不变。

⑥ 试样溶液在滴定时，其 pH 值必须控制在 12～13 之间。如呈酸性，则无终点出现。

⑦ 十六烷三甲基溴化铵是一种表面活性剂，用纯水配制溶液时泡沫很多且不易完全溶解，如把固体用乙醇先行湿润，然后加水溶解，则可得到澄清的溶液，乙醇的用量约为总液量的 5%，乙醇的存在对测定无影响。

⑧ 钾肥中常见的杂质有钙、镁、铝、铁等硫酸盐和磷酸盐，虽与四苯硼酸钠不反应，但滴定体系在碱性溶液中进行，可能会生成氢氧化物、磷酸盐等沉淀，因吸附作用影响滴定，故加 EDTA 掩蔽。

3. 火焰光度法

试样经硫酸-过氧化氢消煮，使待测液在火焰高温激发下辐射出钾元素的特征光谱，其强度与溶液中钾的浓度成正比，从所作的钾标准溶液工作曲线上即可查出待测液的钾浓度。

当试样中含氧化钾小于 2% 时采用本方法，此法适用于由有机肥与化学肥料组成的有机-无机复混肥料，也适用于各种纯有机肥料的总钾含量的测定。

三、四苯硼酸钾滴定法测定钾肥中的钾

1. 试剂准备

（1）盐酸　密度 1.19g/cm³。

（2）乙二胺四乙酸二钠（EDTA）溶液　100g/L，取 10g EDTA 溶解于 100mL 水中。

（3）氢氧化钠溶液　200g/L，取 20g 不含钾的氢氧化钠溶解于 100mL 水中。

（4）甲醛溶液　密度约 1.1g/cm³。

（5）四苯硼酸钠（STPB）溶液　12g/L，称取四苯硼酸钠 12g 于 600mL 烧杯中，加水约 400mL，使其溶解，加入 10g 氢氧化铝，搅拌 10min，用慢速滤纸过滤，如滤液呈浑浊，必须反复过滤直至澄清，收集全部滤液于 250mL 容量瓶中，加入 1mL 氢氧化钠溶液，然后稀释至刻度，混匀，静置 48h，按下法进行标定：准确吸取 25mL 氯化钾标准溶液，置于 100mL 容量瓶中，加入 5mL 盐酸、10mL EDTA 溶液、3mL 氢氧化钠溶液和 5mL 甲醛溶液，由滴定管加入 38mL（按理论需要量再多 8mL）四苯硼酸钠溶液，用水稀释至刻度，混匀，放置 5～10min 后，干滤。

准确吸取 50mL 滤液于 125mL 锥形瓶中，加 8～10 滴达旦黄指示剂，用十六烷三甲基溴化铵（CTAB）溶液滴定剩余的四苯硼酸钠至明显的粉红色为止。

按式（5-10）计算每毫升四苯硼酸钠标准溶液相当于氧化钾（K₂O）的质量（F）。

$$F = \frac{V_0 A}{V_1 - 2V_2 R} \tag{5-10}$$

式中　V_0——所取氯化钾标准溶液的体积，mL；

　　　A——每毫升氯化钾标准溶液所含氧化钾的质量，g；

　　　V_1——所用四苯硼酸钠标准溶液的体积，mL；

　　　2——沉淀时所用容量瓶的体积与所取滤液体积的比数；

　　　V_2——滴定所耗十六烷三甲基溴化铵溶液的体积，mL；

　　　　R——每毫升十六烷三甲基溴化铵溶液相当于四苯硼酸钠溶液的体积。

（6）达旦黄指示剂　0.4g/L，溶解40mg达旦黄于100mL水中。

（7）十六烷三甲基溴化铵（CTAB）溶液　25g/L，称取2.5g十六烷三甲基溴化铵于小烧杯中，用5mL乙醇湿润，然后加水溶解，并稀释至100mL，混匀，按下法测定其与四苯硼酸钠溶液的比值。

　　准确量取4mL四苯硼酸钠溶液于125mL锥形瓶中，加入20mL水和1mL氢氧化钠溶液，再加入2.5mL甲醛溶液及8～10滴达旦黄指示剂，由微量滴定管滴加十六烷三甲基溴化铵溶液，至溶液呈粉红色为止。按式（5-11）计算每毫升相当于四苯硼酸钠溶液的体积（R）。

$$R = \frac{V_1}{V_2} \tag{5-11}$$

式中　V_1——所取四苯硼酸钠标准溶液的体积，mL；

　　　　V_2——滴定所耗十六烷三甲基溴化铵溶液的体积，mL。

2. 样品测定

（1）试液的制备

① 复合肥等　称取试样5g（准确至0.0002g）试样置于400mL烧杯中，加入200mL水及10mL盐酸煮沸15min。冷却，移入500mL容量瓶中，加水至标线，混匀后，干滤（若测定复合肥中的水溶性钾，操作时不加盐酸，加热煮沸时间改为30min）。

② 氯化钾、硫酸钾等　称取试样1.5g（准确至0.0002g），其他操作同复合肥。

（2）测定过程　准确吸取25mL上述滤液于100mL容量瓶中，加入10mL EDTA溶液、3mL氢氧化钠溶液和5mL甲醛溶液，由滴定管加入较理论所需量多8mL的四苯硼酸钠溶液（10mL K_2O溶液需6mL四苯硼酸钠溶液），用水沿瓶壁稀释至标线，充分混匀，静置5～10min，干滤。准确吸取50mL滤液，置于125mL锥形瓶内，加入8～10滴达旦黄指示剂，用十六烷三甲基溴化铵溶液返滴剩余的四苯硼酸钠，至溶液呈粉红色为止。

第四节　复混肥料的测定

一、复混肥料中氮、磷和钾的测定

复混肥料习惯以N-P_2O_5-K_2O相应的质量分数表示其成分含量。

1. 复混肥料中总氮含量的测定

复混肥料中总氮含量的测定采用蒸馏后滴定法，它包括需经消化的各种形式氮的含量测定，不适用于含有机物（除尿素、氰氨基化合物外）大于7％的肥料。

在酸性介质中还原硝酸盐成铵盐，在催化剂存在下，用浓硫酸消化，将有机态氮或酰胺态氮和氰氨态氮转化为硫酸铵。从碱性溶液中蒸馏氨，并吸收在过量硫酸标准溶液中，在甲基红或遮蔽甲基红指示剂存在下，用氢氧化钠标准溶液返滴。

2. 复混肥料中有效磷含量的测定

采用磷钼酸喹啉重量法测定复混肥料中有效磷的含量。本法适用于含一种及一种以上磷肥与氮肥、钾肥组成的复混肥料，包括掺合肥料及各种专用肥料。见磷肥中有效磷的测定。

3. 复混肥料中钾含量的测定

采用四苯硼酸钾重量法测定。见钾肥中有效钾的测定。

二、肥料中其他成分的测定

1. 肥料中水分（游离水）的测定

（1）烘箱干燥法　将试样在（105±2)℃下加热烘干至恒重，计算干燥后减少的质量。试样中水的质量分数按式（5-12）计算。

$$w(H_2O) = \frac{m_1 - m_2}{m_1 - m_0} \times 100\% \tag{5-12}$$

式中　m_0——称量瓶的质量的数值，g；

　　　　m_1——称量瓶和干燥前试样质量的数值，g；

　　　　m_2——称量瓶和干燥后试样质量的数值，g。

（2）卡尔·费休法　存在于试样中的任何水分与已知水当量的卡尔·费休试剂（碘、吡啶、二氧化硫和甲醇组成的溶液）进行定量反应，用直接电量法测定萃取液中的水分。

$$H_2O + I_2 + SO_2 + 3C_5H_5N + ROH \longrightarrow 2C_5H_5N \cdot HI + C_5H_5NH \cdot OSO_2OR$$

该试剂对水的滴定度一般用纯水或二水酒石酸钠进行标定。

卡尔·费休法（Karl Fischer）法是一种测定水分含量最专一、最准确的方法。既迅速又准确，广泛地应用于各种固体、液体及一些气体样品的水分含量的测定。用本法测定水分，可采用目视法和电量法指示终点，电量法又包括直接滴定和反滴定两种方法。

游离水含量以质量分数表示，按式（5-13）计算。

$$w(H_2O) = \frac{(V_1 - V_0) \times 5 \times T}{10m} = \frac{(V_1 - V_0) \times T}{2} \tag{5-13}$$

式中　V_1——测定时滴定 10.0mL 试样溶液所消耗的卡尔·费休试剂的体积，mL；

　　　　V_0——空白试验时滴定 10.0mL 萃取剂所消耗的卡尔·费休试剂的体积，mL；

　　　　T——卡尔·费休试剂的水当量，mg/mL；

　　　　m——试样质量，g。

关键技术：

① 配制卡尔·费休试剂所用甲醇和吡啶，要求含水量≤0.05%。新配制的卡尔·费休试剂由于各种不稳定因素，随着时间的推移，试剂的滴定度开始时下降较快，然后下降较为缓慢，使滴定度越来越小。新鲜配制的卡尔·费休试剂，混合后需放置一定的时间才能使用，而且每次使用前均应标定。

② 终点的确定方法是在浸入滴定池溶液中的两支铂丝电极之间施加小量电压（几十毫伏）。溶液中存在水时，由于溶液中不存在可逆电对，外电路没有电流流过，电流表指针指零；当滴定到达终点时，稍过量的 I_2 与生成的 I^- 构成可逆电对 I_2/I^-，使电流表指针突然偏转，非常灵敏。

③ 影响测定精度的因素有溶剂、电极和空气中的水分等。

（3）电石法　碳酸氢铵中的游离水与电石反应生成乙炔气，测量生成的乙炔气体积，计算出试料中的水分。

$$CaC_2 + 2H_2O \Longrightarrow C_2H_2 + Ca(OH)_2$$

试样中水分（H_2O）含量以质量分数（%）表示，按式（5-14）计算。

$$w(H_2O) = (V_2 - V_1) \times \frac{p - p_1}{101.3} \times \frac{273}{273+t} \times \frac{0.00162}{m} \times 100$$

$$= \frac{(V_2 - V_1) \times (p - p_1)}{m \times (273 + t)} \times 0.437 \tag{5-14}$$

式中　V_1——量气管初读数，mL；

　　　V_2——量气管末读数，mL；

　　　p——测定环境大气压力，kPa；

　　　p_1——测定温度下封闭液的饱和蒸气压力（见表 5-2），kPa；

　　　m——试样质量，g；

　　　t——测定温度，℃；

0.00162——在标准状况下，与 1.0mL 乙炔相当的水的质量。

表 5-2　不同温度下封闭液的蒸气压力

温度/℃	蒸汽压力 p_1/kPa	温度/℃	蒸汽压力 p_1/kPa	温度/℃	蒸汽压力 p_1/kPa
1	0.480	14	1.210	27	2.693
2	0.521	15	1.290	28	2.853
3	0.560	16	1.373	29	3.026
4	0.600	17	1.466	30	3.200
5	0.653	18	1.560	31	3.370
6	0.707	19	1.653	32	3.560
7	0.760	20	1.760	33	3.760
8	0.813	21	1.880	34	3.973
9	0.867	22	2.000	35	4.200
10	0.920	23	2.120	36	4.453
11	0.987	24	2.253	37	4.706
12	1.050	25	2.386	38	4.973
13	1.130	26	2.533	39	5.253

关键技术：

每次测定前均需对测定装置进行密封性试验，检查装置不漏气后，打开乙炔气体发生器的瓶塞，升高水准瓶使量气管充满封闭液，以弹簧夹夹住水准瓶上橡皮管，在已知质量的干燥称量瓶中迅速称取含水量小于 60mg 的试样 1～3g（精确至 0.001g），将称量瓶连同称好的试料放入已预先放有电石粉的乙炔气体发生器中，将乙炔气体发生器上的橡皮塞塞紧，打开弹簧夹，并使水准瓶液面与量气管液面对齐，读取量气管中封闭液液面所示读数为初读数。然后摇动乙炔气体发生器（在量气管内封闭液液面下降的同时，同步向下移动水准瓶，使水准瓶内液面始终与量气管内液面保持同一水平），直至试样与电石粉充分混合并无结块现象为止，读取量气管中封闭液液面所示读数为末读数。

2. 化肥中游离酸的测定

化肥中含游离酸过多易吸潮结块并有腐蚀性，尤其是能酸化土壤，不利于植物生长。必须严格控制游离酸含量。以过磷酸钙试样中游离酸的含量为例测定。

（1）酸度计法（仲裁法） 用氢氧化钠标准溶液滴定游离酸，根据消耗氢氧化钠标准溶液的量，求得游离酸的含量。

游离酸含量以 P_2O_5 计的质量分数表示，按式（5-15）计算。

$$w(P_2O_5) = \frac{cVM}{mD1000} \times 100\% \tag{5-15}$$

式中 V——滴定消耗氢氧化钠标准溶液的体积，mL；

c——氢氧化钠标准溶液的浓度，mol/L；

M——五氧化二磷（$\frac{1}{2}P_2O_5$）的摩尔质量的数值（$M=71.00$），g/mol；

m——试样质量，g；

D——测定时吸取试液体积与试液总体积之比。

关键技术：

准确称取试样，加水振荡，溶解、稀释、定容、过滤。用移液管吸取一定滤液，加水稀释后置于磁力搅拌器上，将电极浸入被测液中，放入磁针，在已定位的酸度计上一边搅拌一边用氢氧化钠标准溶液滴定至 pH 为 4.5。

（2）指示剂法 试样溶液以溴甲酚绿为指示剂，用氢氧化钠标准溶液滴定至溶液呈纯绿色为终点。根据消耗氢氧化钠标准溶液的量，求得游离酸的含量。

计算结果同酸度计法。

关键技术：

① 过磷酸钙试样中磷酸与氢氧化钠生成磷酸二氢钠，其水解 pH 值约为 4.5，理论上可用甲基红作指示剂，但磷酸二氢钠溶液具有缓冲性质，而且铁、铝盐在溶液 pH=4.5 时发生水解，使甲基红的变色不明显，从而影响滴定终点的观察，故一般采用溴甲酚绿作指示剂。尽管这样，其终点溶液颜色的变化仍不灵敏，还需用磷酸氢二钠和柠檬酸配制的缓冲标准色溶液作对照，以利于终点的判断。

② 硫酸铵、氯化铵等化肥中游离酸含量的测定可用甲基红-亚甲基蓝为指示剂，直接以氢氧化钠标准溶液滴定至灰绿色即为终点。

3. 肥料中氯离子含量的测定

采用佛尔哈德法。在微酸性溶液中，先加入过量的 $AgNO_3$ 标准溶液，使氯离子转化成为氯化银沉淀，用邻苯二甲酸二丁酯包裹沉淀，以铁铵钒 $[NH_4Fe(SO_4)_2 \cdot 12H_2O]$ 作指示剂，用 NH_4SCN 标准溶液滴定剩余的 $AgNO_3$，当滴定至化学计量点时，稍过量的 SCN^- 与 Fe^{3+} 反应生成红色的 $[Fe(SCN)]^{2+}$ 配合物，达到滴定终点。根据消耗的 $AgNO_3$ 和 NH_4SCN 标准溶液的体积来计算氯离子的含量。

$$Ag^+（过量）+Cl^- \Longrightarrow AgCl\downarrow（白色）$$
$$Ag^+（剩余）+SCN^- \Longrightarrow AgSCN\downarrow（白色）$$
$$Fe^{3+}+SCN^- \Longrightarrow [Fe(SCN)]^{2+}（橙红色配合物）$$

此滴定是以铁铵矾作指示剂的一种银量滴定法。该法干扰少，具有较好的准确度与精密度，应用范围广；测定条件简单，而且在微酸性溶液中进行测定，可以减少阴离子与 Ag^+

生成的难溶沉淀或配合物，降低对测定结果的影响程度，因此更适合于复混肥中氯离子含量的测定。氯离子（以 Cl⁻ 计）含量以质量分数表示，按式（5-16）计算。

$$w(\mathrm{Cl}^-) = \frac{c \times (V_0 - V) \times 35.45}{mD \times 1000} \times 100\% \tag{5-16}$$

式中　V_0——空白测定（25.0mL 硝酸银溶液）所消耗硫氰酸铵标准溶液的体积，mL；

　　　　V——测定试液时所消耗硫氰酸铵标准溶液的体积，mL；

　　　　c——硫氰酸铵标准溶液的浓度，mol/L；

　　35.45——氯的摩尔质量，g/mol；

　　　　m——试样质量，g；

　　　　D——测定时吸取试液体积与试液总体积之比。

关键技术：

① 滴定应在硝酸溶液中进行，一般控制溶液酸度在 0.1～1mol/L 之间。若酸度太低，则指示剂中的 Fe^{3+} 在中性或碱性溶液中将水解形成颜色较深的 $Fe(HO)OH^{2+}$，甚至产生沉淀，影响终点的观察。

② 在滴定过程中，生成的 AgCl 沉淀容易吸附溶液中过量的 Cl⁻，生成的 AgSCN 沉淀容易吸附溶液中过量的 Ag^+，开始可以剧烈摇动溶液，使被 AgSCN 沉淀吸附的 Ag^+ 释出，防止终点提前到达；在近终点时要缓慢摇动锥形瓶，防止 AgCl 沉淀转化为 AgSCN 沉淀，造成终点不敏锐。

4. 肥料粒度的测定

粒径指固体物质颗粒的大小，不同产品有不同的粒径要求，肥料产品为了提高肥料的长久性和缓释性，常要求有一定的粒径。

筛分法是利用一系列筛孔尺寸不同的筛网来测定颗粒粒度及其粒度分布，将筛子按孔径大小依次叠好，把被测试样从顶上倒入，盖好筛盖，置于振筛器上振荡，使试样通过一系列的筛网，然后在各层筛网上收集，将试样分成不同粒度的颗粒，称量，计算百分率。夹在筛孔中的试料作不通过此筛处理。

试样的粒度 D 以 1.00～4.00mm 颗粒质量占总取试样质量的百分数表示，按式（5-17）计算。

$$D = \frac{m_0 - m_1}{m_0} \times 100\% \tag{5-17}$$

式中　m_1——未通过 4.0mm 孔径筛网的和底盘上的试样质量之和，g；

　　　　m_0——试样的质量，g。

三、复混肥料中钾含量的测定

1. 方法原理

试样经水溶解后，加入甲醛溶液，使存在的铵离子转变成六亚甲基四胺；加入乙二胺四乙酸二钠（EDTA）消除干扰分析结果的其他阳离子。在弱酸性或弱碱性介质中，用四苯硼酸钠沉淀钾，干燥沉淀并称重。

2. 仪器准备

① 实验室常用仪器。

② 4 号玻璃坩埚式滤器，滤板孔径 7～16μm。

3. 试剂准备

（1）氢氧化钠溶液　40%。

（2）乙二胺四乙酸二钠溶液　4%。

（3）甲醛溶液　36%。

（4）酚酞指示剂。

（5）四苯硼酸钠碱性溶液配制　溶解 32.5g 四苯硼酸钠于 480mL 水中，加 2mL 氢氧化钠溶液和 20mL 氯化镁溶液，搅拌 15min，用中速滤纸过滤，该试剂可使用一周左右。如有浑浊，使用前应过滤。

（6）洗涤液配制　饱和的四苯硼酸钾溶液。在含有约 0.1g 氯化钾的 100mL 溶液中，加入过量的四苯硼酸钠溶液进行沉淀，生成的四苯硼酸钾沉淀用 4 号玻璃坩埚式滤器抽滤，并用蒸馏水洗涤至无氯离子。然后将沉淀转移到 5L 蒸馏水中，呈悬浮状态，摇动 1h 使用时过滤出所需要的量。

4. 样品测定

（1）试样的制备　称取含氧化钾约 400mg 的试样 2～5g（精确至 0.0002g），置于 250mL 锥形瓶中，加入约 150mL 水，加热煮沸 30min，冷却，定量转移到 250mL 容量瓶中，用水稀释至刻度，混匀，用干燥滤纸过滤，弃去最初 50mL 滤液。

① 试样不含氰氨基化物或有机物：吸取上述滤液 25mL 置于 200mL 烧杯中，加乙二胺四乙酸二钠溶液 20mL（含阳离子较多时可加 40mL），加 2～3 滴酚酞溶液，滴加氢氧化钠溶液至红色出现时再过量 1mL，加甲醛溶液，若红色消失，用氢氧化钠溶液调至红色，在通风良好的通风橱内加热煮沸 15min，然后冷却或用流水冷却，若红色消失，再用氢氧化钠溶液调至红色。

② 试样含有氰氨基化物或有机物：吸取上述滤液 25mL 置于 200～250mL 烧杯中，加入溴水溶液 5mL，将该溶液煮沸至所有溴水完全脱除为止（无溴颜色），若含有其他颜色，将溶液体积蒸发至小于 100mL，待溶液冷却后，加 0.5g 活性炭，充分搅拌使之吸附，然后过滤，并洗涤 3～5 次，每次用水约 5mL，收集全部滤液，加乙二胺四乙酸二钠溶液 20mL（含阳离子较多时加 40mL），以下操作步骤同①。

（2）沉淀及过滤　在不断搅拌下，于试样溶液①或②中逐滴加入四苯硼酸钠溶液，加入量为每含 1mg 氧化钾加四苯硼酸钠溶液 0.5mL，并过量约 7mL，继续搅拌 1min，静置 15min 以上，用倾注法将沉淀过滤于 120℃下预先恒重的 4 号玻璃坩埚内，用洗涤溶液洗涤沉淀 5～7 次，每次用量约 5mL，最后用水洗涤 2 次，每次用量 5mL。

（3）干燥　将盛有沉淀的坩埚置入（120±5）℃干燥箱中干燥 1.5h，然后放在干燥器内冷却，称重。同时做空白试验。

5. 数据处理

以氧化钾质量分数表示，按式（5-18）计算。

$$w(K_2O) = \frac{(m_2 - m_1) \times 0.1314}{m} \times 100\%$$

（5-18）

式中　　m_1——空坩埚质量，g；

　　　　m_2——坩埚和四苯硼酸钾沉淀的质量，g；

　　　　m——所取试液中的试样质量，g；

　　0.1314——四苯硼钾的质量换算为氧化钾质量的系数。

6. 关键技术

① 在微酸性溶液中，铵离子与四苯硼酸钠反应也能生成沉淀，测定过程中应注意避免铵盐及氨的影响。如试样中有铵离子，可以在沉淀前加碱，并加热驱除氨，然后重新调节酸度进行测定。

② 由于四苯硼酸钾易形成过饱和溶液，在四苯硼酸钠沉淀剂加入时速度应慢，同时要剧烈搅拌以促使它凝聚析出。考虑到沉淀的溶解度（$K_{sp} = 2.2 \times 10^{-8}$），洗涤沉淀时，应采用预先配制的四苯硼酸钾饱和溶液洗涤。

③ 沉淀剂四苯硼酸钠的加入量对测定结果有影响，应予以控制。

④ 四苯硼酸钠可用离子交换法回收，具体方法是用丙酮溶解四苯硼酸钾沉淀，将此溶液通过盛有钠型强酸性阳离子交换树脂的离子交换柱，然后将含有四苯硼酸钠的丙酮流出液蒸馏，收集丙酮，剩余物烘干即为四苯硼酸钠固体，必要时于丙酮中重结晶一次。

本章小结

本章的基本概念和基本知识包括氮肥、磷肥、钾肥、复混肥料、微量元素肥料。化学肥料的分析项目包括有效成分含量的测定、水分含量的测定、其他成分的测定。

氮肥中氮元素的测定：氨态氮的测定方法有酸量法、蒸馏后滴定法、甲醛法；硝态氮的测定方法有氮试剂称量法、蒸馏后滴定法（德瓦达合金还原法）、铁粉还原法；酰胺态氮的测定方法有尿素酶法、硝酸银法、蒸馏后滴定法。

磷肥中有效磷的测定方法有磷钼酸喹啉重量法、磷钼酸铵容量法和钒钼酸铵分光光度法。

钾肥中钾的测定方法有四苯硼酸钾重量法、四苯硼酸钾容量法和火焰光度法。

复混肥料中总氮采用蒸馏后滴定法测定，复混肥料中有效磷采用磷钼酸喹啉重量法测定，复混肥料中钾采用四苯硼酸钾重量法测定。

肥料中水分（游离水）的测定方法有烘箱干燥法、卡尔-费休法、电石法。

化肥中游离酸的测定方法有酸度计法（仲裁法）、指示剂法。

思考与练习题

1. 作物生长所需的营养元素有哪些？肥料三要素是指哪三种元素？

2. 化肥常见品种有哪些？

3. 何谓"有效磷"和"水溶性磷"？应如何提取？

4. 磷肥中磷的测定方法有哪几种？简述其测定原理。

5. 用磷钼酸喹啉法测定磷肥中有效磷时，所用的喹钼柠酮试剂是由哪些试剂配制成的？各试剂的作用是什么？

6. 钒钼酸铵分光光度法测定磷肥中有效磷为何 30min 后测定吸收光度？

7. 比较磷钼酸喹啉重量法和容量法测定有效磷含量的异同之处。

8. 氮肥中氮的存在状态有几种？分别有哪些测定方法？其测定原理和使用范围如何？

9. 蒸馏后滴定法测定尿素中总氮时加入硫酸铜的作用是什么？如何判断试样已消化完全？

10. 试述四苯硼酸钾重量法和容量法测定氧化钾含量的原理，并比较它们的异同之处。

11. 四苯硼酸钾滴定法测定钾肥中钾达旦黄指示剂的用量对实验结果有无影响？若有影响，实验结果是偏大还是偏小？

12. 什么是复混肥料、复合肥料？

13. 测定复混肥料中的钾含量时，若铵离子存在，不加入甲醛对测定结果有何影响？若不用四苯硼酸钾饱和溶液洗涤沉淀对测定结果有何影响？

14. 称取过磷酸钙试样 2.2000g，用磷钼酸喹啉重量法测定其有效磷含量。若分别从 250mL 的容量瓶中用移液管吸取有效磷提取溶液 10.00mL，于 180℃ 干燥后得到磷钼酸喹啉沉淀 0.3842g，求该试样中有效磷的含量。

15. 称取某钾肥试样 2.5000g，制备成 500mL 溶液。吸取 25.00mL，加四苯硼酸钠标准溶液（它对氧化钾的滴定度为 1.189mg/mL）38.00mL，并稀释至 100mL。干过滤后，吸取滤液 50.00mL，用 CTAB 标准溶液（相当于四苯硼酸钠标准滴定溶液的体积为 1.05mL/mL）滴定，消耗 10.15mL，计算该肥料中氧化钾的含量。

第六章

Chapter 06

农药分析技术

教学目的及要求

1. 了解农药的作用及分类；

2. 了解农药标准及农药分析的内容，农药采样规则和具体方法；

3. 了解杀虫剂、杀菌剂、除草剂和植物生长调节剂的含义及分类；

4. 掌握各种农药品种的特征和主要分析方法的测定原理、测定步骤、结果计算、操作要点及应用；

5. 能够正确选择采样工具和采样方法对农药各种剂型进行采样和制样操作；

6. 能够运用不同的分析方法测定各种农药原药中的农药含量。

一、农药分析相关知识

1. 农药的定义

国务院于 1997 年 5 月 8 日，发布的《中华人民共和国农药管理条例》，对农药的定义作了明确的规定，农药是指具有预防、消灭或者控制危害农业、林业的病、虫、草、鼠和其他有害生物以及能调节植物、昆虫生长的化学合成或者来源于生物、其他天然物质的一种或者几种物质的混合物及其制剂。

2. 农药的分类

农药可根据其用途、组成、结构和作用不同进行分类。

（1）按农药用途分类　有杀虫剂、杀螨剂、杀鼠剂、杀软体动物剂、杀菌剂、杀线虫剂、除草剂、植物生长调节剂等。有的农药具有多种作用，可以杀虫、灭菌、除草等。农药的分类，一般以农药的主要用途为依据。

（2）按农药组成分类　有化学农药如有机氯、有机磷农药等；植物性农药如除虫菊、硫酸烟碱等；还有生物性农药。化学农药在农业生产中占有突出的地位，化学农药的毒性和残留问题，对环境产生污染。微生物农药选择性强，后患较小，人们产生了很大兴趣并寄予希望。

（3）按化学结构分类　有机合成农药的化学结构类型有数十种，包括有机磷（膦）、氨基甲酸酯、拟除虫菊酯、有机氮、有机硫、酰胺类、脲类、醚类、酚类、苯氧羧酸类、三氮苯类、二氮苯类、苯甲酸类、脒类、三唑类、杂环类、香豆素类、有机金属化合物等。

3. 农药标准

农药标准是农药产品质量技术指标及其相应检测方法标准化的合理规定。它要经过标准行政管理部门批准并发布实施，具有合法性和普遍性。通常作为生产企业与用户之间购销合同的组成部分，也是法定质量监督检验机构对市场上流通的农药产品进行质量抽检的依据，以及发生质量纠纷时仲裁机构进行质量仲裁的依据。

农药标准按其等级和适用范围分为国际标准和国家标准。国际标准又有联合国粮农组织（FAO）标准和世界卫生组织（WHO）标准两种。国家标准由各国自行制定。

我国的农药标准分为三级：国家标准、行业标准和企业标准。

农药的每一个商品化原药或制剂都必须制定相应的农药标准。没有标准号的农药产品，不得进入市场。

4. 农药分析内容

广义的农药分析应包括农药产品及其理化性质分析，农药在农产品、食物和环境中的微量分析等。从农药的利用出发，对各种农药的分析又有不同的要求。农药分析主要包括两方面内容，一是有效成分含量的分析，二是物理化学性状如细度、乳化力、悬浮率、湿润性、含水量、pH 值等的测定。其中有效成分含量主要考虑是否不足或过高，在贮存过程中是否变质失效；物理化学性状方面，如果是粉剂或拌种剂主要考虑细度、水分含量是否合格，以及贮存期间是否吸潮，粉剂的 pH 值规定在一定的范围之内，目的是不致因 pH 值太高或太低引起药剂分解失效；可湿性粉剂主要考虑其悬浮率高低；浮油主要考虑是否为单相液体，即有无分层现象，是否出现结晶，以及浮油的稳定性。

农药分析内容包括农药分析方法的原理、方法及其在农药分析中的应用。目前农药分析的主要方法是气相色谱和液相色谱法，近年来农药分析发展迅速，主要表现在一些新的分析手段日益成熟、对分析结果的要求不断提高、重视农药规范和管理、以仪器分析为主流，根据农药的物理、化学性质选择合适的方法，主要对农药的有效成分含量进行分析测定。

二、农药试样的采取和制备

商品农药采样方法依据国家标准 GB/T 1605—2001，适用于商品农药原药及各种加工剂型。

1. 采样工具

① 一般用取样器长约 100cm，一端装有木柄或金属柄，用不锈钢或铜管制成，钢管的外表面有小槽口。

② 采取容易变质或易潮解的样品时，可采用双管取样器，其大小与一般取样器相同，外边套一黄铜管。内管与外管需密合无空隙，两管都开有同样大小的槽口 3 节。当样品进入槽中后，将内管旋转，使其闭合，取出样品。

③ 在需开采件数较多和样品较坚硬情况下，可以用较小的取样探子和实心尖形取样器，小探子柄长 9cm、槽长 40cm、直径 1cm。实心尖形取样器与一般取样器大小相同。

④ 对于液体样品，可用取样管采样。采样管用普通玻璃或塑料制成，其长短和直径随包装容器大小而定。

2. 采样方法

（1）原粉

① 开采件数。农药原粉开采件数，取决于货物的批重或件数。一般每批在200件以下者，按5%采取；200件以上者，按3%采取。

② 取样。从包装容器的上、中、下三部分取样品，倒入混样器或贮存瓶中。

③ 样品缩分。将所取得的样品，预先破碎到一定程度，用四分法反复进行缩分，直至适用于检验所需的量为止。

④ 原粉样品。每件取样量不应少于0.1kg。

（2）乳剂和液体　乳剂和液体，取样时应尽量使产品混合均匀。然后用取样器取出所需质量或容积。每批产品取一个样品。取样量不少于0.5kg。

（3）粉剂和可湿性粉剂　粉剂和可湿性粉剂取样时，一次取够，不再缩分，取样量不得少于200g，保存在磨口容器内。

（4）其他　对于特殊形态的样品，应根据具体情况，采取适宜的方法取样。如溴甲烷，则自每批产品的任一钢瓶中取出。

第一节　氯氰菊酯的测定

一、杀虫剂定义和分类

1. 杀虫剂定义

杀虫剂是指能直接把有害昆虫杀死的药剂，是用于防治害虫的农药。在农药生产上杀虫剂用量最大，用途最广。有些杀虫剂具有杀螨和杀线虫的活性，称为杀虫杀螨剂或杀虫杀线虫剂。某些杀虫剂可用于防治卫生害虫、畜禽体内外寄生虫，以及防治为害工业原料及其产品的害虫。

非杀生性杀虫剂已开始应用于害虫的防治，最成功的例子是除虫脲、氟铃脲、氟虫脲、伏虫隆、噻嗪酮等几十种合成抑制剂类杀虫剂的商品化和广泛应用。

2. 杀虫剂分类

（1）按药剂进入昆虫体的途径分类

① 触杀剂　药剂接触到虫体以后，能穿透表皮，进入虫体内，使其中毒死亡。

② 胃毒剂　药剂被害虫吃进体内，通过肠胃的吸收而中毒死亡。

③ 熏蒸剂　药剂汽化后，通过害虫的呼吸道，如气孔、气管等进入体内，而使其中毒死亡。

④ 内吸剂　有些药剂能被植物根、茎、叶或种子吸收，在植物体内传导，分布到全身。当害虫侵害农作物时，即能中毒死亡。

（2）按组成或来源分类

① 天然杀虫剂　植物杀虫剂，某些植物的根或花中含有杀虫活性的物质，将其提取并加工成一定剂型，用作杀虫剂。如除虫菊酯、鱼藤根酮等。矿物性杀虫剂，石油、煤焦油等的蒸馏产物对害虫具有窒息作用，能起到杀虫的效果。

② 无机杀虫剂　无机化合物如砒霜、砷酸铝、氟硅酸钠等均具有杀虫的效果。

③ 有机杀虫剂　合成的有机化合物具有杀虫作用的称有机杀虫剂。根据化合物的结构特征可分为有机氯杀虫剂，如氯丹、三氯杀螨砜等；有机磷杀虫剂，如敌敌畏、乐果等；有机氮杀虫剂，如西维因、速灭威、杀虫脒等。

④ 其他杀虫剂　生物化学农药等。

二、杀虫剂的测定

1. 久效磷的测定

久效磷是一种杀虫剂，分子式 $C_7H_{14}NO_5P$，相对分子质量 223.2，结构式为

$$CH_3O \underset{CH_3O}{\overset{O}{\underset{}{P}}} -O-\underset{\underset{CH_3}{|}}{C}=CH-CONHCH_3$$

化学名称 O,O-二甲基（E）-O-（1-甲基-2-甲基氨基甲酰基）乙烯基磷酸酯，其他名称 Azodrin，SD-9129，Nuvacron。

久效磷纯品为无色结晶。溶解度（g/kg，20℃）：水 1000、丙酮 700、二氯甲烷 800、正辛醇 250、甲醇 1000、甲苯 60；微溶于柴油和煤油。在 38℃ 以上不稳定；在 55℃ 以上热分解加剧。在 20℃ 时，水解半衰期取决于 pH 值，pH＝5 时 96d、pH＝7 时 66d、pH＝9 时 17d。在低级醇中不稳定，对黑铁板、滚筒钢、304 不锈钢和黄铜有腐蚀性。

久效磷对害虫和螨类具有触杀和内吸作用，可被植物的根、茎、叶部吸收，在植物体内发生向顶性传导作用。既有速效性，又有特效性。被广泛用于亚洲的稻谷和棉花种植，它能够杀灭一些昆虫，尤其能够控制棉花、柑橘、稻谷、玉米等作物上的红蜘蛛。一般使用下对作物安全，但在寒冷地区对某些品种的苹果、樱桃、扁桃、桃和高粱有轻微药害。

久效磷的分析方法有液相色谱法、气相色谱法等。

（1）液相色谱法　试样溶于甲醇中，以甲醇＋乙腈＋水作流动相，使用紫外检测器，在以 Lichrospher RP-18 为填料的色谱柱上进行反相液相色谱分离，外标法定量。

将测得的两针试样溶液以及试样前后两针标样溶液中久效磷峰面积分别进行平均。久效磷的质量分数 w，按式（6-1）计算。

$$w=\frac{r_2 m_1 w_1}{r_1 m_2}\times100\% \tag{6-1}$$

式中　r_1——标样溶液中久效磷与内标物峰面积比的平均值；

　　　r_2——试样溶液中久效磷与内标物峰面积比的平均值；

　　m_1——标样质量，g；

　　m_2——试样质量，g；

　　w_1——标样中久效磷的质量分数。

（2）气相色谱法　试样经三氯甲烷溶解，用邻苯二甲酸二丙酯作内标物，以 2% 聚乙二醇丁二酸酯（DEGS）/Chromosorb WAW-DMCS 色谱柱和 FID 检测器，对试样中的久效磷进行气相色谱分离和测定。

将测得的两针试样溶液以及试样前后两针标样溶液中久效磷与内标物峰面积之比分别进

行平均。久效磷的质量分数 w，按式（6-2）计算。

$$w = \frac{r_2 m_1 w_1}{r_1 m_2} \times 100\% \qquad (6-2)$$

式中：r_1——标样溶液中久效磷与内标物峰面积比的平均值；

　　　r_2——试样溶液中久效磷与内标物峰面积比的平均值；

　　m_1——标样质量，g；

　　m_2——试样质量，g；

　　w_1——标样中久效磷的质量分数。

2. 速灭威的测定

速灭威属氨基甲酸酯类杀虫剂，分子式 $C_9H_{11}NO_2$，相对分子质量 165.2，结构式为

化学名称 3-甲基苯基-N-甲基氨基甲酸酯。

速灭威纯品为白色固体粉末。30℃时水中溶解度 2.6g/L，在环己酮中溶解度为 790g/kg、甲醇 880g/kg、二甲苯 100g/kg。遇碱易分解。

速灭威具有强烈触杀作用，击倒力强，并有一定内吸和熏蒸作用，是一种高效、低毒、低残留杀虫剂。用于水稻、棉花、果树等作物，防治稻飞虱、稻叶蝉、蚜虫等。

速灭威的分析方法有气相色谱法等。

（1）方法一　试样用三氯甲烷溶解，以三唑酮为内标物，用 3%PEG20000/Gas Chrom Q 为填充物的色谱柱和 FID 检测器，对试样中的速灭威进行分离和测定。

将测得的两针试样溶液以及试样前后两针标样溶液中速灭威与内标物峰面积之比分别进行平均。速灭威的质量分数 w，按式（6-3）计算。

$$w = \frac{r_2 m_1 w_1}{r_1 m_2} \times 100\% \qquad (6-3)$$

式中　r_1——标样溶液中速灭威与内标物峰面积比的平均值；

　　　r_2——试样溶液中速灭威与内标物峰面积比的平均值；

　　m_1——标样质量，g；

　　m_2——试样质量，g；

　　w_1——标样中速灭威的质量分数。

（2）方法二（仲裁法）　试样用丙酮溶解，以邻苯二甲酸二乙酯为内标物，用 5%OV-101/Gas Chromosorb G AW-DMCS（150～180μm）为填充物的色谱柱和 FID 检测器，对试样中的速灭威进行分离和测定。

将测得的两针试样溶液以及试样前后两针标样溶液中速灭威与内标物峰面积之比分别进行平均。速灭威的质量分数 w，按式（6-4）计算。

$$w = \frac{r_2 m_1 w_1}{r_1 m_2} \times 100\% \qquad (6-4)$$

式中　r_1——标样溶液中速灭威与内标物峰面积比的平均值；

　　　r_2——试样溶液中速灭威与内标物峰面积比的平均值；

　　m_1——标样质量，g；

m_2——试样质量，g；

w_1——标样中速灭威的质量分数。

3. 氯氰菊酯的测定

氯氰菊酯（$C_{22}H_{19}Cl_2NO_3$）属拟除虫菊酯类杀虫剂，无色液体，具有触杀、熏杀和胃毒作用，抑制虫体胆碱酯酶活性，使乙酰胆碱堆积中毒而死亡。其杀虫选择性强、药效快、杀死力高、残效短、对光和热稳定性高，在较低室温下（10℃）杀虫作用不减。主要用于杀灭蚊、蝇，亦可用于杀灭蚰蜒，能防治对有机磷农药产生抗性的害虫。氯氰菊酯的现行技术指标见表6-1，参见标准 HG 3627—1999。

表6-1　现行技术指标

项　目	指　标		
	优等品	一等品	合格品
氯氰菊酯总含量/%	≥95.0	≥92.0	≥90.0
水分/%	≤0.1	≤0.3	≤0.5
酸度（以 H_2SO_4 计）/%	≤0.1	≤0.2	≤0.3
高效、低效异构体比	≥0.6		

注：高效、低效异构体比为参考项目，不作为判定合格的依据。

氯氰菊酯的测定方法有气相色谱法和液相色谱法。

（1）气相色谱法　试样用二氯甲烷溶解，以邻苯二甲酸二（2-乙基）己酯为内标，用10%SE-30/ Chromosorb W AW-DMCS（125～150μm）填充物的玻璃柱和 FID 检测器，对试样中的氯氰菊酯进行气相色谱分离和测定。

将测得的两针试样溶液以及试样前后两针标样溶液中氯氰菊酯与内标物峰面积之比分别进行平均。氯氰菊酯的质量分数 w，按式（6-5）计算。

$$w = \frac{r_2 m_1 w_1}{r_1 m_2} \times 100\%　(6-5)$$

式中　r_1——标样溶液中氯氰菊酯与内标物峰面积比的平均值；

r_2——试样溶液中氯氰菊酯与内标物峰面积比的平均值；

m_1——标样质量，g；

m_2——试样质量，g；

w_1——标样中氯氰菊酯的质量分数。

（2）液相色谱法　试样用正己烷溶解，以正己烷＋无水乙醚为流动相、硅胶色谱柱和紫外 230nm 检测器，使用正相液相色谱外标法，对试样中的氯氰菊酯进行分离和测定。

称取氯氰菊酯标样 50mg（精确至 0.2mg），置于 50mL 容量瓶中，用正己烷溶解并稀释至刻度，摇匀；称取含氯氰菊酯 50mg（精确至 0.2mg）的样品于 50mL 容量瓶中，加入正己烷溶解并定容，摇匀；在上述操作条件下，待仪器基线稳定后，先注入数针标准溶液，直至相邻两氯氰菊酯相对响应值变化小于 1.5% 后，按照标样溶液、试样溶液、试样溶液、标样溶液的顺序进行测定。

将测得的两针试样溶液以及试样前后两针标样溶液中氯氰菊酯峰面积分别进行平均。氯氰菊酯的质量分数 w，按式（6-6）计算。

$$w = \frac{r_2 m_1 w_1}{r_1 m_2} \times 100\% \qquad (6\text{-}6)$$

式中　r_1——试样溶液中氯氰菊酯（低效顺式＋高效顺式＋低效反式＋高效反式）峰面积的
　　　　　平均值；

　　　r_2——标样溶液中氯氰菊酯（低效顺式＋高效顺式＋低效反式＋高效反式）峰面积的
　　　　　平均值；

　　m_1——试样质量，g；

　　m_2——标样质量，g；

　　w_1——标样中氯氰菊酯的质量分数。

三、气相色谱法测定氯氰菊酯

1. 仪器准备

（1）气相色谱仪　具有氢火焰离子化检测器（FID）。

（2）色谱数据处理机　满刻度 5mV 或相当的积分仪。

（3）色谱柱　1500m×3.2mm（i.d.）玻璃柱，内装 10％SE-30/Chromosorb W AW-DMCS（125～150μm）填充物。

2. 试剂准备

（1）溶剂　二氯甲烷。

（2）氯氰菊酯标样　已知质量分数，≥99％。

（3）内标物　邻苯二甲酸二（2-乙基）己酯，不含干扰分析的杂质。

（4）内标溶液　称取邻苯二甲酸二（2-乙基）己酯 2.5g，置于 500mL 容量瓶中，加二氯甲烷溶解并稀释至刻度，摇匀。

（5）测定条件

① 温度（℃）：柱室 240，汽化室 260，检测室 260。

② 气体流速（mL/min）：载气（N_2）60，氢气 50，空气 500。

③ 进样量：1μL。

④ 保留时间：氯氰菊酯 8.7min，内标物 6.2min。

3. 样品测定

（1）标样溶液的制备　称取含氯氰菊酯约 100mg（精确至 0.2mg）的标样，置于 15mL 具塞锥形瓶中，准确加入内标溶液 5mL，补加 5mL 二氯甲烷，超声波振荡 5min，取出室温下放置。

（2）试样溶液的制备　称取含氯氰菊酯约 100mg（精确至 0.2mg）的试样，置于 15mL 具塞锥形瓶中，准确加入内标溶液 5mL，补加 5mL 二氯甲烷，超声波振荡 5min，取出室温下放置。

（3）测定　在上述操作条件下，待仪器基线稳定后，连续注入数针标样溶液，直至相邻两针氯氰菊酯相对响应值变化小于 1.5％后，按照标样溶液、试样溶液、试样溶液、标样溶液的顺序进行测定。

第二节　绿麦隆的测定

一、除草剂定义和分类

1. 除草剂定义

除草剂也叫除莠剂，就是用于除草的化学药剂。用除草剂来消灭杂草，既省力又能促进作物的增产。大多数除草剂对人、畜毒性较低，在环境中能逐渐分解，对哺乳动物无积累中毒危险。

2. 除草剂分类

（1）按作用范围分类

① 非选择性除草剂（灭生性除草剂）　不分作物和杂草全部杀死。这类除草剂主要用于除去非耕地的杂草。如公路、铁路、操场、飞机场、仓库周围环境等。

② 选择性除草剂　在一定剂量范围内，能杀死杂草而不伤害作物的药剂，叫选择性除草剂。如敌稗能杀死稻田中的稗草而对水稻无损害。

（2）按作用方式分类

① 触杀性除草剂　不能在植物体内运输传导，只能起触杀作用的药剂。如敌稗、五氯酚钠等。

② 内吸性除草剂　又称传导性除草剂，被植物吸收后，遍布植物体内。如 2,4-滴、西玛津等。

（3）按化学结构分类　苯氧脂肪类、酰胺类、均三氮苯类、取代脲类、酚及醚类、氨基甲酸酯及硫代氨基甲酸酯类、其他类。

二、除草剂的测定

1. 莠去津的测定

莠去津属均三嗪类除草剂，分子式 $C_8H_{14}ClN_5$，相对分子质量 215.7，结构式为

化学名称 2-氯-4-乙氨基-6-异丙氨基-1,3,5-三嗪，其他名称阿特拉津。

莠去津纯品为无色粉末。溶解度（g/kg，20℃）：水 30、氯仿 52、乙醚 12、乙酸乙酯 28、甲醇 18、辛醇 10。本品为碱性，与酸可形成盐。在 70℃ 下，中性介质中缓慢地水解为无除草活性的 6-羟基衍生物，在酸性或碱性介质中水解速度加快。

莠去津为选择性内吸传导性苗前、苗后除草剂，适用于玉米、高粱、甘蔗、茶园、苗圃、林地除草。防除马唐、狗尾草、莎草、看麦娘、蓼、藜等一年生禾本科和阔叶杂草，并对某些多年生长杂草亦有效。其用量较大、残效长、对地下水可能造成影响。

莠去津常用分析方法主要有气相色谱法。试样经三氯甲烷溶解，用邻苯二甲酸二正丁酯作内标物，用 5％XE-60/Gas Chrom Q 色谱柱和 FID 检测器，对试样中的莠去津进行气相色谱分离和测定。

将测得的两针试样溶液以及试样前后两针标样溶液中莠去津与内标物峰面积之比分别进行平均。莠去津的质量分数 w，按式（6-7）计算。

$$w = \frac{r_2 m_1 w_1}{r_1 m_2} \times 100\% \tag{6-7}$$

式中　r_1——标样溶液中莠去津与内标物峰面积比的平均值；

　　　r_2——试样溶液中莠去津与内标物峰面积比的平均值；

　　　m_1——标样质量，g；

　　　m_2——试样质量，g；

　　　w_1——标样中莠去津的质量分数。

2. 绿麦隆的测定

绿麦隆属磺酰脲类除草剂，分子式 $C_{10}H_{13}ClN_2O$，相对分子质量 212.7，结构式为

$$H_3C \underset{Cl}{-} \!\!\!\!\!\!\!\!\!\!\!\!\!\bigcirc \!\!\!\!\!-NHCON(CH_3)_2$$

化学名称 1,1-二甲基-3-(3-氯-4-甲基苯基）脲。

绿麦隆纯品为白色结晶。溶解度（25℃，g/L）：水 74、丙酮 54、苯 24、二氯甲烷 51、乙醇 48、甲苯 3、己烷 0.06、正辛醇 24、乙酸乙酯 21。对光和紫外线稳定，在强酸和强碱下缓慢分解。

绿麦隆具有超高效除草活性，属低毒类农药。对动物低毒，在非靶生物体内几乎不累积，在土壤中可通过化学和生物过程降解，滞留时间不长。用于小麦、棉花、花生、大豆、烟草等旱田作物中防治一年生禾本科、莎草科和大多数阔叶杂草。

绿麦隆的分析方法有液相色谱法、薄层-紫外分光光度法等。

（1）液相色谱法（仲裁法）　试样用甲醇溶解，过滤，以甲醇＋水＋冰乙酸为流动相，C_{18} 为填充物的色谱柱和紫外检测器，用反相液相色谱法对试样中的氯麦隆进行分离和测定。

将测得的两针试样溶液以及试样前后两针标样溶液中绿麦隆峰面积分别进行平均。绿麦隆的质量分数 w，按式（6-8）计算。

$$w = \frac{r_2 m_1 w_1}{r_1 m_2} \times 100\% \tag{6-8}$$

式中　r_1——标样溶液中绿麦隆与内标物峰面积比的平均值；

　　　r_2——试样溶液中绿麦隆与内标物峰面积比的平均值；

　　　m_1——标样质量，g；

　　　m_2——试样质量，g；

　　　w_1——标样中绿麦隆的质量分数。

本方法适用于绿麦隆原药及其单制剂的分析。对不同的复配制剂，可视具体情况适当改变条件来达到较好分离。

（2）薄层-紫外分光光度法　试样经薄层色谱分离后，取绿麦隆谱带的硅胶层，经溶剂洗脱，用紫外分光光度计进行测定。

绿麦隆的质量分数 w，按式（6-9）计算。

$$w = \frac{r_2 m_1 w_1}{r_1 m_2} \times 100\% \tag{6-9}$$

式中　r_1——标样溶液中绿麦隆的吸光度；

r_2——试样溶液中绿麦隆的吸光度；

m_1——标样质量，g；

m_2——试样质量，g；

w_1——标样中绿麦隆的质量分数。

三、液相色谱法测定绿麦隆

1. 仪器准备

（1）高效液相色谱仪　具有可变波长紫外检测器 UV-243nm。

（2）色谱数据处理机。

（3）色谱柱　250mm×4.6 mm（i.d.）不锈钢柱，内填 Bondapak^{MT} C$_{18}$（10μm）。

（4）过滤器　滤膜孔径约 0.45μm。

（5）定量进样阀　20μL。

2. 试剂准备

（1）甲醇　HPLC级。

（2）二次蒸馏水。

（3）冰乙酸。

（4）绿麦隆标样　已知质量分数≥98％。

3. 样品测定

（1）标样溶液的制备　称取含绿麦隆标样 100mg（精确至 0.2mg），置于 100mL 容量瓶中，用甲醇溶解并稀释至刻度，摇匀。

（2）试样溶液的制备　称取含绿麦隆试样 100mg（精确至 0.2mg），置于 100mL 容量瓶中，加入甲醇溶解并稀释至刻度，摇匀，过滤。

（3）测定　在上述操作条件下，待仪器基线稳定后，连续注入数针标样溶液，直至相邻两针绿麦隆相对响应值变化小于 1.0％后，按照标样溶液、试样溶液、试样溶液、标样溶液的顺序进行测定。

第三节　代森锰锌的测定

一、杀菌剂定义和分类

1. 杀菌剂定义

杀菌剂是指对菌类具有毒性又能杀死菌类的一类物质。菌是一种微生物，它包括真菌、细菌、病菌等。杀菌剂可以抑制菌类的生长或直接起毒杀作用。故可用来保护农作物不受病菌的侵害或治疗已被病菌侵害的作物。

杀菌剂不仅在农业、林业、牧业上应用非常重要，而且有的品种还被用到工业上。如高效、低毒、低残留的内吸性杀菌剂"多菌灵"生产后，替代了高毒性的现已被淘汰的有机汞制剂，有效地防治了水稻、三麦、油菜等作物的一些病害，为我国农业丰收起了重要作用。同时发现将"多菌灵"用于纺织工业上，防治棉纱发霉，效果也很显著。

近年来在调查中发现，当前农业生产中菌害比虫害要严重得多，病害远超过虫害。经济作物的病害比粮食作物更为严重。由此杀菌剂的研究和生产是十分迫切的任务。

2. 杀菌剂分类

（1）按化学组成分类　分为无机杀菌剂和有机杀菌剂；按不同的化学结构类型又可分成丁烯酰胺类、苯并咪唑类等。

（2）按作用方式分类

① 化学保护剂。以保护性的覆盖方式施用于作物的种子、茎、叶或果实上，防止病菌的侵入。

② 化学治疗剂分内吸性和非内吸性。内吸性药剂能渗透到植物体内，并能在植物体内运输传导，使侵入植物体内的菌全部被杀死。非内吸性一般不能渗透到植物体内，即使有的能渗透入植物体内，也不能在植物体内传导，即不能从施药部位传到植物的各个部位。

二、杀菌剂的测定

1. 多菌灵的测定

多菌灵属高效低毒内吸性杀菌剂，分子式 $C_9H_9N_3O_2$，相对分子质量 191.2，结构式为

化学名称 N-(2-苯并咪唑基) 氨基甲酸甲酯，其他名称苯并咪唑 44 号、MBC、棉萎灵。

纯品为白色结晶粉末，工业品为灰褐色粉末，在 $215\sim217℃$ 时开始升华，大于 $290℃$ 时熔解，$306℃$ 时分解，不溶于水，微溶于丙酮、氯仿和其他有机溶剂，可溶于无机酸和醋酸，并形成相应的盐，化学性质稳定。在水和有机溶剂中溶解甚微可溶于酸（成盐），性质稳定，平均粒径小于 $5\mu m$，常温下稳定，但在碱性介质中慢慢分解。

多菌灵有内吸治疗和保护作用。对人畜低毒，对鱼类毒性也低。多菌灵是一种广谱、内吸性杀菌剂，可用于叶面喷雾、种子处理和土壤处理等。用于防治各种真菌引起的作物病害，也可用于防治水果、花卉、竹子和林木的病害，此外可在纺织、纸张、皮革、制鞋和涂料等工业中作防霉剂，也可在贮藏水果和蛋品时作防霉腐剂。

多菌灵的分析方法有薄层-紫外法（仲裁法）、非水电位滴定法、非水定电位滴定法等。

（1）薄层-紫外法（仲裁法）　多菌灵水悬浮剂经干燥除去水分，用冰乙酸溶解，滤液经薄层层析，将多菌灵与杂质分离，刮下含有多菌灵的谱带，在 281nm 的波长下，进行分光光度测定。

多菌灵的质量分数 w（%），按式（6-10）计算。

$$w = \frac{r_2 m_1 w_1}{r_1 m_2} \times 100 \qquad (6\text{-}10)$$

式中 r_1——标样溶液中多菌灵的吸光度；

$\quad\quad r_2$——试样溶液中多菌灵的吸光度；

$\quad\quad m_1$——标样质量，g；

$\quad\quad m_2$——试样质量，g；

$\quad\quad w_1$——标样中多菌灵的质量分数，%。

（2）非水电位滴定法　多菌灵水悬浮剂经干燥除去水分，用冰乙酸溶解，用高氯酸标准滴定溶液进行电位滴定，以最大变化毫伏数为终点。

以质量分数表示的多菌灵含量 w（%）按式（6-11）计算。

$$w = \frac{c \times (V - V_0) \times 0.1912 \times 100}{m} \qquad (6\text{-}11)$$

式中 c——高氯酸标准溶液的实际浓度；

$\quad\quad V$——滴定试样溶液，消耗高氯酸标准滴定溶液的体积，mL；

$\quad\quad V_0$——滴定空白溶液，消耗高氯酸标准滴定溶液的体积，mL；

$\quad\quad m$——试样质量，g；

$\quad$ 0.1912——与 1.00mL 高氯酸标准滴定溶液 $[c(\mathrm{HClO_4}) = 1.000\mathrm{mol/L}]$ 相当的以 g 表示的多菌灵的质量。

（3）非水定电位滴定法　多菌灵水悬浮剂经干燥除去水分，用冰乙酸溶解，用高氯酸标准滴定溶液进行电位滴定，以多菌灵标样的电位数来确定滴定终点。

以质量分数表示的多菌灵含量 w（%）按式（6-12）计算。

$$w = \frac{c \times (V - V_0) \times 0.1912 \times 100}{m} \qquad (6\text{-}12)$$

式中 c——高氯酸标准滴定溶液的实际浓度，mol/L；

$\quad\quad V$——滴定试样溶液，消耗高氯酸标准滴定溶液的体积，mL；

$\quad\quad V_0$——滴定空白溶液，消耗高氯酸标准滴定溶液的体积，mL；

$\quad\quad m$——试样质量，g；

$\quad$ 0.1912——与 1.00mL 高氯酸标准滴定溶液 $[c(\mathrm{HClO_4}) = 1.000\mathrm{mol/L}]$ 相当的以 g 表示的多菌灵的质量。

2. 代森锰锌的测定

代森锰锌属内吸性杀菌剂，分子式 $(C_4H_6N_2S_4Mn)_x Zn_y$，结构式为

化学名称 1,2-亚乙基双二硫代氨基甲酸锰和锌离子的配位化合物，其他名称大生，Dithane M-45，Manzate。

代森锰锌原药为灰黄色粉末，约 150℃分解，无熔点，闪点 138℃。溶解度：水 6～

20mg/L；在大多数有机溶剂中不溶解。稳定性：在密闭容器中及隔热条件下可稳定存放两年以上。水解速率（25℃）$DT_{50}=20d$（pH=5），17h（pH=7），34h（pH=9）。它可在环境中水解、氧化、光解及代谢，土壤 $DT_{50}=6\sim15d$。

代森锰锌可抑制病菌体内丙酮酸的氧化，从而起到杀菌作用。具有高效、低毒、杀菌谱广、病菌不易产生抗性等特点，且对果树缺锰、缺锌症有治疗作用。用于许多叶部病害的保护性杀菌剂，对小麦锈病、稻瘟病、玉米大斑病、蔬菜中的霜霉病、炭疽病、疫病及果树黑星病、赤星病、炭疽病等均有很好的防效。

代森锰锌常用分析方法有碘量法等。

试样于煮沸的氢碘酸-冰乙酸溶液中分解，生成二硫化碳、乙二胺盐及干扰分析的硫化氢气体。先用乙酸铅溶液吸收硫化氢，继之以氢氧化钾-乙醇溶液吸收二硫化碳，并生成乙基黄原酸钾。二硫化碳吸收液用乙酸中和后立即以碘标准滴定溶液滴定。

$$(C_4H_6N_2S_4Mn)_x Zn_y + 2xH_2 + xI_2 \longrightarrow xIH_3NCH_2CH_2NH_3I + 2xCS_2 + xMn + yZn$$

$$CS_2 + C_2H_5OK \longrightarrow C_2H_5OCSSK$$

$$2C_2H_5OCSSK + I_2 \longrightarrow C_2H_5OC(S)SC(S)OC_2H_5 + 2KI$$

代森锰锌的质量分数 $w(\%)$，按式（6-13）计算。

$$w = \frac{c \times (V - V_0) \times 0.1355 \times 100}{m} \tag{6-13}$$

式中　V——滴定试样消耗碘标准滴定溶液的体积，mL；

　　　V_0——滴定空白消耗碘标准滴定溶液的体积，mL；

　　　m——试样的质量，g；

　　　c——碘标准溶液的实际浓度，mol/L；

　0.1355——与 1.00mL 碘标准滴定溶液 $\left[c\left(\frac{1}{2}I_2\right)=0.1mol/L\right]$ 相当的以 g 表示的代森锰锌的质量。

本方法适用于代森锰锌原药、可湿性粉剂等单制剂的分析。对不同的复配制剂，可视具体情况适当改变条件来满足分析的需要。

三、碘量法测定代森锰锌

（1）仪器准备　如图 6-1 所示。

（2）试剂准备

① 乙醇。

② 冰乙酸溶液，30%。

③ 氢氧化钾乙醇溶液，110g/L，使用前配制。

④ 氢碘酸冰乙酸溶液，1 份（约含 57%）氢碘酸溶液与 9 份冰乙酸相混合，使用前配制。

⑤ 乙酸铅溶液，100g/L。

⑥ 碘标准滴定溶液，$c\left(\frac{1}{2}I_2\right)=0.1mol/L$。

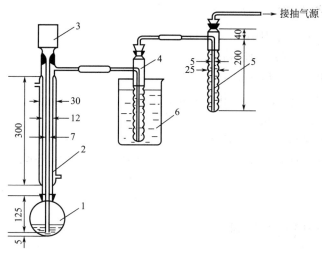

图 6-1　分解吸收装置（单位：mm）

1—150mL 烧瓶；2—直形冷凝管；3—长颈漏斗；4—第一吸收管；

5—第二吸收管；6—水浴（70～80℃）

⑦　淀粉指示液，10g/L。

⑧　酚酞指示液，10g/L。

（3）样品测定　称取约含代森锰锌 0.2g 的试样（精确至 0.2mg），置于干净的圆底烧瓶中，第一吸收管加 50mL 乙酸铅溶液，保持温度 70～80℃，第二吸收管加 50mL 氢氧化钾-乙醇溶液，连接分解吸收装置，检查装置的密封性。打开冷却水，开启抽气源，控制抽气速度，以每秒 2～4 个气泡均匀稳定地通过吸收管。

通过长颈漏斗向圆底烧瓶加入 50mL 氢碘酸-冰乙酸溶液，摇匀。同时立即快速加热，小心控制防止反应液冲出，保持微沸 50min。拆开装置，停止加热，取下第二吸收管，将内容物用 200mL 水洗入 500mL 锥形瓶中，以酚酞指示液检查吸收管，洗至管内无内残物。用乙酸溶液中和至酚酞褪色，再过量 3～4 滴，立即用碘标准滴定溶液滴定，同时不断摇动，近终点时加 5mL 淀粉指示液，继续滴定至溶液呈浅灰紫色。同时做空白测定。

第四节　多效唑的测定

一、植物生长调节剂定义和分类

1. 植物生长调节剂定义

植物生长调节剂是指那些从外部施加给植物，并能引起植物生长发生变化的化学物质。这些化学物质是人工合成的，或是通过微生物发酵方法取得的。其中有的是模拟植物激素的分子结构而合成的，有的是合成后经活性筛选而得到的。天然植物激素可以作为生长调节剂使用，但更多的生长调节剂则是植物体内并不存在的化合物。由赤霉菌制取的赤霉素商品作为生长调节剂与植物体内产生的赤霉素在来源上是有所不同的。若将外加的植物生长调节剂称之为植物激素，容易将两个不同概念相混淆。

2. 植物生长调节剂分类

（1）生长素类　NAA、IBA、2，4-D。

（2）细胞分裂素类　BA、Kinetin。

（3）内生植物生长素　传导抑制剂。

（4）乙烯释出剂　ethyphon，用于果实之催熟。

（5）乙烯合成抑制剂　硝酸银、AVG、AOA。

（6）生长延迟剂又名矮化剂　CCC、ancymidol、Amo-1618、B9。

（7）生长抑制剂　抑制顶端分生组织生长，使植物丧失顶端优势，植物形态发生很大变化的物质。

二、植物生长调节剂的测定

1. 多效唑

多效唑属植物生长调节剂兼杀菌剂，分子式 $C_{15}H_{20}ClN_3O$，相对分子质量293.8，结构式为

化学名称　（2RS，3RS)-1-(4-氯苯基)-4,4-二甲基-2-(1H-1,2,4-三唑-1-基）戊-3-醇，其他名称 PP333，氯丁唑。

多效唑纯品为无色结晶固体。溶解性（20℃）：水 35mg/L、甲醇 150g/L、丙二醇 50g/L、丙酮 110g/L、环己酮 180g/L、二氯甲烷 100g/L、己烷 10g/L、二甲苯 60g/L。稳定性：50℃下至少 6 个月内稳定；紫外线下，pH=7，10d 内不降解；在 pH=4、7、9 下，对水稳定，其水溶液在 25℃至少稳定 30d，pH=7 的水溶液在紫外线下至少稳定 10d；在通常条件下，土壤中 $DT_{50}=0.5\sim1.0a$，在石灰质黏壤土（pH=8.8、有机质含量 14％）中 $DT_{50}<42d$，在粗砂壤土（pH=6.8、有机质含量 4％）中 $DT_{50}>14d$。

多效唑具有延缓植物生长，抑制茎秆伸长，缩短节间、促进植物分蘖、增加植物抗逆性能、提高产量、防腐、防虫、防草、增分叶、增粒重、增产量等效果。用于水稻、麦类、花生、果树、烟草、油菜、大豆、花卉、草坪等作（植）物时，使用效果显著，具有良好的社会与经济效益。

多效唑的分析方法有气相色谱法、液相色谱法等。

（1）气相色谱法　试样经丙酮溶解，以邻苯二甲酸二环己酯为内标物，用 2％FFAP 为填充物的玻璃柱和 FID 检测器，对试样中的多效唑进行气相色谱分离和测定。

将测得的两针试样溶液以及试样前后两针标样溶液中多效唑与内标物峰面积之比分别进行平均。多效唑的质量分数 w（％），按式（6-14）计算。

$$w=\frac{r_2 m_1 w_1}{r_1 m_2}\times100 \tag{6-14}$$

式中　r_1——标样溶液中多效唑与内标物峰面积比的平均值；

r_2——试样溶液中多效唑与内标物峰面积比的平均值；

m_1——标样质量，g；

m_2——试样质量，g；

w_1——标样中多效唑的质量分数。

（2）液相色谱法　试样用甲醇溶解，过滤，以甲醇＋乙腈＋水为流动相，使用以 NOVA-PAK C_{18} 为填充物的不锈钢柱和 230nm 紫外检测器，对试样中的多效唑进行高效液相色谱分离和测定。

将测得的两针试样溶液以及试样前后两针标样溶液中多效唑峰面积分别进行平均。多效唑的质量分数 w（％），按式（6-15）计算。

$$w = \frac{r_2 m_1 w_1}{r_1 m_2} \times 100 \tag{6-15}$$

式中　r_1——标样溶液中多效唑与内标物峰面积比的平均值；

r_2——试样溶液中多效唑与内标物峰面积比的平均值；

m_1——标样质量，g；

m_2——试样质量，g；

w_1——标样中多效唑的质量分数。

2. 乙烯利

乙烯利是种植物生长调节剂，分子式 $C_2H_6ClO_3P$，相对分子质量 144.5，结构式为

$$\underset{\text{ClCH}_2-\text{CH}_2-\overset{\displaystyle \overset{\text{O}}{\|}}{\text{P}}-(\text{OH})_2}{}$$

化学名称 2-氯乙基膦酸，其他名称乙烯磷，一试灵，CEPA。

乙烯利纯品为无色针状结晶。极易吸潮，易溶于水、乙醇、乙醚，微溶于苯和二氯乙烷，不溶于石油醚。工业品为白色针状结晶。制剂为强酸性水剂，在常温、pH3 以下比较稳定，几乎不放出乙烯，但随着温度和 pH 值的增加，乙烯释放的速度加快，在碱性沸水浴中 40min 就全部分解，生成乙烯氯化物及磷酸盐。

乙烯利主要用作打破休眠、促进生根发芽、催熟、脱落等作用。目前国内剂型主要集中于 40％水剂，用作棉桃的催裂、早熟，蔬菜果树的催熟、催红。近几年乙烯利的复配制剂发展迅猛，其生长调节剂复配使用的特殊效果，已越来越引起重视，将成为研究和生产的一个重要方向。

乙烯利常用分析方法有气相色谱法等。

试样经重氮甲烷酯化，用对硝基氯苯为内标物，用 10％SE-30/Gas Chrom Q 色谱柱和 FID 检测器，对乙烯利甲酯进行气相色谱分离和测定。

将测得的两针试样溶液以及试样前后两针标样溶液中乙烯利与内标物峰面积之比分别进行平均。乙烯利的质量分数 w（％），按式（6-16）计算。

$$w = \frac{r_2 m_1 w_1}{r_1 m_2} \times 100 \tag{6-16}$$

式中　r_1——标样溶液中乙烯利与内标物峰面积比的平均值；

r_2——试样溶液中乙烯利与内标物峰面积比的平均值；

m_1——标样质量，g；

m_2——试样质量，g；

w_1——标样中乙烯利的质量分数,％。

本方法适用于多效唑原药、可湿性粉剂等单制剂的分析。对不同的复配制剂,可视具体情况适当改变条件来达到较好分离。

三、气相色谱法测定多效唑

1. 仪器准备

(1) 气相色谱仪　具有氢火焰离子化检测器（FID）。

(2) 色谱数据处理仪　满刻度 5mV 或相当的积分仪。

(3) 色谱柱　1100mm×3.2mm（i.d.）玻璃柱,内装 2％FFAP／Chromosorb W AW-DMCS（60～80 目）的填充物。

2. 试剂准备

(1) 溶剂　丙酮。

(2) 多效唑标样　已知质量分数,≥99％。

(3) 内标物　邻苯二甲酸二环己酯,不含干扰分析的杂质。

(4) 内标溶液　称取 1.0g 邻苯二甲酸二环己酯,置于 100mL 容量瓶中,加入丙酮溶解并稀释至刻度,摇匀。

3. 样品测定

(1) 标样溶液的制备　称取多效唑标样约 100mg（精确至 0.2mg）,置于 15mL 锥形瓶中,准确加入内标溶液 5mL,补加 5mL 丙酮溶液,摇匀。

(2) 试样溶液的制备　称取约含多效唑 100mg（精确至 0.2mg）的试样,置于 15mL 锥形瓶中,准确加入内标溶液 5mL,补加 5mL 丙酮溶液,摇匀。

(3) 测定　在上述操作条件下,待仪器基线稳定后,连续注入数针标样溶液,直至相邻两针多效唑相对响应值变化小于 1.5％后,按照标样溶液、试样溶液、试样溶液、标样溶液的顺序进行测定。

✦ 本章小结

本章的基本概念和基本知识包括农药、农药的分类、农药标准、杀虫剂、杀虫剂分类、杀菌剂、杀菌剂分类、除草剂、除草剂分类、植物生长调节剂、植物生长调节剂分类。

农药分析内容包括农药产品及其理化性质分析、农药在农产品、食物和环境中的微量分析等。农药分析内容包括农药分析方法的原理、方法及其在农药分析中的应用。目前农药分析的主要方法是气相色谱和液相色谱法,

农药试样包括原粉、乳剂和液体、粉剂和可湿性粉剂和其他的采取和制备方法。

杀虫剂的测定包括久效磷的测定方法（液相色谱法、气相色谱法等）,速灭威的测定方法［气相色谱法方法一、方法二（仲裁法）等］,氯氰菊酯的测定方法（气相色谱法、液相色谱法）。

除草剂的测定包括莠去津的测定方法主要有气相色谱法,绿麦隆的测定方法有液相

色谱法（仲裁法）、薄层-紫外分光光度法等。

　　杀菌剂的测定包括多菌灵的测定方法有薄层-紫外法（仲裁法）、非水电位滴定法、非水定电位滴定法等，代森锰锌的测定方法有碘量法等。

　　植物生长调节剂的测定包括多效唑的测定方法有气相色谱法、液相色谱法等，乙烯利的测定方法有气相色谱法等。

思考与练习题

　　1. 什么是农药？农药有哪些分类？常用的是哪一种？

　　2. 什么是农药标准？分为几种类型？

　　3. 如何认识农药的作用与环境污染的关系？

　　4. 简述用碘量法测定代森锰锌原药的测定原理。如何配制碘标准滴定溶液？为什么要做空白实验？

　　5. 什么叫杀虫剂？它的发展有何特征？它的分类是怎样的？

　　6. 杀菌剂的杀菌作用和抑菌作用有何区别？

　　7. 用什么方法测定多菌灵原药中多菌灵的含量？

　　8. 除草剂按作用方式如何分类？

　　9. 乙烯利是什么样的药剂？用何方法可测定它的含量？

　　10. 简述久效磷、绿麦隆的含量测定方法及原理。

　　11. 用气相色谱法测定多效唑含量时内标溶液是如何制备的？

　　12. 高效液相色谱仪的色谱柱填充物一般使用哪些物质？

第七章

Chapter 07

气体分析技术

💡 **教学目的及要求**

1. 了解工业气体的种类及分析方法；
2. 掌握气体分析仪器的组成及使用方法；
3. 掌握吸收气体体积法、燃烧法的测定原理及方法；
4. 能正确组装气体分析仪器；
5. 能选用适当的仪器准确测量气体的体积。

一、工业气体分类

工业气体种类很多，根据它们在工业上的用途大致可分为以下几种。

1. 气体燃料

（1）天然气　煤与石油组成分解的产物，存在于含煤或石油的地层中，主要成分是甲烷。

（2）焦炉煤气　煤在800℃以上炼焦的副产物，主要成分是氢气和甲烷。

（3）石油气　石油裂解的产物，主要成分是甲烷、烯烃及其他碳氢化合物。

（4）水煤气　由水蒸气作用于赤热的煤而生成，主要成分是一氧化碳和氢气。

2. 化工原料气体

除上述的天然气、焦炉煤气、石油气、水煤气等均可作为化工原料气外，还有其他几种。

（1）黄铁矿焙烧炉气　主要成分是二氧化硫，用于合成硫酸。

$$4FeS+7O_2 =\!=\!= 2Fe_2O_3+4SO_2 \uparrow$$

（2）石灰焙烧窑气　主要成分是二氧化碳，用于制碱工业。

$$CaCO_3 =\!=\!= CaO+CO_2 \uparrow$$

3. 气体产品

工业气体产品种类很多，如氢气、氮气、氧气、乙炔气和氦气等。

4. 废气

各种工业用的烟道气，即燃料燃烧后的产物，主要成分为 N_2、O_2、CO、CO_2、水蒸气及少量的其他气体。在化工生产中排放出来的大量尾气，情况各不相同，组成较为复杂。

5. 厂房空气

工业厂房空气一般含有生产用的气体。这些气体中有些对身体有害，有些能够引起燃烧爆炸，工业厂房空气在分析上是指厂房空气中这类有害气体。

二、工业气体分析方法

工业气体分析方法根据测定原理分为化学分析法、物理分析法、物理化学分析法。

① 化学分析法是根据气体的某一化学特性进行测定的，如吸收法、燃烧法。

② 物理分析法是根据气体的物理特性，如密度、热导率、折射率、热值等来进行测定的。

③ 物理化学分析方法是根据气体的物理化学特性来进行测定的，如电导法、色谱法和红外光谱法等。

当气体混合物中各个组分的含量为常量时，一般采用体积分数来表示；气体混合物中各组分的含量是微量时，一般采用每升或每立方米中所含的质量（mg）或体积（mL）来表示。气体中被测物质是固体或液体（各种灰尘、烟、各种金属粉末），这些杂质浓度一般用质量单位来表示比较方便。

第一节　半水煤气的测定

一、气体分析仪器

（一）气体分析仪器的组成

1. 量气管

量气管是量取一定量气体体积的装置，量气管的类型有单臂式和双臂式两类，如图 7-1 所示。

（1）单臂式量气管　如图 7-1（a）所示。单臂式量气管分为直式、单球式、双球式三种。

① 直式量气管。最简单的量气管，是一支容积为 100mL 有刻度的玻璃管，分度值为 0.2mL，可读出在 100mL 范围内的气体体积。

② 单球式量气管。下端细长部分一般有 40～60mL 的刻度，分度值为 0.1mL，上部球状的部分也有刻度，一般较少使用，精度也不高。

③ 双球式量气管。上部有 2 个球状部分，其中上球的体积为 25mL，下球的体积为 35mL，下端为细长部分，一般刻有 40mL 刻度线，分度值为 0.1mL，是常用测量气体体积的部分，而球形部分的体积用于固定气体体积的测量，如量取 25.00mL 气体体积，用于燃烧法实验等。量气管的末端用橡皮管与封闭液瓶相连，顶端是吸入气体与排出气体的出口，可与取样管相通。

（2）双臂式量气管　如图 7-1（b）所示。总体积也是 100mL，左臂由 4 个 20mL 玻璃

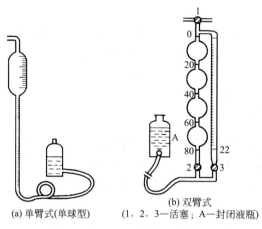

图 7-1 量气管

(a) 单臂式(单球型)

(b) 双臂式
(1，2，3—活塞；A—封闭液瓶)

球组成，右臂是体积 20mL（加上备用部分共 22mL）的细管，分度值为 0.05mL。可以测量 100mL 以内的气体体积。量气管顶端通过活塞 1 与取样器、吸收瓶相连，下端活塞 2、活塞 3 可分别量取气体体积，末端用橡皮管与封闭液瓶相连。当打开活塞 2、活塞 3 并使活塞 1 与大气相通，升高封闭液瓶时，液面上升，将量气管中原有气体排出，然后旋转活塞 1 使之与取试样器或气体贮存器相连，先关上活塞 3，放下封闭液瓶，气体自活塞 1 引入左臂球形管中，测量一部分气体体积，然后关上活塞 2，打开活塞 3，气体流入细管中，关上活塞 1，测量出细管中气体的体积，两部分体积之和即为所取气体的体积。如测量 53.25mL 气体时，用左臂量取 40mL，右臂量取 13.25mL，总体积即为 53.25mL。

（3）量气管的使用　当封闭液瓶升高时，液面上升，可将量气管中的气体排出。当封闭液瓶降低时液面下降，将气体吸入量气管，和进气管、排气管配合使用，可完成排气和吸入气体样品的操作，收集足够的气体以后，关闭气体分析器上的进样阀门。将量气管的液面与封闭液瓶的液面对齐（处在同一个水平面上），读出量气管上的读数，即为气体的体积。

（4）气量表　分析高浓度的气体含量时，用 100mL 量气管即可满足要求。但在测定微量气体含量时，取 100mL 气体试样用 100mL 量气管不能满足要求。如测定空气中 CO_2 含量时，100mL 空气中 CO_2 只含有 0.03mL，需要取混合气体若干升或若干立方米；在动态的情况下测量大体积的气体时，如测量在某一定时间内（如 1h）、以一定的流速通过的气体体积，就必须使用气体流速计或气量表，测量通过吸收剂的气体体积。

① 气体流量计。也称湿式流量计，由金属筒构成，其中盛半筒水，在筒内有一金属鼓轮将圆筒分割为四个小室。鼓轮可以绕着水平轴旋转，当空气通过进气口进入小室时，推动鼓轮旋转，鼓轮的旋转轴与筒外刻度盘上的指针相连，指针所指示的读数，即为采集的气体试样体积。刻度盘上的指针每转一圈一般为 5L、10L。流量计上附有水平仪，底部装有螺旋，以便调节流量计的水平位置。

另外还有压力计和温度计，用以测量通过气体的温度，压力计是用以调节通过气体的压力与大气的压力相等，便于体积换算。湿式流量计的准确度高，但测量气体的体积有一定限额，并且不易携带。常用于其他流量计的校正或化验室固定使用。

② 气体流速计。化验室中使用最广泛的仪器。用以测量气体流速，从而计算出气体的

体积。当气体通过毛细管时由于管子狭窄部分的阻力，在此管中产生的气压降低，阻力前后压力之差由装某种液体的 U 形管至两臂液面的差别表示出来。气体流速越大液面差别也越大。

③ 转子流量计。由上粗下细的锥形玻璃管与上下浮动的转子组成。转子一般用铜或铝等金属及有机玻璃和塑料制成。气流越大，转子升得越高。在生产现场使用比较方便。用吸收管采样时，在吸收管与转子流量计之间需接一个干燥管，否则湿气凝结在转子上，将改变转子的质量而产生误差。转子流量计的准确性比流速计差。

2. 梳形管

如图 7-2 所示，梳形管是将量气管和吸收瓶及燃烧瓶连接起来的装置，通过活塞，改变气体流动的方向。

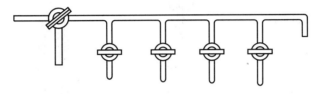

图 7-2　梳形管

3. 吸收瓶

如图 7-3 所示，吸收瓶是气体进行吸收作用的装置，瓶中装有吸收剂，气体分析时吸收作用即在此瓶中进行。吸收瓶分为两部分，一部分是作用部分，另一部分是承受部分。每部分的体积应比量气管大，为 120～150mL，二者可以并列，也可以上下排列，还可以一部分置于另一部分之内。作用部分经活塞与梳形管相连，承受部分与大气相通。使用时，将吸收液吸至作用部分的顶端，气体由量气管进入吸收瓶中，吸收液由作用部分流入承受部分，气体与吸收液发生吸收作用。为了增大气体与吸收剂的接触面积以提高气体吸收效率，在吸收部分内装有许多直立的玻璃管。接触式吸收瓶另一种名为鼓泡式吸收瓶，气体经过几乎伸至瓶底的细管而进入吸收瓶中。由此细管出来的气体被分散成细小的气泡，经过吸收液上升，然后集中在作用部分的上部，吸收效果最好。

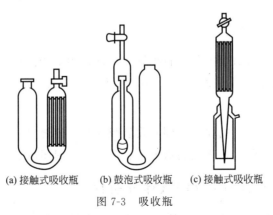

(a) 接触式吸收瓶　　(b) 鼓泡式吸收瓶　　(c) 接触式吸收瓶

图 7-3　吸收瓶

4. 封闭液（水准）瓶

内装封闭液，与量气管连接构成连通器，用以吸入或排出气体。

5. 燃烧瓶

燃烧瓶是一个球形厚壁的硬质玻璃容器，如图7-4（a）所示。在球的上端熔封两条铂丝，铂丝的外端经导线与电源连接。球的下端管口用橡胶管连接封闭液瓶。使用前用封闭液充满到球的顶端，引入气体后封闭液至封闭液瓶中，用感应线圈在铂丝间得到火花（目前使用较为方便的是压电陶瓷火花发生器，其原理是借助两只圆柱形特殊陶瓷受到相对冲击后产生 10^4V 以上高压脉冲电流，火花发生率高，可达100%，不用电源，安全可靠，发火次数可达5万次以上。有手枪式和盒式两种，使用非常简单），以点燃混合气体。

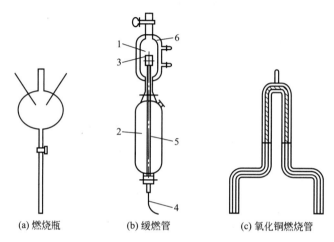

(a) 燃烧瓶　　(b) 缓燃管　　(c) 氧化铜燃烧管

图 7-4　燃烧瓶、缓燃管和氧化铜燃烧管

1—作用部分；2—承受部分；3—铂丝；4—导线；5—玻璃管；6—水套

6. 缓燃管

如图7-4（b）所示，样式与吸收瓶相似，也分作用部分与承受部分，上下排列。可燃性气体在作用部分中燃烧，承受部分用以承受自作用部分排出的封闭液。管中有用于加热的一段铂质螺旋丝，铂丝的两端与熔封在玻璃管中的两条铜丝相连，铜丝的另一端通过一个适当的变压器及变阻器与电源相连，混合气体引入作用部分，通电后铂丝炽热，混合气体在铂丝的附近缓慢燃烧。

7. 氧化铜燃烧管

如图7-4（c）所示，将氧化铜装在石英管的中部，用电炉或煤气灯加热，然后使气体往返通过而进行燃烧。燃烧空间长度约为10cm，管内径为6mm。

8. 仪器的组装

按照从左至右，从上至下的原则。即先安装吸收瓶、燃烧管、量气管，然后将活塞安装在吸收瓶、燃烧管、量气管上，再安装梳形管，最后安装封闭液瓶。

（二）改良式奥氏（QF-190型）气体分析仪

改良式奥氏气体分析仪，如图7 5所示，是由1支量气管、4个吸收瓶和1个爆炸瓶组成。它可进行 CO_2、O_2、CH_4、H_2、N_2 混合气体的分析测定。其优点是构造简单、轻便，操作容易，分析快速。缺点是精度不高，不能适应更复杂的混合气体分析。

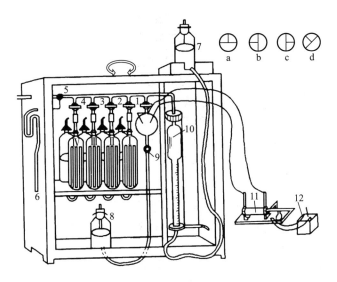

图 7-5　改良式奥氏气体分析仪（QF-190 型）

Ⅰ，Ⅱ，Ⅲ，Ⅳ—吸收瓶；1～4，9—活塞；5—三通活塞；6—进样口；
7，8—水准瓶；10—量气管；11—点火器（感应线圈）；12—电源

1. 准备工作

首先将洗涤洁净、干燥气体分析仪各部件，用橡胶管连接安装好。所有旋转活塞都必须涂抹润滑剂，使其转动灵活。

依照拟好的分析顺序，将各吸收剂分别由吸收瓶的承受部分注入吸收瓶中。如在进行煤气分析时，吸收瓶Ⅰ中注入 33％的 KOH 溶液，吸收瓶Ⅱ中注入焦性没食子酸碱性溶液，吸收瓶Ⅲ、Ⅳ中注入氯化亚铜氨溶液。在吸收液上部可倒入 5～8mL 液体石蜡。封闭液瓶中注入封闭液。

2. 检验漏气

先排出量气管中的废气。将三通活塞 5 旋至 a 位置，如图 7-5 所示，使量气管与大气相通，提高封闭液瓶，排除气体至液面升至量气管的顶端标线为止。然后排除吸收瓶中的废气。将三通活塞 5 旋至 b 位置，梳形管与空气隔绝，打开吸收瓶Ⅰ的活塞 1，同时放低封闭液瓶，至使吸收瓶中的吸收液液面上升至标线，关闭活塞。依次同样使吸收瓶Ⅱ、Ⅲ、Ⅳ及爆炸球等液面均升至标线。再将三通活塞 5 旋至 a 位置，提高封闭液瓶，将量气管内的气体排出，并使液面升至标线，然后将三通活塞 5 旋至 b 位置，将封闭液瓶放在底板上，如量气管内液面开始稍微移动后即保持不变，并且各吸收瓶及爆炸球等的液面也保持不变，表示仪器已不漏气。如果液面下降，则有漏气之处。

（三）苏式（ВТИ）型气体分析仪

苏式气体分析仪，如图 7-6 所示，是由 1 支双臂式量气管、7 个吸收瓶、1 个氧化铜燃烧管和 1 个缓燃管等组成。它可进行煤气全分析或更复杂的混合气体分析。仪器构造复杂，分析速度较慢，但精度较高，实用性较广。

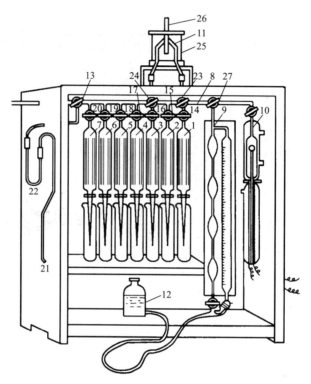

图 7-6 苏式气体分析仪

1～7—吸收瓶；8—梳形管；9—量气管；10—缓燃管；11—氧化铜燃烧管；12—水准瓶；

13，24，27—三通活塞；14～20，23—活塞；21—进样口；22—过滤管；25—加热器；26—热电偶

二、气体化学分析法

（一）吸收法

气体化学吸收法应包括吸收体积法、吸收滴定法、吸收重量法和吸收比色法等。

1. 吸收体积法

（1）原理 利用气体的化学性质，使气体混合物和特定的吸收剂接触。吸收剂与混合气体中待测组分气体定量地发生化学吸收作用（而不与其他组分发生任何作用）。当吸收前、后的温度及压力保持一致时，则吸收前、后的气体体积之差即为待测气体的体积。此法主要用于常量气体的测定。

如 CO_2、O_2、N_2 的混合气体，当通过氢氧化钾溶液接触时，CO_2 被吸收生成 K_2CO_3，而其他组分不被吸收。

$$2KOH+CO_2 \Longrightarrow K_2CO_3+H_2O$$

对于液态或固态的物料，也可利用同样的原理来进行分析测定。首先使各种物料中的待测组分经过化学反应转化为气体，然后用特定的吸收剂吸收，根据气体的体积变化，进行定量测定。如在钢铁分析中，用吸收体积法测定总碳含量。

（2）气体吸收剂 用来吸收气体的化学试剂称为气体吸收剂。由于各种气体具有不同的

化学特性，所选用吸收剂也不相同。吸收剂可分为液态和固态两种，在大多数情况下，都以液态吸收剂为主。

① 氢氧化钾溶液。KOH 是 CO_2 的吸收剂。

$$2KOH + CO_2 \Longrightarrow K_2CO_3 + H_2O$$

通常用 KOH 而不用 NaOH，因为浓的 NaOH 溶液易起泡沫，并且析出难溶于本溶液中的 Na_2CO_3 而堵塞管路。一般常用 33% 的 KOH 溶液，1mL 此溶液能吸收 40mL 的 CO_2 气体，适用于中等浓度及高浓度（2%～3%）的 CO_2 测定。

氢氧化钾溶液也能吸收 H_2S、SO_2 等酸性气体，测定时必须先除去 H_2S、SO_2 等。

② 焦性没食子酸的碱溶液。焦性没食子酸（1,2,3-三羟基苯）的碱溶液是 O_2 的吸收剂。

焦性没食子酸与氢氧化钾作用生成焦性没食子酸钾。

$$C_6H_3(OH)_3 + 3KOH \Longrightarrow C_6H_3(OK)_3 + 3H_2O$$

焦性没食子酸钾被氧化生成六氧基联苯钾。

$$4C_6H_3(OK)_3 + O_2 \Longrightarrow 2(KO)_3H_2C_6C_6H_2(OK)_3 + 2H_2O$$

1mL 焦性没食子酸的碱溶液能吸收 8～12mL 氧气，在温度大于 15℃，含氧量不超过 25% 时，吸收效率最好。焦性没食子酸的碱性溶液吸收氧的速度，随温度降低而减慢，在 0℃ 时几乎不吸收。所以用它来测定氧气时，温度最好大于 15℃。吸收剂是碱性溶液，酸性气体和氧化性气体对测定都有干扰，在测定前应除去。

③ 亚铜盐溶液。亚铜盐的盐酸溶液或亚铜盐的氨溶液是一氧化碳的吸收剂。

一氧化碳和氯化亚铜作用生成不稳定的配合物 $Cu_2Cl_2 \cdot 2CO$。

$$Cu_2Cl_2 + 2CO \Longrightarrow Cu_2Cl_2 \cdot 2CO$$

在氨性溶液中，进一步发生反应。

$$Cu_2Cl_2 \cdot 2CO + 4NH_3 + 2H_2O \Longrightarrow Cu_2(COONH_4)_2 + 2NH_4Cl$$

1mL 亚铜盐氨溶液可以吸收 16mL 一氧化碳。因氨水的挥发性较大，用亚铜盐氨溶液吸收一氧化碳后的剩余气体中常混有氨气，影响气体的体积，故在测量剩余气体体积之前，应将剩余气体通过硫酸溶液以除去氨的气体（即进行第二次吸收）。亚铜盐氨溶液也能吸收氧、乙炔、乙烯、高级碳氢化合物及酸性气体。在测定一氧化碳之前均应除去。

④ 饱和溴水或硫酸汞、硫酸银的硫酸溶液。它们是不饱和烃的吸收剂。在气体分析中不饱和烃通常是指乙烯、丙烯、丁烯、乙炔、苯、甲苯等。溴能和不饱和烃发生加成反应并生成液态的饱和溴化物。

$$CH_2 = CH_2 + Br_2 \Longrightarrow CH_2Br - CH_2Br$$
$$CH \equiv CH + 2Br_2 \Longrightarrow CHBr_2 - CHBr_2$$

在实验条件下，苯不能与溴反应，但能缓慢地溶解于溴水中，所以苯也可以一起被测定出来。

硫酸在有硫酸银（或硫酸汞）作为催化剂时，能与不饱和烃作用生成烃基硫酸、亚烃基硫酸、芳烃磺酸等。

$$CH_2 = CH_2 + H_2SO_4 \Longrightarrow CH_3 - CH_2OSO_2OH$$
$$CH \equiv CH + H_2SO_4 \Longrightarrow CH_2 = CHOSO_2OH$$
$$C_6H_6 + H_2SO_4 \Longrightarrow C_6H_5SO_3H + H_2O$$

⑤ 硫酸、高锰酸钾溶液、氢氧化钾溶液。它们是二氧化氮的吸收剂。

$$2NO_2 + H_2SO_4 = OH(ONO)SO_2 + HNO_3$$

$$10NO_2 + 2KMnO_4 + 3H_2SO_4 + 2H_2O = 10HNO_3 + K_2SO_4 + 2MnSO_4$$

$$2NO_2 + 2KOH = KNO_3 + KNO_2 + H_2O$$

（3）混合气体的吸收顺序　吸收某种气体时其他气体不干扰吸收。如煤气中的主要成分是 CO_2、O_2、CO、CH_4、H_2 等。根据所选用的吸收剂性质，分析煤气时，它们应按如下吸收顺序进行。

①氢氧化钾溶液　它只吸收二氧化碳，其他组分不干扰。应排在第一。

②焦性没食子酸的碱性溶液　试剂本身只能吸收氧气。但因为是碱性溶液，也能吸收酸性气体。因此，应排在氢氧化钾吸收液之后。故排在第二。

③氯化亚铜的氨性溶液　它不但能吸收一氧化碳，同时还能吸收二氧化碳、氧气等。因此，只能把这些干扰组分除去之后才能使用。故排在第三。甲烷和氢气用燃烧法测定。所以煤气分析的顺序应为：KOH 溶液吸收 CO_2；焦性没食子酸的碱性溶液吸收 O_2；氯化亚铜的氨溶液吸收 CO；用燃烧法测定 CH_4 及 H_2；剩余气体为 N_2。

（4）吸收仪器　吸收瓶如图 7-3 所示。

2. 吸收滴定法

利用吸收法和滴定分析法测定气体（或可以转化为气体的其他物质）含量的分析方法称为吸收滴定法。其原理是使混合气体通过特定的吸收剂溶液，其中待测组分与吸收剂发生反应而被吸收，然后在一定的条件下，用特定的标准溶液滴定，根据消耗的标准溶液的体积，计算出待测气体的含量。

如焦炉煤气中少量 H_2S 的滴定。

（1）吸收　使一定量的气体试样通过醋酸镉溶液。其中的 H_2S 与 $Cd(Ac)_2$ 反应生成黄色的硫化镉沉淀。

$$H_2S + Cd(Ac)_2 = CdS\downarrow + 2HAc$$

（2）转化　将溶液酸化，加入过量的碘标准溶液，负二价的硫被氧化为零价的硫。

$$CdS + 2HCl + I_2 = 2HI + CdCl_2 + S\downarrow$$

（3）滴定　剩余的碘以淀粉为指示剂，用硫代硫酸钠标准溶液滴定。

$$I_2 + 2Na_2S_2O_3 = Na_2S_4O_6 + 2NaI$$

由碘的消耗量计算出硫化氢的含量。

3. 吸收重量法

利用吸收法和重量法来测定气体（或可以转化气体的其他物质）含量的分析方法称为吸收重量法。其原理是使混合气体通过固体（或液体）吸收剂，待测气体与吸收剂发生反应（或吸附），而吸收剂增加一定的质量，根据吸收剂增加的质量，计算出待测气体的含量。

如测定混合气体中的微量二氧化碳时，使混合气体通过固体的碱石灰（一份氢氧化钠和两份氧化钙的混合物，常加一点酚酞故呈粉红色，亦称钠石灰）或碱石棉（50%氢氧化钠溶液中加入石棉，搅拌成糊状，在 $150\sim160℃$ 烘干，冷却研成小块即为碱石棉），二氧化碳被吸收。

$$2NaOH + CO_2 = Na_2CO_3 + H_2O$$

$$CaO + CO_2 = CaCO_3$$

精确称量吸收剂吸收二氧化碳前、后的质量，根据吸收剂前后的质量差，即可计算出二氧化碳的含量。

4. 吸收比色法

利用吸收法和比色法来测定气体物质（或可以转化为气体的其他物质）含量的分析方法称为吸收比色法。其原理是使混合气体通过吸收剂（固体或液体），待测气体被吸收，而吸收剂产生不同的颜色（或吸收后再作显色反应），其颜色的深浅与待测气体的含量成正比，从而得出待测气体的含量。此法主要用于微量气体组分含量的测定。

如测定混合气体中微量乙炔。

（1）吸收　将混合气体通过吸收剂-亚铜盐的氨溶液。乙炔被吸收，生成乙炔铜的紫红色胶体溶液。

$$2C_2H_2 + Cu_2Cl_2 =\!=\!= 2CH\!\equiv\!CCu + 2HCl$$

（2）比色　其颜色的深浅与乙炔的含量成正比。可进行比色测定，从而得出乙炔的含量。

如空气中的硫化氢含量测定，用 40～60 目的硅胶作载体，吸附一定量的醋酸铅试剂制成检气剂填充于检气管中，当待测空气通过检气管时，空气中的硫化氢被吸收，生成黑色层。

$$Pb(Ac)_2 + H_2S =\!=\!= PbS\!\downarrow + 2HAc$$

其变色的长度与空气中的硫化氢含量成正比，再与标准检气管进行比较，就可以获得空气中硫化氢的含量。

（二）燃烧法

1. 燃烧法

有些气体没有很好的吸收剂却具有可燃性，如氢气和甲烷。不能用吸收法测定，可用燃烧法测定。当可燃性气体燃烧时，其体积发生缩减，并消耗一定体积的氧气，产生一定体积的二氧化碳。它们都与原来的可燃性气体有一定的比例关系，根据它们之间的定量关系，分别计算出各种可燃性气体组分的含量。本法适用于挥发性饱和碳氢化合物和性质比较稳定和一般化学试剂较难发生化学反应的气体。燃烧法分为爆炸燃烧法、缓慢燃烧法、氧化铜燃烧法。

（1）爆炸燃烧法　可燃性气体与空气或氧气混合，当其比例达到一定限度时，受热（或遇火花）而引起爆炸性的燃烧。气体爆炸有两个极限，爆炸上限与爆炸下限，爆炸上限指可燃性气体能引起爆炸的最高含量；爆炸下限指可燃性气体能引起爆炸的最低含量。如 H_2 在空气中的爆炸上限是 74.2%（体积分数），爆炸下限是 4.1%，即当 H_2 在空气体积占 4.1%～74.2% 之内，它具有爆炸性。

本法是将可燃性气体与空气或氧气混合，其比例能使可燃性气体完全燃烧，并在爆炸极限之内，在特殊的装置中点燃，引起爆炸，所以常叫爆燃法（或称爆炸法），此法的特点是分析所需的时间最短。

（2）缓慢燃烧法　可燃性气体与空气或氧气混合，且不在爆炸极度限内，经过炽热的铂质螺旋丝而引起缓慢燃烧，所以称之为缓慢燃烧法。可避免爆炸危险。此法所需时间较长。

（3）氧化铜燃烧法　本法的特点是被分析的气体中不必加入氧气，所用的氧来自氧化铜被还原放出。如氢气在 280℃ 左右可在氧化铜上燃烧，甲烷在此温度下不能燃烧，高于 290℃ 时才开始燃烧。CH_4 在 600℃ 以上能燃烧完全。

$$H_2 + CuO =\!=\!= H_2O\ (l) + Cu$$
$$CO + CuO =\!=\!= CO_2 + Cu$$
$$CH_4 + 4CuO =\!=\!= CO_2 + 2H_2O\ (l) + 4Cu$$

氧化铜被还原后可以在 400℃ 的空气中氧化再生后继续使用。氧化铜燃烧法的优点是不

加入空气或 O_2，减少一次体积测量误差较小，计算也相应简化。

2. 燃烧法的主要理论依据

（1）CH_4　甲烷燃烧按下式进行：

$$CH_4 \ + \ 2O_2 \ === \ CO_2 \ + \ 2H_2O \ (l)$$
$$\text{（1体积）（2体积）　（1体积）}$$

反应前 1 体积甲烷与 2 体积氧气燃烧后，生成 1 体积 CO_2 和液态水（在室温下，水蒸气冷凝为液态的水，其体积可以忽略不计），在反应中有 2 体积的气体消失（以 $V_{缩}$ 代表缩小的体积数），V_{CH_4} 代表燃烧前甲烷的体积。则

$$V_{CH_4} = \frac{1}{2} V_{缩}$$

或

$$V_{缩} = 2V_{CH_4}$$

在甲烷燃烧中消耗氧的体积是甲烷体积的 2 倍。则

$$V_{CH_4} = \frac{1}{2} V_{O_2}$$

或

$$V_{O_2} = 2V_{CH_4}$$

甲烷燃烧后，产生与甲烷同体积的二氧化碳，以 $V_{CO_2}^{生}$ 代表燃烧后生成的二氧化碳体积。则

$$V_{CO_2}^{生} = V_{CH_4}$$

（2）H_2　H_2 燃烧按下式进行：

$$H_2 \ + \ 2O_2 \ === \ 2H_2O \ (l)$$
$$\text{（1体积）（2体积）　　（0体积）}$$

反应前 1 体积氢气与 2 体积氧气燃烧后，生成液态水（在室温下，水蒸气冷凝为液态的水，其体积可以忽略不计），在反应中有 3 体积的气体消失（以 $V_{缩}$ 代表缩小的体积数），V_{H_2} 代表燃烧前 H_2 的体积。则

$$V_{H_2} = \frac{2}{3} V_{缩}$$

或

$$V_{缩} = \frac{3}{2} V_{H_2}$$

在氢气燃烧过程中，消耗氧气的体积是原有氢体积的 $\frac{1}{2}$，以 $V_{O_2}^{耗}$ 代表消耗氧的体积。则

$$V_{H_2} = 2V_{O_2}^{耗}$$

（3）CO　一氧化碳燃烧按下式进行：

$$2CO \ + \ O_2 \ === \ 2CO_2$$
$$\text{（2体积）（1体积）　（2体积）}$$

2 体积的一氧化碳与 1 体积的氧燃烧后，生成 2 体积的二氧化碳，由原来的 3 体积变为 2 体积，减少 1 体积，即缩小的体积相当于原来的一氧化碳体积的 $\frac{1}{2}$。以 V_{CO} 代表燃烧前一氧化碳的体积，则 $V_{CO} = 2V_{缩}$

或

$$V_{缩} = \frac{1}{2} V_{CO}$$

在一氧化碳燃烧中消耗氧气的体积是一氧化碳体积的 $\frac{1}{2}$，则

$$V_{O_2}^{耗}=\frac{1}{2}V_{CO}$$

或

$$V_{CO}=2V_{O_2}^{耗}$$

一氧化碳燃烧后，产生与一氧化碳同体积的二氧化碳，则

$$V_{CO_2}^{生}=V_{CO}$$

某一可燃性气体内通入氧气，使之燃烧，测量其体积的缩减、消耗氧气的体积以及生成二氧化碳体积，就可以计算出原可燃性气体的体积，并可进一步计算出所在混合气体中的体积分数。

3. 燃烧法结果计算

（1）一元可燃性气体燃烧后的计算　气体混合物中若只含有一种可燃性气体时，测定过程和计算都比较简单。先用吸收法除去其他组分（如二氧化碳、氧），再取一定量的剩余气体（或全部），加入一定量的空气使之进行燃烧。经燃烧后，测出其体积的缩减及生成的二氧化碳体积。根据燃烧法的原理，计算出可燃性气体的含量。

【例 7-1】　有 O_2、CO_2、CH_4、N_2 的混合气体 80.00mL，用吸收法测定 O_2、CO_2 后，剩余气体中加入空气，使之完全燃烧，燃烧后的气体用氢氧化钾溶液吸收，测得生成的 CO_2 的体积为 20.0mL，计算混合气体中甲烷的体积分数。

【解】　根据燃烧法的基本原理

$$CH_4+2O_2 === CO_2+2H_2O \text{（l）}$$

当甲烷燃烧时所生成的 CO_2 体积等于混合气体中甲烷的体积，即

$$V_{CH_4}=V_{CO_2}^{生}$$

所以

$$V_{CH_4}=20.00 \text{（mL）}$$

$$w_{CH_4}=\frac{20.00}{8.00}\times100\%=25.0\%$$

（2）二元可燃性气体混合物燃烧后的计算　气体混合物中若含有两种可燃性气体，先用吸收法除去干扰组分，再取一定量的剩余气体（或全部）加入过量的空气，使之完全燃烧。燃烧后，测量其体积缩减、生成二氧化碳的体积、用氧量等，根据燃烧法的基本原理，列出二元一次方程组，解其方程，即可得出可燃性气体的体积。并计算出混合气体中的可燃性气体的体积分数。

一氧化碳和甲烷的气体混合物，燃烧反应为：

$$2CO+O_2 === 2CO_2$$
$$CH_4+2O_2 === CO_2+2H_2O \text{（l）}$$

设一氧化碳的体积为 V_{CO}；甲烷的体积为 V_{CH_4}。燃烧后，由一氧化碳所引起的体积缩减应为原一氧化碳体积的 $\frac{1}{2}$。由甲烷所引起的体积缩减应为原甲烷体积的 2 倍。燃烧后，测得的应为其总体积的缩减（$V_{缩}$）。

所以

$$V_{缩}=\frac{1}{2}V_{CO}+2V_{CH_4} \tag{7-1}$$

一氧化碳和甲烷燃烧后，生成与原一氧化碳和甲烷等体积的二氧化碳，而燃烧后，测得的应为总二氧化碳的体积 $V_{CO_2}^{生}$。所以

$$V_{CO_2}^{生} = V_{CO} + V_{CH_4} \qquad (7\text{-}2)$$

方程式（7-1）、方程式（7-2）联立，解得

$$V_{CO} = \frac{4V_{CO_2}^{生} - 2V_{缩}}{3}$$

$$V_{CH_4} = \frac{2V_{缩} - V_{CO_2}^{生}}{3}$$

【例 7-2】 有 CO、CH_4、N_2 的混合气体 40.00mL，加入过量的空气，燃烧后，测得其体积缩减 42.00mL，生成 CO_2 36.00mL。计算混合气体中各组分的体积分数。

【解】 根据燃烧法的基本原理及题意得

$$V_{缩} = \frac{1}{2}V_{CO} + 2V_{CH_4} = 42.00 \ （mL）$$

$$V_{CO_2}^{生} = V_{CO} + V_{CH_4} = 36.00 \ （mL）$$

解方程得

$$V_{CH_4} = 16.00mL$$

$$V_{CO} = 20.00mL$$

$$V_{N_2} = 40.00 - （16.00 + 20.00） = 4.00 \ （mL）$$

则

$$w_{CO} = \frac{20.00}{40.00} \times 100\% = 50.0\%$$

$$w_{CH_4} = \frac{16}{40} \times 100\% = 40.0\%$$

$$w_{N_2} = \frac{4}{40} \times 100\% = 10.0\%$$

氢和甲烷气体混合物燃烧反应为：

$$2H_2 + O_2 =\!=\!= 2H_2O \ (l)$$

$$CH_4 + 2O_2 =\!=\!= CO_2 + 2H_2O \ (l)$$

设氢的体积为 V_{H_2}，甲烷的体积为 V_{CH_4}。经燃烧后，由氢所引起的体积缩减应为原氢体积的 $\frac{3}{2}$。由甲烷所引起的体积缩减应为原甲烷体积的 2 倍。而燃烧后测得的应为其总体积缩减 $V_{缩}$。

所以

$$V_{缩} = \frac{2}{3}V_{H_2} + 2V_{CH_4} \qquad (7\text{-}3)$$

由于甲烷在燃烧时生成与原甲烷等体积的二氧化碳，而氢则生成水。

所以

$$V_{CO_2}^{生} = V_{CH_4} \qquad (7\text{-}4)$$

方程式（7-3）、方程式（7-4）联立，解得

$$V_{CH_4} = V_{CO_2}^{生}$$

$$V_{H_2} = \frac{2V_{缩} - 4V_{CO_2}^{生}}{3}$$

（3）三元可燃性气体混合物燃烧后的计算　如果气体混合物中含有三种可燃性气体组

分，先用吸收法除去干扰组分，再取一定量的剩余气体（或全部），加入过量的空气进行燃烧。燃烧后，测量其体积的缩减，消耗氧气及生成二氧化碳体积。列出三元一次方程组，解其方程组，即可求出可燃性气体的体积，并计算出混合气体中可燃性气体的体积分数。一氧化碳、甲烷、氢的气体混合物，燃烧反应为：

$$2CO + O_2 \longrightarrow 2CO_2$$

$$CH_4 + 2O_2 \longrightarrow CO_2 + 2H_2O \text{（l）}$$

$$2H_2 + O_2 \longrightarrow 2H_2O \text{（l）}$$

设一氧化碳的体积为 V_{CO}，甲烷的体积为 V_{CH_4}，氢的体积为 V_{H_2}，燃烧后，由一氧化碳所引起的体积缩减应为原一氧化碳体积的 $\frac{1}{2}$；甲烷所引起的体积缩减应为原甲烷体积的 2 倍；氢气所引起的体积缩减应为原氢气体积的 $\frac{3}{2}$。所以燃烧后所测得总体积缩减为：

$$V_{缩} = \frac{V_{CO} + 4V_{CH_4} + 3V_{H_2}}{2} \tag{7-5}$$

由于一氧化碳和甲烷燃烧后生成与原一氧化碳和甲烷等体积的二氧化碳，氢则生成水。而燃烧后测得的是总生成的二氧化碳体积 $V_{CO_2}^{生}$。

$$V_{CO_2}^{生} = V_{CO} + V_{CH_4} \tag{7-6}$$

一氧化碳燃烧时所消耗的氧气为原一氧化碳体积的 $\frac{1}{2}$，甲烷燃烧时所消耗的氧气为原甲烷体积的 2 倍，氢燃烧时所消耗的氧气为原氢体积的 $\frac{1}{2}$。燃烧消耗氧气的总体积 $V_{O_2}^{耗}$。

$$V_{O_2}^{耗} = \frac{V_{CO} + 4V_{CH_4} + V_{H_2}}{2} \tag{7-7}$$

由方程式（7-5）、方程式（7-6）、方程式（7-7）联立组成三元一次方程组，即可求出 V_{CO}、V_{CH_4}、V_{H_2}。

【例 7-3】　有 CO_2、O_2、CH_4、CO、H_2、N_2 的混合气体 100.00mL。用吸收法测得 CO_2 为 6.00mL，O_2 为 4.00mL，用吸收后的剩余气体 20.00mL，加入氧气 75.00mL，燃烧后其体积缩减 8.11mL，然后用吸收法测得 CO_2 为 6.22mL，O_2 为 65.31mL。求混合气体中各组分的体积分数。

【解】　根据燃烧法的基本原理和题意
由吸收法得：

$$w_{CO_2} = \frac{6.00}{100.00} \times 100\% = 6.0\%$$

$$w_{O_2} = \frac{4.00}{100.00} \times 100\% = 4.0\%$$

由燃烧得：　　　　$V_{O_2}^{耗} = 75.00 - 65.31 = 9.69 \text{（mL）}$

$$V_{CO_2} = 6.22mL$$

$$V_{总缩} = 10.11mL$$

吸收法吸收 CO_2 和 O_2 后的剩余气体体积为

$$100.00 - 6.00 - 4.00 = 90.00 \text{（mL）}$$

燃烧法是取其中的 20.00mL 进行测定的，在 90.00mL 的剩余气体中的体积为：

$$V_{CH_4} = \frac{3V_{O_2}^{耗} - V_{CO_2} - V_{总缩}}{3} \times \frac{90.00}{20.00} = \frac{3 \times 9.69 - 6.22 - 10.11}{3} \times \frac{90}{20} = 19.1(mL)$$

$$V_{CO} = \frac{4V_{CO_2} - 3V_{O_2}^{耗} + V_{总缩}}{3} \times \frac{90.00}{20.00} = \frac{4 \times 6.22 - 3 \times 9.69 + 10.11}{3} \times \frac{90}{20} = 8.9(mL)$$

$$V_{H_2} = (V_{总缩} - V_{CO_2}) \times \frac{90.00}{20.00} = (10.11 - 9.69) \times \frac{90.00}{20.00} = 1.9(mL)$$

所以

$$w_{CH_4} = \frac{19.1}{100.00} \times 100\% = 19.1\%$$

$$w_{H_2} = \frac{1.9}{100.00} \times 100\% = 1.9\%$$

$$w_{CO} = \frac{8.9}{100.00} \times 100\% = 8.9\%$$

4. 气体体积的校正

量气管虽然有刻度，但标明的体积与实际体积不一定相等。对于精确的测量必须进行校正。在需要校正的量气管下端，用橡胶管套上一个玻璃尖嘴，再用夹子夹住橡胶管。在量气管中充满水至刻度的零点，然后放水于烧杯中，各为 $0 \sim 20mL$、$0 \sim 40mL$、$0 \sim 60mL$、$0 \sim 80mL$、$0 \sim 100mL$，精确称量出水的质量，并测量水温，查出在此温度下水的密度，通过计算得出准确的体积。水的真实体积与实际体积（刻度）之差即为此段间隔（体积）的校正值。

（三）电导法

测定电解质溶液导电能力的方法，称为电导法。当溶液的组成发生变化时，溶液的电导率也发生相应的变化，利用电导率与物质含量之间的关系，可测定物质的含量。如合成氨生产中微量一氧化碳和二氧化碳的测定。

（四）库仑法

通过测量电解池的电量为基础而建立起来的分析方法，称为库仑法。库仑滴定是通过测量电量的方法来确定反应终点。它被用于痕量组分的分析中，如金属中碳、硫等的气体分析，环境分析中的二氧化硫、臭氧、二氧化氮等都可以用库仑滴定法来进行测定。

（五）热导气体分析

各种气体的导热性是不同的。如果把两根相同的金属丝（如铂金丝）用电流加热到同样的温度，将其中一根金属丝插在某一种气体中，另一金属丝插在另一种气体中，由于两种气体的导热性不同，这两根金属丝的温度改变就不一样。随着温度的变化，电阻也相应地发生变化，只要测出金属丝的电阻变化值，就能确定待测气体的含量。如在氧气厂（空气分馏）中就广泛采用此种方法。

（六）激光雷达技术

激光雷达是激光用于远距离大气探测方面的新成就之一。激光雷达就是利用激光光束的背向散射光谱，检测大气中某些组分浓度的装置。这种方法在环境分析中得到广泛的应用。

经常检测的组分有 SO_2、NO_2、C_2H_4、CO_2、H_2、NO、H_2S、CH_4、H_2O 等。所达到浓度的灵敏度在 1km 内为 $2\sim3\mu L/L$，个别工作利用共振拉曼效应曾在 $2\sim3km$ 高空中测得 O_3 和 SO_2 的浓度，灵敏度分别为 $0.005\mu L/L$ 和 $0.05\mu L/L$。

除以上这些方法之外，还有气相色谱法、红外线气体分析仪和化学发光分析等。它们在工业生产和环境分析中已得到广泛的应用。

三、半水煤气的测定

1. 试剂准备

（1）氢氧化钾溶液　33%，称取 1 份质量的氢氧化钾，溶解于 2 份质量的蒸馏水中。

（2）焦性没食子酸碱性溶液　称取 5g 焦性没食子酸溶解于 15g 水中，另称取 48g 氢氧化钾溶于 32mL 水中，使用前将两种溶液混合，摇匀，装入吸收瓶中。

（3）氯化亚铜氨性溶液　称取 250g 氯化铵溶于 750mL 水中，再加入 200g 氯化亚铜，把此溶液装入试剂瓶，放入一定量的铜丝，用橡胶塞塞紧，溶液应无色。在使用前加入密度为 0.9g/mL 的氨水，其量是 2 体积的氨水与 1 体积的亚铜盐混合。

（4）封闭液　10% 的硫酸溶液，加入数滴甲基橙。

2. 样品测定

（1）准备工作　首先将洗涤洁净并干燥好的气体分析仪各部件用橡胶管连接安装好，如图 7-5 所示。所有旋转活塞都必须涂抹润滑剂，使其转动灵活。

① 根据拟好的分析顺序，将各吸收剂分别由吸收瓶的承受部分注入吸收瓶中。进行煤气分析时，图 7-5 中的吸收瓶 I 中注入 33% 的 KOH 溶液；吸收瓶 II 中注入焦性没食子酸碱性溶液；吸收瓶 III、IV 中注入氯化亚铜氨溶液。在吸收液上部可倒入 $5\sim8mL$ 液体石蜡。水准瓶中注入封闭液。

② 检验漏气。先排出量气管中的废气。将三通活塞旋至量气管与大气相通，提高水准瓶，使量气管液面升至量气管的顶端标线为止。然后排除吸收瓶中的废气。将三通活塞旋至与空气隔绝，打开吸收瓶 I 的活塞，同时放低水准瓶，至使吸收瓶中的吸收液液面上升至标线，关闭活塞。依次同样使吸收瓶 II、III、IV 及爆炸球等液面均升至标线。再将三通活塞旋至与量气管相通，提高水准瓶，将量气管内的气体排出，并使液面升至标线，然后将三通活塞旋至与外界隔绝，将水准并瓶放在底板上，如量气管内液面开始稍微移动后即保持不变，并且各吸收瓶及爆炸球等的液面也保持不变，表示仪器已不漏气。如果液面下降，则有漏气之处（一般常在橡胶管连接处或者活塞），应检查出并重新处理。

（2）测定

① 取样。各吸收瓶及爆炸瓶等的液面应在标线上。气体导入管与取好试样的球胆相连。旋转三通活塞使之与量气管相通，打开球胆上的夹子放低水准瓶，当气体试样吸入量气管少许后，旋转三通活塞使之与外界相通，升高水准瓶将气体试样排出，如此操作（洗涤）$2\sim3$ 次后，再旋转三通活塞使之与量气管相通，放低水准瓶，将气体试样吸入量气管中。当液面下降至刻度"0"以下少许，旋转三通活塞使之与外界相通，小心升高水准瓶使多余的气体试样排出（此操作应小心、快速、准确、以免空气进入）。而使量气管中的液面至刻度为"0"处（两液面应在同一水平面上）。最后将三通活塞旋至与量气管相通，这样，采取气体

试样完毕。即采取气体试样为 100.00mL。

②吸收。打开 KOH 吸收瓶 Ⅰ 上的活塞，升高水准瓶，将气体试样压入吸收瓶 Ⅰ 中，直至量气管内的液面快到标线为止。然后放低水准瓶，将气体试样抽回，如此往返 3~4 次，最后一次将气体试样自吸收瓶中全部抽回，当吸收瓶 Ⅰ 内的液面升至顶端标线，关闭吸收瓶 Ⅰ 上的活塞，将水准瓶移近量气管，两液面对齐，等 30s 后，读出气体体积 (V_1)，吸收前后体积之差 ($V-V_1$) 即为气体试样中所含 CO_2 的体积。在读取体积后，应检查吸收是否完全，为此再重复上述操作手续一次，如果体积相差不大于 0.10mL，认为已吸收完全。

按同样的操作方法依次吸收 O_2、CO 等气体。继续作燃烧法测定，则打开吸收瓶 Ⅱ 上的活塞，将剩余气体全部压入吸收瓶 Ⅱ 中贮存，关上活塞。

③爆炸燃烧。先升高连接爆炸球的水准瓶，并打开活塞，旋转三通活塞，使爆炸球内残气排出，并使爆炸球内的液面升至球顶端的标线处，关闭活塞，升高水准瓶，使量气管内的气体全部排出，放低水准瓶引入空气冲洗梳型管，再升高水准瓶将空气排出，如此用空气冲洗 2~3 次，最后引入 80.00mL 空气，旋转三通活塞使之与吸收瓶 Ⅱ 相通，打开吸收瓶 Ⅱ 上活塞，放低水准瓶（注：空气不能进入吸收瓶 Ⅱ 内），量取约 10.00mL 剩余气体，关闭活塞，准确读数，此体积为进行燃烧时气体的总体积。打开爆炸球上的活塞。将混合气体压入爆炸球内，并来回抽压 2 次，使之充分混匀，最后将全部气体压入爆炸球内。关闭爆炸球上的活塞，将爆炸球的水准瓶放在桌上（切记！爆炸球下的活塞是开着的！）。按上感应圈开关，再慢慢转动感应圈上的旋钮，则爆炸球的两铂丝间有火花产生，使混合气体爆燃，燃烧完后，把剩余气体（燃烧后的剩余气体）压回量气管中，量取气体体积。前后体积之差为燃烧缩减的体积 ($V_缩$)。再将气体压入 KOH 吸收瓶 Ⅰ 中，吸收生成 CO_2 的体积 ($V_{CO_2}^生$)。每次测量体积时记下温度与压力，需要时，可以在计算中用以进行校正。实验完毕。做好清理工作。

3. 数据处理

如果在分析过程中，气体的温度和压力有所变动，则应将测得的全部气体体积换算成原来试样的温度和压力下的体积。但在通常情况下，一般温度和压力是不会改变（在室温，常压下）的，故可省去换算工作。直接用各个测得的结果（体积）来计算出百分含量。

（1）吸收部分

$$\varphi(CO_2) = \frac{V_{CO_2}}{V_样} \times 100 \tag{7-8}$$

式中　$V_样$——采取试样的体积，mL；

　　V_{CO_2}——试样中含 CO_2 的体积（用 KOH 溶液吸收前后气体体积之差），mL。

$$\varphi(O_2) = \frac{V_{O_2}}{V_样} \times 100 \tag{7-9}$$

式中　V_{O_2}——试样中含 O_2 的体积，mL。

$$\varphi(CO) = \frac{V_{CO}}{V_样} \times 100 \tag{7-10}$$

式中　V_{CO}——试样中含 CO 的体积，mL。

（2）燃烧部分

$$\varphi(CH_4) = \frac{V_{CH_4}}{V_样} \times 100 \tag{7-11}$$

因为，在燃烧时生成的 CO_2 体积与 CH_4 体积相等。

$$V_{CH_4} = V_{CO_2}^{生} \tag{7-12}$$

所以

$$\varphi(CH_4) = \frac{V_{CO_2}^{生}}{V_{样}} \times \frac{V_{余}}{V_{取}} \times 100 \tag{7-13}$$

式中　$V_{余}$——吸收 CO_2、O_2、CO 后剩余气体体积，mL；

　　　$V_{取}$——从剩余气体中取出一部分进行燃烧的气体体积，mL；

　　　$V_{CO_2}^{生}$——燃烧时甲烷生成的 CO_2 体积，mL；

　　　V_{CH_4}——量取进行燃烧气体中所含 CH_4 的体积，mL。

$$\varphi(H_2) = \frac{V_{H_2}}{V_{样}} \times \frac{V_{余}}{V_{取}} \times 100 \tag{7-14}$$

因为，燃烧后体积的缩减等于原有 CH_4 体积的 2 倍与原有 H_2 体积的 1.5 倍之和。

$$V_{缩} = 2V_{CH_4} + 1.5V_{H_2} \tag{7-15}$$

又因为

$$V_{CH_4} = V_{CO_2}^{生}$$

所以

$$\varphi(H_2) = \frac{2}{3} \times \frac{V_{缩} - 2V_{CO_2}^{生}}{V_{样}} \times \frac{V_{余}}{V_{取}} \times 100 \tag{7-16}$$

式中　$V_{缩}$——气体燃烧后，总体积的缩减数，mL；

　　　V_{H_2}——量取进行燃烧气体中所含有 H_2 的体积，mL。

4. 关键技术

① 必须严格遵守分析程序，各种气体的吸收顺序不得更改。

② 读取体积时，必须保持两液面在同一水平面上。

③ 在进行吸收操作时，应始终观察上升液面，以免吸收液、封闭液冲到梳形管中。水准瓶应匀速上、下移动，不得过快。

④ 仪器各部件均为玻璃制品，转动活塞时不得用力过猛。

⑤ 如果在工作中吸收液进入活塞或梳形管中，则可用封闭液清洗，如果封闭液变色，则应更换。新换的封闭液，应用分析气体饱和。

⑥ 如果仪器短期不使用，应经常转动碱吸收瓶的活塞，以免粘住，如果长期不使用应清洗干净，干燥保存。

第二节　大气中二氧化硫含量的测定

一、大气污染物的分析

（一）大气污染物样品的采集

随着人口密度、交通工具的增加以及工业的发展，环境污染已经成为当今世界的一个重要问题，目前已认识到的大气污染物有 100 多种，它们以分子态和颗粒两种形式存在于大气中，分子态的有二氧化硫、氮氧化物、一氧化碳、臭氧、烃类化合物、二氧化碳、氟氯烃化合物等；颗粒物有自然降尘、飘尘、气溶胶、总悬浮颗粒、含化学成分的尘粒（含重金属、多环芳烃）等。

采样前的准备工作如下。

（1）搜集资料　采样前了解待监测区内污染源类型、数量、排放污染物种类、排放量；收集监测区的风向、风速、气温、气压、日照情况、相对湿度、逆温层底部的高度、温度的垂直梯度分布等气象条件及地形资料；工业区、商业区、居住区分布密度等。

（2）采样布点

① 根据资料将监测区分成高污染、中污染和低污染三个区域，上风向污染少于下风向，布点可少些；工业区和人口密度大的地方多布点。

② 选择几个背景本底对照点。

③ 采样应高于地面 $1.5 \sim 2\mathrm{m}$ 处，采样的水平线与周围建筑物高度不应大于 $30°$ 角，并应避开树木及吸附能力较强的建筑物；交通密集区的样点应距人行道 $1.5\mathrm{m}$ 远；采样点离主要污染源 $20\mathrm{m}$ 以上，且不能正对排放下风口。

④ 各采样点及设施应尽可能一致，使可比性强。

⑤ 采样点的数目可按功能区布点，采用网格布点法（如图 7-7 所示）、同心圆布点法（如图 7-8 所示）、扇形布点法（如图 7-9 所示）三种布点方式，一般与经济投资与监测精确度有关，可结合实际综合考虑。

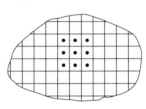
图 7-7　网格布点法

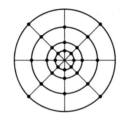
图 7-8　同心圆布点法

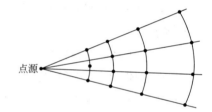
点源

图 7-9　扇形布点法

（二）采样方法

当大气中污染物浓度较高和具有高灵敏度检测条件时，可采用直接采样法。而大气中的污染物浓度一般都较低，通常仅为 $10^{-6} \sim 10^{-9}$ （体积分数）数量级，则必须采用富集采样法，主要采用的方法有溶液吸收采样法、低温冷凝浓缩法、滤膜采样法、阻留法等。

1. 直接采样法

此法仅适用于大气污染物浓度较高及可选择测试方法高灵敏的情况，所用采样器包括塑料袋、注射器、采气管和真空瓶等，如图 7-10 所示。

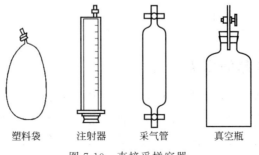
塑料袋　　注射器　　采气管　　真空瓶

图 7-10　直接采样容器

采样要求：

① 塑料袋的材质应不与被测组分发生化学反应、不具渗透性，所以要采用聚四氟乙烯或聚乙烯材料。

② 用带三通的玻璃注射器采样时，先用现场空气抽洗 2~3 次，再抽样 100mL，密封进口。

③ 采气管两端应有活塞，容积为 100~500mL，采样时必须先通入此采样管容积 6~10 倍的气体体积，用置换法除去原管内的非被测物气体。

④ 用真空瓶采样时，要先将瓶内抽成真空，在测定时对仍然存在的部分剩余气体进行体积校正。

2. 溶液吸收法

此法是采集大气中蒸气态或气溶胶态的污染物常用的方法。采样时，用抽气装置将待监测的污染气体以一定流量抽入装有吸收液的吸收管（瓶）中，被采集的气体以气泡的形式通过吸收液时产生溶解或化学反应而被吸收。记录采样量，采样结束后，取出吸收液供分析测定。采样中使用的气体吸收管及吸收瓶如图 7-11 所示。

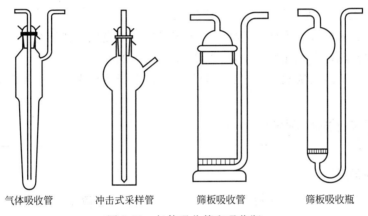

| 气体吸收管 | 冲击式采样管 | 筛板吸收管 | 筛板吸收瓶 |

图 7-11 气体吸收管和吸收瓶

3. 低温冷凝法

对大气中某些沸点较低的气态污染物，如烯烃类、醛类等，采用低温冷凝采样法可提高采集富集效率，如图 7-12 所示。此法效果好、采样量大、利于被测组分稳定。

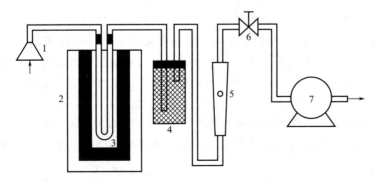

图 7-12 低温冷凝浓缩采样装置

1—空气入口；2—制冷槽；3—样品浓缩管；4—水分过滤器；5—流量计；6—流量调节阀；7—泵

此法常在采样管的进气端加置选择性的过滤器（内装过氯酸镁、碱石棉、氢氧化钾或氯化钙等），以除去大气中可能同时冷凝的水蒸气和二氧化碳等。所选用的干燥剂和净化剂不应与待测组分发生作用。

4. 固体滤料阻留法

此法是将过滤性材料（滤纸、有机滤膜等）放在颗粒物采样夹上，如图 7-13 所示，用抽气泵抽气。因为过滤性材料是高分子微孔物质，抽气时分子状的气体物质能顺利通过滤纸或滤膜，而空气中的气溶胶颗粒物被阻留在过滤材料上，达到采集和浓缩的目的。称取过滤性材料上截留的颗粒物质量，根据采样体积，即可计算出空气中颗粒物的浓度。

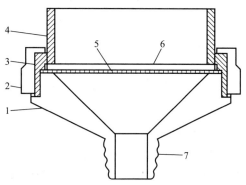

图 7-13　颗粒物采样夹

1—底座；2—紧固圈；3—密封圈；4—接座圈；
5—支撑网；6—滤膜；7—抽气接口

5. 填充柱式采样管阻留富集法

填充柱为长 5～10cm、内径 0.3～0.5cm 的玻璃管或不锈钢管，将适当粒径的颗粒状填充剂装入填充柱制成采样管。采样时气样以一定流速通过填充柱，待测组分因吸附、溶解或化学反应等作用而被阻留在填充剂上，达到浓缩采样的目的。

采样后经解吸或溶剂洗脱，将被测组分从填充柱上释放出来，进行测定。

二、大气污染物的测定

1. 二氧化硫的测定

二氧化硫是大气的主要污染物，地球上有 57％的二氧化硫来自自然界（如火山喷发）、43％来自人类活动，在城镇二氧化硫的污染主要是家庭和工业用煤以及油燃料所产生的二氧化硫，散布于大气中造成空气污染。

二氧化硫对结膜和上呼吸道黏膜有强烈的刺激性，二氧化硫还可危害植物正常生长，甚至可以导致植物死亡。此外，二氧化硫在大气中与水和尘粒结合形成气溶胶，被氧化成硫酸或硫酸盐，严重腐蚀金属和建筑物，给人类造成重大损失。

测定大气中的微量二氧化硫的方法有库仑法、分光光度法等。

（1）四氯化汞钾溶液吸收-盐酸副玫瑰苯胺分光光度法　二氧化硫被四氯化汞钾溶液吸收，生成稳定的二亚硫酸汞酸盐；在一定酸度条件下二亚硫酸汞酸盐与甲醛作用生成羟基亚甲基磺酸，羟基亚甲基磺酸再与盐酸副玫瑰苯胺作用生成紫红色醌型染料。

SO_2 的吸收　　　　$[HgCl_4]^{2-} + 2SO_2 + 2H_2O \Longrightarrow [Hg(SO_3)_2]^{2-} + 4Cl^- + 4H^+$

转化　　$[Hg(SO_3)_2]^{2-} + 2HCHO + 4H^+ + 2Cl^- \Longrightarrow HgCl_2 + 2HO—CH_2—SO_2H$（羟基亚甲基磺酸）

副玫瑰苯胺碱在盐酸溶液中和盐酸作用，分子重排醌环消失，生成盐酸副玫瑰苯胺：

盐酸副玫瑰苯胺与羟基亚甲基磺酸作用，分子又一次重排，生成紫红色醌型染料：

按式（7-17）计算二氧化硫的含量（mg/m³）。

$$\rho(SO_2) = \frac{760(273+t)(A_0-A)\times0.002\times V_1}{(A_{标}-A)\times273Vp}\times1000 \tag{7-17}$$

式中　A_0——试样的吸光度；

　　　A——空白溶液的吸光度；

　　$A_{标}$——标准溶液的吸光度；

　　　V_1——移取标准溶液的体积，mL；

　　　V——试样体积，L；

　　　p——采样时的大气压力，mmHg；

　　　t——采样时的大气温度，℃。

关键技术：

① 氮氧化物、臭氧、重金属有干扰。加入氨基磺酸铵可消除氮氧化物的干扰。

$$2HNO_2 + NH_2SO_2ONH_4 \Longrightarrow H_2SO_4 + 3H_2O + 2N_2\uparrow$$

臭氧在采样后放置 20min 即可自行分解而消失。重金属离子的干扰，在配制吸收剂时，加入 EDTA 作掩蔽剂予以消除干扰，用磷酸代替盐酸配制副玫瑰苯胺溶液，有利于掩蔽重金属离子的干扰。

② 盐酸的浓度对显色反应的影响。浓度过大，显色不完全；过小，副玫瑰苯胺本身呈色，所以在制备盐酸副玫瑰苯胺溶液时，必须经过调节试验，严格控制盐酸用量。

③ 温度对显色反应的影响。温度过高，二氧化硫可能损失；温度过低，则反应的灵敏度也降低。试验表明，过长则因二氧化硫挥发逸去而逐渐褪色。最好控制显色反应的温度为 25～30℃，在 30min 后测定，在 60min 内完成测定。

④ 采样时二氧化硫与四氯化汞钾生成稳定配合物，可避免二氧化硫在吸收液中被氧化，比用氢氧化钠溶液加甘油的吸收液效果好。同时二氧化硫被吸入四氯化汞钾后，显色线性较好，但汞有毒，并严重污染环境。可改用三乙醇胺-叠氮化钠溶液吸收，二氧化硫与三乙醇胺形成稳定的配合物，在叠氮化钠的保护下，二氧化硫在吸收液中不被氧化，在用此法进行测定时，其灵敏度和重现性都与上法一致，但三乙醇胺的质量对吸收二氧化硫效率影响很大，必要时进行提纯。

（2）甲醛吸收-副玫瑰苯胺分光光光度法　二氧化硫被甲醛缓冲溶液吸收后，生成稳定的羟甲基磺酸加成化合物。在样品溶液中加入氢氧化钠使加成化合物分解，释放出二氧化硫与副玫瑰苯胺、甲醛作用，生成紫红色化合物，于波长 577nm 处测定吸光度。此法适用于环境空气中的二氧化硫的测定。

用此法测定二氧化硫，避免了使用毒性大的四氯汞钾吸收液，其灵敏度、准确度相同，且样品采集后相当稳定，但操作条件要求严格。

关键技术：

① 掌握显色温度和显色时间，严格控制反应条件是实验的关键。

② 配制二氧化硫溶液时加入 EDTA 液可使亚硫酸根稳定。

③ 显色剂的加入方式要正确，否则精密度差。

（3）紫外荧光法　紫外荧光法测定大气中的二氧化硫，具有选择性好、不消耗化学试剂的特点，目前广泛地应用于大气环境地面自动监测系统中。

荧光通常是指某些物质受到紫外线照射时，吸收了一定波长的光之后，发射出比照射光波长长的光，当紫外线停止照射时，这种光也随之消失。在一定条件下，物质发射的荧光强度与其浓度之间有一定的关系，这是进行定量分析的依据。

关键技术：

① 此法测定 SO_2 的主要干扰物质是水分和芳香烃化合物。

② 水的影响是由于 SO_2 可溶于水造成损失，且 SO_2 遇水产生荧光猝灭会造成负误差，可以用半透膜渗透法或反应室加热法除去水的干扰。

③ 芳香烃化合物在 $190 \sim 230nm$ 紫外线激发下也能发射荧光造成正误差，可用装有特殊吸附剂的过滤器预先除去。

2. 二氧化氮的测定

氨氧化法制硝酸、炸药及其他硝化工业，石油燃烧等排放的废气中，都含有氮的氧化物，其中主要的是二氧化氮。二氧化氮污染对大气造成的危害与二氧化硫相似。

测定大气中微量的二氧化氮，通常采用偶氮染料比色法。方法的实质是"格里斯反应"，即二氧化氮溶解于水，生成硝酸和亚硝酸。

$$2NO_2 + H_2O \Longrightarrow HNO_3 + HNO_2$$

在 pH 小于 3 的乙酸酸性溶液中，亚硝酸和对氨基苯磺酸进行重氮化反应，生成重氮盐：

偶氮盐

然后，重氮盐再和 N-(1-萘基) 乙二胺盐酸偶合，生成紫红色偶氮染料，其颜色的深浅与 NO_2 的含量成正比：

关键技术：

① 吸收液氨的浓度不能过大，以免有 NH_3 产生，而 NH_3 与 NO_2 反应，使结果偏低。

$$2NO_2 + 2NH_3 \Longrightarrow NH_4NO_3 + N_2 \uparrow + H_2O$$

② 重氮盐易分解，所以反应时，避免光照和温度过高。

③ 重氮化和偶合反应都是分子反应，较为缓慢，偶氮染料又不够稳定。所以显色后，在 1h 内必须完成测定。

三、二氧化硫含量的测定

1. 试剂准备

（1）四氯汞酸钠吸收液　取 27.2g 的氯化汞、11.7g 的氯化钠溶解于水并稀释为 1L。

（2）氨基磺酸铵溶液　1.2%，取 1.2g 的氨基磺酸铵溶解为 100mL。

（3）二氧化硫标准溶液　取 0.5g 亚硫酸氢钠溶解于 100mL 四氯汞酸钠吸收液中，静置过夜，若浑浊，过滤，按下述过程标定浓度。

精确移取亚硫酸氢钠的四氯汞酸钠溶液 10.00mL 于 250mL 锥形瓶中，稀释至约 100mL。精确加入 0.05mol/L 碘标准溶液 20.00mL，加 36% 乙酸 15mL，以 0.1mol/L 硫酸钠标准滴定溶液滴定淡黄色后，加 0.5% 淀粉溶液 2mL，继续滴定至蓝色刚好消失。同时做空白试验。按式（7-18）计算二氧化硫标准溶液浓度（mg/mL）。

$$\rho(SO_2) = \frac{(V_0 - V) \times c \times 32.03}{10} \qquad (7\text{-}18)$$

式中　V_0——空白试验消耗硫代硫酸钠标准滴定溶液的体积，mL；

　　　V——滴定消耗硫代硫酸钠标准滴定溶液的体积，mL；

　　　c——硫代硫酸钠标准滴定溶液的浓度，mol/L；

　　32.03——二氧化硫的摩尔质量，g/mol。

测定时，再用四氯汞酸钠吸收液将上述标准溶液精确稀释至二氧化硫浓度为 2μg/mL。

（4）盐酸副玫瑰苯胺溶液　称取 0.1g 盐酸副玫瑰苯胺（或对品红）于小玻璃乳钵中，加水约 10mL，充分研磨至溶解完全后，稀释为 100mL，移取 10mL 于 50mL 容量瓶中，加盐酸 2mL，稀释至刻度，混合均匀。按下述过程试验，确定使用时应补加盐酸量。

精确移取四氯汞酸钠吸收液 10.00mL，于 25mL 比色管（管 1）中，再精确移取四氯汞酸钠吸收液 9.80mL、二氧化硫标准溶液 0.20mL；于另一支 25mL 比色管（管 2）中，向两支比色管分别精确加入 1.2% 氨基磺酸溶液 0.50mL、0.2% 甲醛溶液 0.50mL、盐酸副玫瑰苯胺溶液 0.50mL，搅拌混合均匀。若管 1 不显色，管 2 呈明显紫红色，表明酸恰当。可以直接使用。但是，若管 1 呈紫红色，表明盐酸不足，应按上法另取溶液，在加入甲醛，各加 1mol/L 2～3 滴；再加入盐酸副玫瑰苯胺溶液。观察两管的颜色，如此逐渐增加盐酸量，直至管 1 几乎无色而管 2 仍呈明显的紫红色为止，根据加入的盐酸量，计算制备盐酸副玫瑰苯胺溶液时应补加的盐酸量。

（5）甲醛溶液　0.2%，取 40% 甲醛溶液 5mL 于 250mL 碘量瓶中，精确加入 0.05mol/L 碘标准溶液 40.00mL。迅速加入 30% 氢氧化钠溶液至溶液变为淡的黄色为止。静置 10min 后，加 1:1 盐酸 5mL，置于阴暗处，放置 10min 后稀释至约 100mL。以 0.1mol/L 硫代硫酸钠标准溶液滴定呈淡黄色后，加 0.5% 淀粉溶液 2mL，继续滴定至蓝色刚好消失。同时做空白试验（空白滴定时，加 1:1 盐酸 7mL）。按式（7-19）计算甲醛溶液浓度（%）。

$$\varphi(甲醛) = \frac{(V_0 - V) \times c \times 30.00 \times 10^{-5}}{5} \times 100 \qquad (7\text{-}19)$$

式中　V_0——空白试验消耗硫代硫酸钠标准溶液的体积，mL；

　　　V——滴定消耗硫代硫酸钠标准溶液的体积，mL；

　　　c——硫代硫酸钠标准溶液的浓度，mol/L；

30.00——甲醛的摩尔质量，g/mol。

测定时，再将上述标准溶液精确稀释至甲醛浓度为 0.2%。

2. 样品测定

向两个采样瓶各装入四氯汞酸钠吸收液 10mL，然后以 0.5L/min 的流量抽 5～20L 大气样品（视大气中二氧化硫含量而定），同时记录大气压力及温度。转移采样瓶内的溶液于 25mL 容量瓶中，以少量吸收液洗涤采样瓶 2～3 次，洗涤液并入容量瓶中，以吸收液稀释至刻度。

精确移取二氧化硫标准溶液 1.00～2.00mL 于另一支 25mL 容量瓶中，以四氯汞酸钠吸收液稀释至刻度。取四氯汞酸钠吸收液于第三支 25mL 容量瓶中至刻度。

向三支容量瓶中分别各精确加入 1.2% 氨基磺酸铵溶液 0.5mL、0.2% 甲醛溶液 0.5mL、盐酸副玫瑰苯胺溶液 0.5mL，混合均匀，在 20～25℃ 静置 30min 后，以四氯汞酸钠吸收液为参比，在波长 560nm 处测吸光度，按式（7-17）计算大气中二氧化硫含量。

▶ 本章小结

本章的基本概念和基本知识包括工业气体有气体燃料（天然气、焦炉煤气、石油气、水煤气等）、化工原料气体（天然气、焦炉煤气、石油气、水煤气、黄铁矿焙烧炉气、石灰焙烧窑气等）、气体产品（氢气、氮气、氧气、乙炔气和氩气等）、废气（燃料燃烧后的产物 N_2、O_2、CO、CO_2、水蒸气及少量的其他气体尾气）、厂房空气（生产用的气体）。

气体分析仪器由量气管（单臂式包括直式量气管、单球式量气管、双球式量气管，双臂式两类；气量表如气体流量计、气体流速计、转子流量计），梳形管，吸收瓶（作用部分、承受部分）、水准瓶、燃烧瓶、缓燃管、氧化铜燃烧管等组成。按照从左至右，从上至下的原则。即先安装吸收瓶、燃烧管、量气管，然后将活塞安装在吸收瓶、燃烧管、量气管上，再安装梳形管、最后安装水准瓶的组装方法。改良式奥氏气体分析仪由 1 支量气管、4 个吸收瓶和 1 个爆炸瓶组成。进行 CO_2、O_2、CH_4、H_2、N_2 混合气体的分析测定。

气体化学分析法包括吸收体积法、吸收滴定法、吸收重量法和吸收比色法等。一元可燃性气体燃烧后的计算方法，二元可燃性气体混合物燃烧后的计算方法，三元可燃性气体混合物燃烧后的计算方法。

另外还有电导法、库仑法、热导气体分析、激光雷达技术。

大气污染物样品的采集方法、采样布点原则，采用网格布点法、同心圆布点法、扇形布点法。

主要采用的方法有直接采样法、溶液吸收采样法、低温冷凝浓缩法、滤膜采样法、固体滤料阻留法等。

测定大气中的微量二氧化硫的方法有四氯化汞钾溶液吸收-盐酸副玫瑰苯胺分光度法、甲醛吸收-副玫瑰苯胺分光光度法、库仑法、紫外荧光法等。

二氧化氮的测定采用偶氮染料比色法。

思考与练习题

1. 吸收体积法、吸收滴定法、吸收称量法、吸收光度法及燃烧法的基本原理是什么？各举一例说明。

2. 气体分析仪中的吸收瓶有几种类型？各有何用途？

3. 气体分析仪中的燃烧装置有几种类型？各有何用途？

4. 采集大气污染物样品的方法有哪几种？

5. CO_2、O_2、C_nH_m、CO 可采用什么吸收剂吸收？若混合气体中同时含有以上 4 种组分，其吸收顺序应如何安排？为什么？

6. CH_4、CO 在燃烧后其体积的缩减、消耗的氧气和生成的 CO_2 体积与原气体有何关系？

7. 测定某种气体时，为何反复使气体试样通过吸收液？读取气体体积时，应保留几位有效数字？

8. 在盛装氯化亚铜氨溶液的吸收瓶中为何在吸收液上部倒入 5～8mL 液体石蜡？

9. 在封闭液中为何加几滴甲基橙？如何检查系统的气密性？

10. 含有 CO_2、O_2、CO 的混合气体 98.70mL，依次用氢氧化钾、焦性没食子酸-氢氧化钾、氯化亚铜-氨水吸收液吸收后，其体积依次减少至 96.50mL、83.70mL、81.20mL，求以上各组分的原体积分数。

11. 某组分中含有一定量的氢气，加入过量的氧气燃烧后，气体体积由 100.00mL 减少至 87.90mL，求氢气的原体积。

12. 00mL CH_4 和 CO 在过量的氧气中燃烧，体积的缩减是多少？生成的是多少？

13. 含有 H_2、CH_4 的混合气体 25.00mL，加入过量的氧气燃烧，体积缩减了 35.00mL，生成的 CO_2 体积为 17.00mL，求各气体在原试样中的体积分数。

14. 含有 CO_2、O_2、CO、CH_4、H_2、N_2 等成分的混合气体 99.60mL，用吸收法吸收 CO_2、O_2、CO 后体积依次减少至 96.30mL、89.40mL、75.80mL；取剩余气体 25.00mL，加入过量的氧气进行燃烧，体积缩减了 12.00mL，生成 CO_2 5.00mL，求气体中各成分的体积分数。

15. 二氧化硫含量测定吸收光度在 30～60min 内完成是如何确定的？为什么标准曲线的绘制与样品的测定同时进行？

附 录

附录1 常用元素相对原子质量表

原子序数	元素名称	符号	相对原子质量	原子序数	元素名称	符号	相对原子质量
1	氢	H	1.00794	29	铜	Cu	63.546
2	氦	He	4.002602	30	锌	Zn	65.39
3	锂	Li	6.941	31	镓	Ga	69.723
4	铍	Be	9.012182	32	锗	Ge	72.61
5	硼	B	10.811	33	砷	As	74.92159
6	碳	C	12.011	34	硒	Se	78.96
7	氮	N	14.00674	35	溴	Br	79.904
8	氧	O	15.9994	36	氪	Kr	83.80
9	氟	F	18.9984032	37	铷	Rb	85.4678
10	氖	Ne	20.1797	38	锶	Sr	87.62
11	钠	Na	22.989768	39	钇	Y	88.90585
12	镁	Mg	24.3050	40	锆	Zr	91.224
13	铝	Al	26.981539	41	铌	Nb	92.90638
14	硅	Si	28.0855	42	钼	Mo	95.94
15	磷	P	30.973762	43	锝	Tc	98.9062
16	硫	S	32.066	44	钌	Ru	101.07
17	氯	Cl	35.4527	45	铑	Rh	102.90550
18	氩	Ar	39.948	46	钯	Pd	106.41
19	钾	K	39.0983	47	银	Ag	107.8682
20	钙	Ca	40.078	48	镉	Cd	112.411
21	钪	Sc	44.955910	49	铟	In	114.82
22	钛	Ti	47.88	50	锡	Sn	118.710
23	钒	V	50.9415	51	锑	Sb	121.75
24	铬	Cr	51.9961	52	碲	Te	127.60
25	锰	Mn	54.93805	53	碘	I	126.90447
26	铁	Fe	55.847	54	氙	Xe	131.29
27	钴	Co	58.93320	55	铯	Cs	132.90543
28	镍	Ni	58.69	56	钡	Ba	137.327

原子序数	元素名称	符号	相对原子质量	原子序数	元素名称	符号	相对原子质量
57	镧	La	138.9055	75	铼	Re	186.207
58	铈	Ce	140.115	76	锇	Os	190.2
59	镨	Pr	140.90765	77	铱	Ir	192.22
60	钕	Nd	144.24	78	铂	Pt	195.08
61	钷	Pm	〔145〕	79	金	Au	196.96654
62	钐	Sm	150.36	80	汞	Hg	200.59
63	铕	Eu	151.965	81	铊	Tl	204.3833
64	钆	Gd	157.25	82	铅	Pb	207.2
65	铽	Tb	158.92534	83	铋	Bi	208.98037
66	镝	Dy	162.50	84	钋	Po	〔210〕
67	钬	Ho	164.93032	85	砹	At	〔210〕
68	铒	Er	167.26	86	氡	Rn	〔222〕
69	铥	Tm	168.93421	87	钫	Fr	〔223〕
70	镱	Yb	173.40	88	镭	Ra	226.0254
71	镥	Lu	174.967	89	锕	Ac	227.0278
72	铪	Hf	178.49	90	钍	Th	232.0381
73	钽	Ta	180.9479	91	镤	Pa	231.03588
74	钨	W	183.85	92	铀	U	238.0289

附录2　特殊要求的纯水

1. 无氯水

利用亚硫酸钠等还原剂将水中余氯还原成氯离子，用联邻甲苯胺检查不显黄色。然后用附有缓冲球的全玻璃蒸馏器（以下各项的蒸馏同此）进行蒸馏制得。

2. 无氨水

加入硫酸至 pH<2，使水中各种形态的氨或胺均转变成不挥发的盐类，然后用全玻璃蒸馏器进行蒸馏制得。但应注意避免实验室空气中存在的氨重新污染。还可利用强酸性阳离子树脂进行离子交换，得到较大量的无氨水。

3. 无二氧化碳水

将蒸馏水或去离子水煮沸至少 10min（水多时）或使水量蒸发 10% 以上（水少时），加盖放冷即可。或用惰性气体或纯氮通入蒸馏水或去离子水中至饱和。

4. 无铅（重金属）水

用氢型强酸性阳离子交换树脂处理原水即得。所用贮水器事先应用 6mol/L 硝酸溶液浸泡过夜，再用无铅水洗净。

5. 无砷水

　　一般蒸馏水和去离子水均能达到基本无砷的要求。制备痕量砷分析用水时，必须使用石英蒸馏器、石英贮水瓶等器皿。

6. 无酚水

　　（1）加碱蒸馏法　加氢氧化钠至水的 pH 值大于 11，使水中的酚生成不挥发的酚钠后蒸馏即得；也可同时加入少量高锰酸钾溶液至水里红色（氧化酚类化合物）后进行蒸馏。

　　（2）活性炭吸附法　每 1L 水加 0.2g 活性炭，置于分液漏斗中，充分振摇，放置过夜，用中速滤纸过滤即得。

7. 不含有机物的蒸馏水

　　加入少量高锰酸钾碱性溶液（氧化水中有机物），使水呈紫红色，进行蒸馏即得。若蒸馏过程中红色褪去应补加高锰酸钾。

参考文献

［1］ 王建梅，王桂芝. 工业分析. 北京：高等教育出版社，2007.

［2］ 王英健，杨永红. 环境监测. 第 3 版. 北京：化学工业出版社，2015.

［3］ 何晓文，许广胜. 工业分析技术. 北京：化学工业出版社，2012.

［4］ 张小康，张正兢. 工业分析. 第 2 版. 北京：化学工业出版社，2009.

［5］ 王英健，牛桂玲. 精细化学品分析. 第 2 版. 北京：高等教育出版社，2016.

［6］ 黄一石，乔子荣. 定量化学分析. 第 3 版. 北京：化学工业出版社，2014.

［7］ 王亚宇. 工业分析与检测技术. 北京：化学工业出版社，2013.

［8］ 李赞忠. 工业分析技术. 北京：北京理工大学出版社，2013.

［9］ 盛晓东. 工业分析技术. 第 2 版. 北京：化学工业出版社，2012.